21世纪高等学校规划教材 ｜ 计算机应用

U0248527

# 无线网络安全技术

姚琳 王雷 编著

清华大学出版社

北 京

## 内 容 简 介

本书针对无线局域网、无线城域网、移动通信网、无线传感网和 Ad Hoc 网等无线网络中的安全问题进行了详细归纳和总结,内容丰富,概念和原理讲解细致,深入浅出。书中的每一章都相对独立,兼顾了通用性和系统性,对典型的案例进行了分析,并介绍了当下最新的研究进展和今后的发展趋势。

本书内容的编排充分考虑了高校的教学需求和无线网络安全课程的教学特点,可以作为网络相关专业的高年级本科生和硕士研究生的教材,也可作为其他工程技术人员和教师系统学习无线安全技术的参考书。

**图书在版编目(CIP)数据**

无线网络安全技术/姚琳等编著. —北京:清华大学出版社,2013(2017.9重印)

21 世纪高等学校规划教材·计算机应用

ISBN 978-7-302-32466-9

Ⅰ. ①无… Ⅱ. ①姚… Ⅲ. ①无线网—信息安全—高等学校—教材 Ⅳ. ①TP393.08

中国版本图书馆 CIP 数据核字(2013)第 106323 号

责任编辑:刘向威 王冰飞
封面设计:傅瑞学
责任校对:梁 毅
责任印制:宋 林

出版发行:清华大学出版社
  网   址:http://www.tup.com.cn,http://www.wqbook.com
  地   址:北京清华大学学研大厦 A 座     邮   编:100084
  社 总 机:010-62770175        邮   购:010-62786544
  投稿与读者服务:010-62776969,c-service@tup.tsinghua.edu.cn
  质量反馈:010-62772015,zhiliang@tup.tsinghua.edu.cn
  课件下载:http://www.tup.com.cn,010-62795954
印 装 者:北京九州迅驰传媒文化有限公司
经   销:全国新华书店
开   本:185mm×260mm  印 张:15       字   数:372 千字
版   次:2013 年 9 月第 1 版         印   次:2017 年 9 月第 4 次印刷
印   数:2701~3000
定   价:29.00 元

产品编号:047364-01

# 出 版 说 明

  随着我国改革开放的进一步深化,高等教育也得到了快速发展,各地高校紧密结合地方经济建设发展需要,科学运用市场调节机制,加大了使用信息科学等现代科学技术提升、改造传统学科专业的投入力度,通过教育改革合理调整和配置了教育资源,优化了传统学科专业,积极为地方经济建设输送人才,为我国经济社会的快速、健康和可持续发展以及高等教育自身的改革发展做出了巨大贡献。但是,高等教育质量还需要进一步提高以适应经济社会发展的需要,不少高校的专业设置和结构不尽合理,教师队伍整体素质亟待提高,人才培养模式、教学内容和方法需要进一步转变,学生的实践能力和创新精神亟待加强。

  教育部一直十分重视高等教育质量工作。2007 年 1 月,教育部下发了《关于实施高等学校本科教学质量与教学改革工程的意见》,计划实施"高等学校本科教学质量与教学改革工程"(简称"质量工程"),通过专业结构调整、课程教材建设、实践教学改革、教学团队建设等多项内容,进一步深化高等学校教学改革,提高人才培养的能力和水平,更好地满足经济社会发展对高素质人才的需要。在贯彻和落实教育部"质量工程"的过程中,各地高校发挥师资力量强、办学经验丰富、教学资源充裕等优势,对其特色专业及特色课程(群)加以规划、整理和总结,更新教学内容、改革课程体系,建设了一大批内容新、体系新、方法新、手段新的特色课程。在此基础上,经教育部相关教学指导委员会专家的指导和建议,清华大学出版社在多个领域精选各高校的特色课程,分别规划出版系列教材,以配合"质量工程"的实施,满足各高校教学质量和教学改革的需要。

  为了深入贯彻落实教育部《关于加强高等学校本科教学工作,提高教学质量的若干意见》精神,紧密配合教育部已经启动的"高等学校教学质量与教学改革工程精品课程建设工作",在有关专家、教授的倡议和有关部门的大力支持下,我们组织并成立了"清华大学出版社教材编审委员会"(以下简称"编委会"),旨在配合教育部制定精品课程教材的出版规划,讨论并实施精品课程教材的编写与出版工作。"编委会"成员皆来自全国各类高等学校教学与科研第一线的骨干教师,其中许多教师为各校相关院、系主管教学的院长或系主任。

  按照教育部的要求,"编委会"一致认为,精品课程的建设工作从开始就要坚持高标准、严要求,处于一个比较高的起点上。精品课程教材应该能够反映各高校教学改革与课程建设的需要,要有特色风格、有创新性(新体系、新内容、新手段、新思路,教材的内容体系有较高的科学创新、技术创新和理念创新的含量)、先进性(对原有的学科体系有实质性的改革和发展,顺应并符合 21 世纪教学发展的规律,代表并引领课程发展的趋势和方向)、示范性(教材所体现的课程体系具有较广泛的辐射性和示范性)和一定的前瞻性。教材由个人申报或各校推荐(通过所在高校的"编委会"成员推荐),经"编委会"认真评审,最后由清华大学出版社审定出版。

目前,针对计算机类和电子信息类相关专业成立了两个"编委会",即"清华大学出版社计算机教材编审委员会"和"清华大学出版社电子信息教材编审委员会"。推出的特色精品教材包括:

(1) 21世纪高等学校规划教材·计算机应用——高等学校各类专业,特别是非计算机专业的计算机应用类教材。

(2) 21世纪高等学校规划教材·计算机科学与技术——高等学校计算机相关专业的教材。

(3) 21世纪高等学校规划教材·电子信息——高等学校电子信息相关专业的教材。

(4) 21世纪高等学校规划教材·软件工程——高等学校软件工程相关专业的教材。

(5) 21世纪高等学校规划教材·信息管理与信息系统。

(6) 21世纪高等学校规划教材·财经管理与应用。

(7) 21世纪高等学校规划教材·电子商务。

(8) 21世纪高等学校规划教材·物联网。

清华大学出版社经过三十多年的努力,在教材尤其是计算机和电子信息类专业教材出版方面树立了权威品牌,为我国的高等教育事业做出了重要贡献。清华版教材形成了技术准确、内容严谨的独特风格,这种风格将延续并反映在特色精品教材的建设中。

清华大学出版社教材编审委员会
联系人:魏江江
E-mail:weijj@tup.tsinghua.edu.cn

# 前　言

在网络信息技术高速发展的今天,信息安全已变得至关重要,信息安全已成为信息科学的热点课题。"无线网络安全"作为信息安全专业、软件工程专业及物联网工程专业的一门重要的专业课,主要讲解各种无线网络中的安全问题及其基本对策。通过学习这门课程,可以提高和培养学生无线安全协议方面的分析和设计能力以及学生综合知识运用能力和创新能力。

无线网络的开放性、移动性、动态的拓扑结构、无线信道的不可靠性以及无线设备资源的有限性,导致了无线通信环境下更容易发生主动攻击和被动攻击,原本在有线环境下的安全方案和安全技术不能直接应用于无线环境。所以,编者精心组织编写了本书,让读者对无线环境下的安全机制有更好的了解。

本书对当今主流的无线技术——无线局域网、无线城域网、移动通信网、无线传感网和Ad Hoc网的概念进行了概要阐述,对每种无线网络下的安全问题、安全目标、安全机制进行了系统性和先进性的阐述。以实际应用案例来阐述相关知识模块,做到了理论和实践联系,对安全协议设计中的普遍问题和解决方法进行了介绍,并融合了对相关科研领域最新发展和成果的介绍。

本书的思路是作者从多年的计算机网络、无线通信技术、信息安全技术等课程的教学基础上探索出来的,并结合作者的科研工作。本书体系也经过了两年以上的本科教学的检验,效果较好。

尽管本书由笔者本人独立撰写,但思路的形成和工作的积累得到了业内许多专家和老师的影响和帮助,首先要感谢这些老师和朋友! 他们是来自大连理工大学的徐遭、宋奇、张天宇、张家宁等。本书参考和引用了许多学者的著作和文章,在此表示感谢! 尤其需要说明的是,本书有些内容来源于我的教学讲义,讲义的形成过程长、文献引用渠道多,其中可能包含某个专家的发言、网页、笔记、文献摘要等,多数内容已经沉淀在我的记忆中,尽管我们也做了文献核对和查找工作,但还是难以一一标出某些文献出处,因此要特别对这些有价值的工作表示感谢!

限于时间和作者本身水平的局限性,书中难免有错漏之处,恳请读者给予批评指正。

姚琳　王雷

2013 年 5 月于大连

# 目　录

# 第 1 章

## 无线网络导论

## 1.1 无线网络概述

在过去的十年中,整个世界逐渐走向移动化,连接世界的传统方式已经无法应付日益加快的生活节奏和全球化的步伐所带来的挑战。因此,一个新的概念"无线网络"便应运而生。

无线网络代表了任何一种使用无线连接(但不包括无线电波)的计算机网络。目前,家庭、企业(商业机构)和电信网络都大量地采用无线网络连接,目的是避免在楼房内安装光纤电缆,或者是在不同地区的设备之间建立连接而产生巨大的开销。无线通信网络通常是通过无线电通信来实现和管理,这是在 OSI 网络模型结构的物理层实现的。如果必须通过实体电缆才能够连接到网络,用户的活动范围势必大幅缩小。无线网络便无此限制,用户可以享有较宽广的活动空间。因此,无线技术正逐渐侵占传统的"固定式"或"有线式"网络所占有的领域。

### 1.1.1 无线网络的历史背景

无线网络的历史背景可以追溯到无线电波的发明。1888 年,海因里希·赫兹发现并率先提出了无线电波的概念。1896 年,古列尔默·马可尼实现了通过电报光纤传送信息。他在 1901 年把长波无线电信号从康沃尔(位于英国的西南部)跨过大西洋传送到 3200km 之外的圣约翰(位于加拿大)的纽芬兰岛。他的发明使双方可以通过彼此发送用模拟信号编码的字母数字符号来进行通信。

"二战"期间,美国军队率先在数据传输中使用无线电信号。这给之后的科学研究提供了灵感:1971 年,夏威夷大学的研究小组基于无线电通信网络——ALOHNET 设计了第一个报文。ALOHNET 是第一个无线局域网(WLAN)。第一个 WLAN 包含了 7 台计算机,它们构成了一个双流向的星形拓扑以实现相互通信。

第一代的 WLAN 技术采用了未经许可的频带(902～928 MHz ISM),这一频带随后被小型的应用和工业机械的通信干扰所阻塞。一种扩频技术随后被用来减小这种干扰,它每秒可以传输 50 万比特。第二代的 WLAN 技术的传输速率达到了 2Mbps,是第一代的四倍。第三代的 WLAN 技术和第二代 WLAN 运行在同样的频带上,这也是我们今天仍然用到的 WLAN 技术。

1990 年,IEEE 802.11 执行委员会建立了 820.11 工作小组来设计无线局域网

(WLAN)标准。这一标准规定了在 2.45GHz ISM 频带下的工作频率。在 1997 年,工作小组批准 IEEE 802.11 成为世界上第一个 WLAN 标准,规定的数据传输速率是 1Mbps 和 2Mbps。

除 WLAN 之外,无线网络还衍生出多种应用:无线网络技术使商业企业能够发展广域网(WAN)、城域网(MAN)和个域网(PAN)而无需电缆设备;IEEE 开发了作为无线局域网标准的 802.11;蓝牙(Bluetooth)工业联盟也在致力于能提供一个无缝的无线网络技术。

蜂窝或移动电话是马可尼无线电报的现代对等技术,它提供了双方的、双向的通信。第一代无线电话使用的是模拟技术,这种设备笨重且覆盖范围是不规则的,然而它们成功地向人们展示了移动通信的固有便捷性。现在的无线设备已经采用了数字技术。与模拟网络相比,数字网络可以承载更高的信息量并提供更好的接收和安全性。此外,数字技术还将带来可能的附加值的服务,诸如呼叫者标识。更新的无线设备使用能支持将更高信息速率的频率范围连接到 Internet 上。

无线技术为人类社会带来了深刻的影响,而且这种影响还会继续。没有几个发明能够用这样的方式使整个世界"变小"。定义无线通信设备如何相互作用的标准很快就会有一致的结果,人们不久就可以构建全球无线网络,并使之提供广泛的多种服务。

## 1.1.2 无线网络的分类

无线网络可根据数据传输的距离分为下面几种不同类型。

### 1. 无线个域网

无线个域网(WPAN)是计算设备之间通信所使用的网络,这些计算设备包括电话、个人数据助手(PDA)等。PAN 可以使用在私人设备之间的通信,或者与更高级别的网络或者因特网(向上连接)取得连接。无线个域网是采用了多种无线网络技术的个域网,这些网络技术包括:IrDA,无线 USB,蓝牙,Z-Wave,ZigBee,甚至是人体域网。WPAN 的覆盖范围从几厘米到几米不等。IEEE 802.15 工作组为 HomeRF 和 Bluetooth 等 WPAN 制定了相关的物理层和 MAC 层标准,同时也处理了一些包括与 IEEE 802.11 局域网共同存在的问题。

HomeRF 是关于 PC 与各类电器之间语音和数据数字通信的技术标准。它可以连接 PC、打印机、电话、互联网等,如图 1-1 所示。Bluetooth 是在小范围语音和数据通信的技术标准。Bluetooth 的应用包括 PC 使用无线连接键盘、鼠标器等设备,在小范围的无线局域网、蜂窝网络、有线网络和卫星网络的 AP 等。Bluetooth 制定了协议栈以支持各种传输介质和各种各样的应用。Bluetooth 物理层采用 FHSS 和 GFSK,工作频率在 2.402GHz 到 2.480GHz,数据传送速率是 1Mbps。Bluetooth 的 MAC 层采用 FH-CDMA/TDD 机制。

### 2. 无线局域网

无线局域网(WLAN)采用一些分布式无线措施(通常是扩频或 OFDM 无线电技术)来连接两个或更多的设备,并且在一个接入点向更大的互联网范围提供连接。像广域网一样,局域网也是一种由各种设备相互连接,并在这些设备间提供信息交换手段的通信网络。这

图 1-1　无线个域网

给用户提供了更多的移动性,使得他们可以在局域性的覆盖区域内移动的同时接入网络。而相对于广域网,局域网的范围较小,通常是一栋楼或一片楼群,但是局域网内的数据传输速率通常要比广域网的高得多,大多数的现代 WLAN 技术都是基于 IEEE 802.11 标准,以 Wi-Fi 提供商的品牌名字命名并运营。WLAN 曾经被美国国防部称为 LAWN(在本地区提供无线网络)。

　　无线局域网因其易于安装的优势,在家用网络中得到了非常广泛的应用,并且在很多商业场所都向客户提供免费的接入服务。

　　IEEE 802.11 是关于无线局域网的标准,它主要涉及物理层和介质访问子层（MAC 层）。在 IEEE 802.11 标准无线用户通过接入点（AP）连接到网络,每个用户终端使用无线网卡与 AP 连接。无线网卡和 AP 支持 IEEE 802.11 物理层和 MAC 层标准,同样 AP 也负责将这些用户连接到像 IEEE 802.3 那样的网络。图 1-2 显示了 WLAN 和 LAN 的连接。

图 1-2　WLAN 和 LAN 的连接

### 3. 无线 mesh 网

无线 mesh 网（WMN）是由无线 mesh 节点设备动态地、自动组成的通信网络。无线 mesh 网络通常是由 mesh 客户端、网格路由器和网关组成。网络的客户端往往是笔记本电脑、手机和其他无线设备,而 mesh 路由向网关转发流量可能不需要连接到互联网。为一个单一的网络工作的无线节点的覆盖区域有时也被称为 mesh 云。访问此 mesh 云是依赖于彼此和谐工作的节点所建立的无线网络。mesh 网络是可靠的,并提供冗余检错。当一个节点不能工作的时候,其余的节点仍然可以直接或通过一个或多个中间节点互相通信。无线 mesh 网络可以与各种无线技术,包括 802.11、802.15、802.16、蜂窝技术或多种类型的组合来实现。

无线 mesh 网络可以被看作是一种特殊类型的无线 Ad-Hoc 网络,如图 1-3 所示。一个无线 mesh 网络通常有多个计划好的配置,可以将其部署到超过特定的地理区域中来提供动态的和高效的连接。无线 Ad-Hoc 网络是由临时的无线设备在彼此通信范围内形成的。mesh 路由器是可以移动的,并且可以根据具体的要求在网络中移动。mesh 路由器通常不受节点的资源限制,因此可以用来执行更多资源密集型的功能。由于 Ad-Hoc 网络中的节点通常受资源约束,所以无线 mesh 网络与 Ad-Hoc 网络有所不同。

图 1-3　Ad-Hoc 网

### 4. 无线城域网

无线城域网（WMAN）是连接多个局域网的计算机网络。MAN 经常覆盖一个城市或者是大型的校园。MAN 通常采用大容量骨干技术,例如光纤链路来连接多个局域网。此外 MAN 还能向更大的网络(如 WAN)提供向上连接服务。

人们之所以对城域网感兴趣,是因为用于广域网中的传统的点到点连接和交换网络技术不足以满足一些组织机构不断增长的通信需求。局域网标准中的高度共享媒体技术具有很多的优点,这些都可以在构建城市范围的网络中实现。

无线城域网的主要市场是那些在城市范围内对高容量通信有需求的用户。相比于从本地电话公司那里获得的同样服务，一个无线城域网就是要以更低的成本和更高的效率为用户提供所需容量的通信服务。

### 5. 无线广域网

无线广域网(WWAN)是无线网络的一种。相比于局域网，广域网覆盖了更大的地理范围。它可能需要通过公共信道，或者至少有一部分依靠的是公共载波电路进行传输。一个典型的无线广域网包括了多个相互连接的交换节点。所有的传输过程都是从一个设备出发，途经这些网络节点，最后到达所规定的目的设备。所有规模的无线网路为电话通信、网页浏览和串流视频影像等应用提供数据传输服务。

无线广域网采用了无线通信蜂窝网络技术来传输数据。例如LTE,WiMAX(通常也称为无线城域网，WMAN),UMTS,CDMA 2000,GSM等。GSM数字蜂窝系统是由欧洲电信公司提出的标准，CDMA接入技术采用TDMA和FDMA,调制采用GMSK技术。WLAN也可以采用局域多点分布式接入服务(LMDS)或者Wi-Fi来提供网络连接。这些技术是区域性、全国性甚至是全球性的，并且是由无线服务提供商负责提供。WWAN的连通性使得持有便携式计算机和WWAN上网卡的用户可以浏览网页、收发邮件，或者接入虚拟私人网络(VPN)。只要用户处在蜂窝网络服务的区域范围之内，就都能够享受到WWAN带来的服务。不同的计算机有着统一的WWAN性能。

目前中国当前可供选择的无线广域通信服务，有联通CDMA1X服务、移动公司的GPRS服务、中国卫星通信公司的专线服务等。

### 6. 蜂窝网络

蜂窝网络(或移动网络)是一个分布在陆地区域的无线电网络，称为"细胞"，每一个"细胞"都由一个固定的无线电收发机提供服务，这也被称为行动通信基地台或者基站。在蜂窝网络中，每一个"细胞"通常都采用与其他邻居"细胞"相同的无线电频率来避免干扰。

当共同加入网络后，这些"细胞"在广阔的地理区域内提供无线电覆盖。这使得大多数便携的无线电收发机(例如：移动电话，寻呼机等)可以相互之间或者是与网络中任意固定的电话和收发机通过基站进行通信。即使一些收发机在多个细胞之间移动，通信也不会受到影响。

尽管蜂窝网络最初是为移动电话设计的，但随着智能手机的发展，蜂窝电话网络在电话对讲之外还照常携带数据进行传输：

(1) 全球移动通信系统(GSM)：全球移动通信系统网络可以分为三个主要系统：交换系统，基站系统和运营支持系统。连接到基站的移动电话可以接入运营支持系统站点；再接入交换系统站点，在这里，通话可以被转发到它需要去的地方。GSM是目前最常用的标准，并且它在绝大多数的移动电话中得到了使用。

(2) 个人通信服务(PCS)：PCS是一种无线电波段，它在北美和南亚地区的移动电话中得到使用。Sprint成为第一个创立PCS的服务提供商。

(3) D-AMPS：数字高级移动电话服务(D-AMPS)是AMPS的一种升级版本，由于技术的更新，AMPS正逐渐被淘汰。新的GSM网络也正在代替旧的系统。

### 1.1.3　无线网络未来的发展和挑战

#### 1. 无线局域网的应用前景

作为无线网络中应用最广的技术,无线局域网技术经过不断的发展,目前正逐渐趋于成熟,但仍在产生着意义重大的革新,目的是在与有线网络和蜂窝网络的竞争中处于优势。此外,WLAN 也在不断产生分化,尽管其核心特征正逐渐商品化并且服务提供商正逐渐趋于统一。例如,WLAN 的传输速度,正呈指数增长,并计划最早在 2013 年达到多倍十亿比特每秒的速率。所有的无线网络服务提供商正逐渐走在一起,致力于提升所部署服务的可信赖性和安全性,这在之前几乎是纸上谈兵的事,现在却即将变成现实。

商业领域产生的对于 WLAN 性能的新要求正逐渐提高,特别是在移动设备变得更流行和多样化的今天。这种发展趋势的关键驱动在于商业用户对所用设备的可用性和功能性提出了严格的要求。这意味着对于智能手机、便携式计算机和多媒体应用设备在商务环境下的要求更高,并且对于企业及的 WLAN 也有着不同的严格要求。

技术的发展同样也在支持着 WLAN 的进步:便携式计算机和平板电脑都依赖于 Wi-Fi 的发展。此外,随着无线热点、酒店接入点和其他形式的公共无线接入点有着更广泛的应用,商务人士和其他职场雇员会越来越多地利用 Wi-Fi,并在他们的办公场所对 Wi-Fi 的服务质量有同样高的期待。这将会使得相关 WLAN 服务提供组织的建立,它们具备更快适应新的无线网络技术的能力,以更好地服务于移动用户。这与商务人士开始严格要求无线网络下的无打扰的连接、高速传播的多媒体应用和所有形式的基于云的功能等需求密切相关。

与此同时,不断进步的工业化标准以及服务提供商的技术革新使得 WLAN 速率显著提高,并且更加可信且更加安全。现行的 802.11n 标准相比于之前的 802.11g 版本在数据吞吐量方面有着 10 倍的提升,从 54Mbps 到将近 GBE。这有助于弥补有线和无线环境的性能差距。事实上,企业应该考虑的是 802.11n 而不是工作站的电缆分支,如果该标准能够有效部署,这将创建一个真正的无线办公室,而伴随着这些优点的同时也满足了带宽的要求。

#### 2. 无线传感网的发展

无线传感网(WSN)在过去几年已经成为最受关注的研究领域之一。WSN 是由若干无线传感器节点形成的一个传感器区域和一个接收器。这些有能力感知周围环境的大量节点,执行有限的计算和无线通信进而形成了 WSN。最近无线和电子技术的进步已经使无线传感网在军事、交通监视、目标跟踪、环境监测和医疗保健监控等方面有了很广阔的应用。随之而来有许多新的挑战已经浮出水面,无线传感网要满足各种应用的要求,如检测到的传感器数量、节点大小、节点的自主权等。因此需要改进当前的技术,更好地迎接这些挑战。未来传感器的发展必须功能强大并节约成本,让应用程序使用它们,如水下声学传感器系统、基于传感器的信息物理系统、对时间有严格要求的应用、认知传感和频谱管理、安全和隐私管理等。无线传感器在如下几个典型领域得到了广泛应用。

1) 认知感应

认知传感器网络通过部署大量智能的和自治的传感器来获取本地的和周围环境的信息。管理大量的无线传感器是一项复杂的任务。认知感应两个众所周知的例子是群智能和群体感应：群智能是从人工智能发展而来的，用来研究分散的、自组织系统中的集体行为。群体感应是仿生传感网络的一个例子。群体感应是细菌沟通协调、通过信号分子合作的能力。

2）频谱管理

低功耗无线应用协议越来越多，我们可以设想未来的无线设备，如无线键盘、投影片演示器、手机耳机和健康监测传感器等将无处不在。但是这些设备的普及会导致网络内的干扰和拥塞的增加，因为这些设备的物理频率会重叠。认知无线电和多频 MAC 的一些方法已经发展到利用多个并行的通信频率。一个通用的解决方案是由周（2009）提出的称作 SAS 的技术：WSN 下的一个自适应无线传感网络中间件，它可以通过现存的单频率很容易地集成到。

3）水下声学传感器系统

Akyildiz 在 2005 年提出了一个完整的水下传感器网络调查。水下传感器网络的设计使得应用程序可以对海洋数据进行收集，实现污染监测、海上勘探、灾害预防、辅助导航功能和战术监控等应用。水下传感器也被应用于勘探天然海底资源和科学数据的收集。因此，需要水下设备之间产生通信。水下传感器节点和车辆应协调运作，交换它们的位置和运动信息，由此将监测到的数据转播到陆上的基站。新的水下无线传感器网络（UWSNs）相比于陆基无线传感器网络也带来了挑战，如传播延迟大、节点的移动性问题和水下声音信道的错误率高。一种叫做 DUCS（分布式水下聚类计划）的协议是由 Domingo 在 2008 年提出的，这是一个 GPS 的免费路由协议。它最大限度地减少了主动路由信息交换并且不会导致泛洪问题。它还使用了数据的聚合，从而消除冗余信息。

4）异构网络中的协调

由于受到传感器节点的能源制约，所以与其他网络合作的主要障碍就是传感器节点的能量有限。传感器网络对应用程序是非常有用的，例如健康监测、野生动物栖息地的监测、森林火灾探测与楼宇控制。为了监测无线传感器网络，传感器节点所产生的数据应该可以被访问。这可以通过 WSN 与现有的网络基础设施连接而形成，如全球互联网、局域网或私人网络。

**3. 其他网络技术的发展**

本节列举并介绍了 3 种正在得到不断扩大的研究、开发和应用的创新技术，它们是WiMAX、ZigBee 和 Ultrawideband。

1）WiMAX

WiMAX 代表着无线网络标准中 IEEE 802.16 家族中一种彼此协作的实施方式，这些实施方式是被 WiMAX 研讨会所批准通过的。（例如，Wi-Fi 代表着被 Wi-Fi 联盟认证许可的 IEEE 802.11 无线局域网标准）WiMAX 研讨会的认证允许卖家销售 WiMAX 认证的固定的或者移动的产品。只要这些产品在外形上彼此融合，就可以确保这些产品有一定级别的彼此协作性。

最初的 IEEE 802.16 标准（现在称为"固定的 WiMAX"）是在 2001 年出版。WiMAX 从 WiBro 采用了一些技术，WiBro 是一种在韩国市场推广的服务。

移动 WiMAX（最初在 2005 年是基于 802.16e 标准）是在很多国家部署的修订版服务，

也是将来很多修订版服务(例如 2011 年的 802.16m)的基础。

WiMAX 有时也被称作"类固醇的 Wi-Fi",并且也可以在很多的应用中得到使用,例如宽带连接、蜂窝回程、热点等。它与 Wi-Fi 相似,二者均可建立热点,但它可以在更远的距离中得到应用。Wi-Fi 覆盖的范围是几百米,WiMAX 可以有 40～50 000 米的覆盖范围。因而,WiMAX 可以为用于最后一英里宽带接入的有线、DSL 和 T1/E1 方案提供一种无线的技术选择。它也作为附赠技术可用于连接 802.11 热点和 Internet。

2) ZigBee

ZigBee 是一套高层次通信协议规范,它是基于 IEEE 802 标准的小型、低功耗的数字无线电技术,应用于个域网。ZigBee 设备通常用在 mesh 网中,通过中间设备在相对较长的距离下进行数据传输,这使得 ZigBee 网络可以形成 Ad Hoc 网络,并且没有能够到达网络中的所有设备的中心控制或高功率发射器/接收器,任何 ZigBee 设备都可以运行网络任务。

ZigBee 是针对需要低数据速率、电池寿命长和安全性的网络应用程序。ZigBee 规定的速率为 250 千比特/秒,最适合从传感器或输入装置传输周期性、间歇性或一个单一信号的数据。它应用于无线光开关、电表与家庭显示、交通管理系统以及其他需要短距离、无线数据传输率相对较低的工业设备上。ZigBee 规范的目的是比其他的 WPANs 更为简洁和便宜,例如蓝牙或 Wi-Fi。

与 Wi-Fi 相比,ZigBee 是在一个相对短的距离上提供一个相对低的数据速率。其目标是开发低成本的产品,具有非常低的功率消耗和数据速率。ZigBee 技术使得在数千个微型传感器之间的通信能够协调进行,这些传感器可以散布在办公室、农场或工厂地区,用于收集有关温度、化学、水或运动方面的细微信息。根据设计要求,它们使用非常少的电能,因为会放置在那里 5 年或 10 年,而且还要持续供电。ZigBee 设备的通信效率非常高,它们通过无线电波传送数据的方式,就像人们在救火现场排成长龙依次传递水桶那样。在这条长龙的末端,数据可以传递给计算机用于分析,或通过另一种像 Wi-Fi 或 WiMAX 的无线技术将数据接收。

3) Ultra-wideband

Ultra-wideband(UWB,超宽带)是最早由 Robert A. Scholtz 等人提出的无线电波技术,这种技术可以在低能耗的条件下,实现短距离、高带宽通信,并且占用大范围的无线电波频谱。UWB 在非合作的雷达成像方面有很多传统应用。最近的应用是针对传感器数据采集、精确定位和追踪。

与扩频技术类似,UWB 可以在与传统的窄带和载波通信互不干扰的情况下传输,并且可以使用同样频率的波段。UWB 是一种在高带宽(>500MHz)传输信息的技术,这在理论上和特定的情况下是可以和其他传输方式共享频谱的。通常情况下由美国联邦通信委员会(FCC)制定的标准其目的在于提供一种对无线电波带宽正确、有效的使用方式,并且可以允许高速率的个域网(PAN)的无线连接,以及更长的距离、更低数据速率的应用和雷达成像系统。

UWB 之前被称为脉冲无线电,但是 FCC 和国际通信联盟的无线电通信分支(ITU-R)目前将 UWB 定义为一种从天线发出的传播,其信号带宽超出这二者之间的较小值:500MHz 或者是中心频率的 20%。所以,基于脉冲的系统中每一个传输的脉冲都占据 UWB 带宽(或者是至少 500MHz 的窄带载波,例如正交频分复用(OFDM)可以在这种规则下进入 UWB 频谱)。脉冲的重复率可高可低。基于脉冲的 UWB 雷达和成像系统趋向于使用低重复率脉冲(通常是在 1 到 100 兆的脉冲每秒)。在另一方面,通信系统更倾向于高的重复率(通常是在 1 到 2G 脉冲每秒),所以这使得短程的 G 比特每秒的通信系统传输成为可能。在基于脉冲的 UWB 系统中,每一个脉冲都占据着整个 UWB 带宽(所以收获到了对于多路径衰落的相对抵抗性,但不是码间干扰),这与受制于深度衰落和码间干扰的载波系统有所不同。

Ultrawideband 与在这一节所提到的其他技术相比则很不同。Ultrawideband 可以使人们在短距离内以高的数据速率移动大量文件。例如,在家庭中,Ultrawideband 可使用户不需要任何凌乱的线缆就可将几小时的视频从一台 PC 传送到 TV 上。在行车途中,乘客可以将笔记本电脑放在行李箱内,通过 Mobile-Fi 接收数据,然后再利用 Ultrawideband 将这些数据拖放在前座位的一台手持式计算机上。

**4. 无线网络未来将遇到的挑战**

无线设备在 Wi-Fi 技术领域的不断进步和广泛传播改变了我们对无线网络的期望。各个领域的消费者和专业人员,从教育到医疗,再到零售和制造,都越来越多地依赖无线网络来实现工作和与其他人的交流,并且人们都需要更高的性能和可靠性。

从 IT 和网络行业的管理者的观点来看,在接下来的几年里,满足上述这些期望是具有挑战性的。特别是现在有三种主流的趋势正对 Wi-Fi 网络产生影响,这将会使得在网络管理行业一线的工作者面临挑战。

1) 不断生产的无线设备对网络环境造成不利影响

Wi-Fi 设备的大量生产以及非 Wi-Fi 设备在射频频谱中占据着相同的份额,这对网络造成了一定的干扰。我们不会再谈论便携式计算机和智能手机。你何曾想过一个无线视频摄像机会干扰网络性能?抑或是 Xbox,微波炉等。检测和降低射频频谱影响的方法将会在维持 802.11n 网络的高性能上有重要作用。此外,多媒体和无线实时视频传输将需要巨大的带宽和智能机制来充分压缩视频/多媒体。但是信号又要在接收端快速地解码。这要在未来 5~7 年内完全解决。

2) Wi-Fi 服务方式的转型

在不断增加的机构和组织中,Wi-Fi 的部署已经从提供"尽力而为服务"的方法向成为"以任务为关键"的方向转型。然而 Wi-Fi 之前是一种新型或者是便捷的奢侈享受,在技术方面的提升使得很多组织机构在"以任务为关键"的数据和应用中采用 Wi-Fi。这意味着在这项网络中的性能、可靠性和安全性会比以往更加重要。

3) 无线网络专业知识的缺乏

很多机构组织都缺乏专业知识、资源或者工具来应付上述两种趋势。正如同决定射频干扰的源、分布和影响是非常困难的,适应一个无线网络的"健康"与否会对整个组织机构产生影响的世界也是非常困难的。正因为这些趋势是新产生的,所以在这些组织机构中并没有建立相应的专业技术支持和内部解决机制。

4) 无线设备的能源优化

目前,iPhone 在连续使用下,电池也只能使用 5~6 个小时。试想一下,如果我们有一个装置,它会自动从环境中获取能源,这并不仅限于太阳能或热能,还可以有一些其他机制,像从声学中提取能量(可能不会有前途)和敲击按键的能量(有很好的节能潜力)。所以,获取能源和使设备自由地获取能源仍然是一个非常长期的挑战。

5) 异构无线网络间的无缝通信

目前我们仍然不能做到在不同的网络下进行无缝连接。我们需要一个单一的机制可用于不同网络之间进行切换(Wi-Fi、WiMAX 或任何其他的 3G 网络),这将有可能与上述的多媒体和无线实时视频传输进行连接。

6) 将无线电认知整合到无线网

目前在这个领域已经有很多专家做了很多的工作,尤其是 Linda Doyle 教授(CTVR,柏林)、Petri Manohen 教授(RWTH Aachen)和 CWC 等。但我相信,认知无线电是一片汪洋大海,我们仍然在频谱感知/频谱管理的阶段。如今,有几个挑战,例如对环境的自动理解能够将整个带宽用于用户设置(即使是很短的时间),节点的自配置形成网络(更像是 Ad Hoc,但正如我们所知道的,Ad Hoc 仍旧在研究出版物中居多而在现实世界开发应用的少)。

## 1.2 无线网络安全概述

无线网络的应用扩展了网络用户的自由空间,它具有覆盖面积广、经济、灵活、方便、增加用户以及改变网络结构等特征。但是这种自由也给我们带来了新的挑战,其中最重要的问题就是安全性。由于无线网络通过无线电波在空中传输数据,在数据发射机覆盖区域内的任何一个无线网络用户,都能接触到这些数据。只要具有相同频率就可能获取所传递的信息,因此要实现有线网络中一对一的传输是不可能的。另一方面,由于无线设备在计算、存储以及供能等方面的局限性,使得原本在有线环境下的许多安全方案和安全技术不能直接应用于无线环境。所以,研究出新的安全方案和安全技术迫在眉睫。

### 1.2.1 无线网络的安全要求

在通常的网络系统中,安全在不同的应用下有不同的定义。在这些应用中最重要的要求是数据机密性、完整性、认证和可用性。

**1. 数据机密性和完整性**

网络必须提供强大的数据机密性和完整性,以及对于每一个传输信息的回复消息的安全保护。数据机密性和完整性有助于对在不安全环境下通信的用户建立一个安全的信道。这意味着通信中的用户可以理解收到的消息,并生成和修改重要消息。此外,尽管回复的消息会通过完整性的检查,但这些消息仍然应该被确认和丢弃。这些要求可以通过设计良好的加密函数和适当的回复保护技术来满足。

**2. 相互认证**

网络必须提供相互认证,这意味着通信双方必须互相认证对方的身份。如果有必要的话,认证过程必须结合密钥生成、分发和管理,以向加密函数提供密钥。根据认证结果,灵活的认证和接入控制方针可以被部署,目的是阻止用户的特权。

### 3. 可用性

可用性是健壮性的一种形式,也是安全要求的另一重要种类。网络应该要能够阻止攻击者切断合法用户与整个系统的联系。换句话说,拒绝服务(DoS)攻击应该被消除,或者至少是减轻。

## 1.2.2　无线网络与有线网络的区别

目前已经有很多安全技术应用于有线网络,我们知道由于有线和无线的特点不同,在无线网中安全性的挑战要比有线情况下大得多。无线网络安全与有线网络相比,区别主要体现在以下几个方面:

(1) 无线网络的开放性使得网络更容易受到被动窃听或主动干扰等各种攻击。有线网络的网络连接是相对固定的,具有确定的边界,可以通过将电线隐藏在墙内避免接触外部的方式来确保安全连接。通过对接入端口的管理可以有效地控制非法用户的接入。攻击者必须物理地接入网络或经过物理边界,如防火墙和网关,才能进入有线网络,无线网络则没有一个明确的防御边界,无线媒体的接口在它的传输范围内对每个人都是开放的。这种开放性带来了信息截取、未授权使用服务、恶意注入信息等一系列信息安全问题,如无线网络中普遍存在的 DoS 攻击问题。

(2) 无线网络的移动性使得安全管理难度更大。有线网络的用户终端与接入设备之间通过线缆连接,终端不能在大范围内移动,对用户的管理比较容易。而无线网络终端不仅可以在较大范围内移动,而且还可以跨区域漫游,这增大了对接入节点的认证难度,例如,在 WLAN 中限制无线传输的范围是很困难的,一个外来者在没有管理员确认的情况下就可以获得通信信息,因为它不需要把他的设备插到插座上或者是出现在管理员的视线范围内。

(3) 无线网络动态变化的拓扑结构使得安全方案的实施难度更大。有线网络具有固定的拓扑结构,安全技术和方案容易部署;而在无线网络环境中,动态的、变化的拓扑结构缺乏集中管理机制,使得安全技术(如密钥管理、信任管理等)更加复杂(可能是无中心控制节点、自治的)。例如,WSN 中的密钥管理问题,MANET 中的信任管理问题。另一方面,无线网络环境中做出的许多决策是分散的,许多网络算法(如路由算法、定位算法等)必须依赖大量节点的共同参与和协作来完成。例如 MANET 中的安全路由问题。攻击者可能实施新的攻击来破坏协作机制(于是基于博弈论的方法在无线网络安全中成为一个热点)。

(4) 无线网络传输信号的不稳定性带来无线通信网络及其安全机制的鲁棒性(健壮性)问题。有线网络的传输环境是确定的,信号质量稳定,而无线网络随着用户的移动其信道特性是变化的,会受到干扰、衰落、多径、多普勒频移等多方面的影响,造成信号质量波动较大、丢包率和错误率高,甚至无法进行通信的情况。无线信道的竞争共享访问机制也可能导致数据丢失。因此,这对无线通信网络安全机制的鲁棒性(健壮性、高可靠性、高可用性)提出了更高的要求。无线网中的协议也应该考虑到信息丢失和损坏的情况,这能够让攻击者进行攻击所需尝试的次数变得更多。

(5) 无线网络终端设备具有与有线网络终端设备不同的特点。有线网络的网络实体设备,如路由器、防火墙等一般都不能被攻击者物理地接触到,而无线网络的网络实体设备,如访问点(AP)可能被攻击者物理地接触到,因而可能存在假的 AP。无线网络终端设备与有线网络的终端(如 PC)相比,具有计算、通信、存储等资源受限的特点,以及对耗电量、价格、体积等的要求。一般在对无线网络进行安全威胁分析和安全方案设计时,需要考虑网络节点(终端)设备的这些特点。加密操作需要适应无线设备的计算和能量限制。认证和密钥管理协议针对于使用者的移动性应该是可扩展的和普遍存在的。此外,由于无线频道的固有易损性,在无线环境下去抵御 DoS 的攻击是更加困难的。

(6) 无线设备之间的连接应该根据使用者的移动性和链路质量进行灵活的适应,这是有线网络得不到的优势,但是需要一个更加信任的关系才行。在有线网络中,终端使用者对他们有效连接的安全性比较有信心,例如,在一个公司里当一个使用者将他的设备插入墙上的插座的话,显然这个网络是由公司提供的。然而,在无线网络中,使用者对他所连接的网络是看不到的,很有可能是恶意的。

## 1.2.3　无线网络安全威胁

因为无线网络是一个开放的、复杂的环境,所以它面临的安全威胁相对有线网络来说也更多,概括起来,主要有以下几个方面。

### 1. 被动窃听和流量分析

由于无线通信的特征,一个攻击者可以轻易地窃取和储存 WLAN 内的所有交通信息。甚至当一些信息被加密,判断攻击者是否从特定消息中学习到部分或全部的信息同样至关重要。如果众多消息领域是可预知且剩余的,这种可能性是存在的。除此之外,加密的消息会根据攻击者自身的需求来产生。在我们的分析中,考虑到被记录的消息和/或明文的知识是否会被用来破解加密密钥、解密完整报文,或者通过流量分析技术获取其他有用信息。

### 2. 消息注入和主动窃听

一个攻击者能够通过使用适当的设备向无线网络中增加信息,这些设备包括拥有公共的无线网络接口卡(NIC)的设备和一些相关软件。虽然大多数的无线 NIC 的固件会阻碍接口构成符合 802.11 标准的报文,攻击者仍然能够通过使用已知的技术控制任何领域的报文。因此,推断出一个攻击者可以产生任何选定的报文,修改报文的内容,并完整地控制报文的传输。如果一个报文是要求被认证的,攻击者可以通过破坏数据的完整性算法来产生一个合法有效的报文。如果没有重放保护或者是攻击者可以避免重放,那么攻击者就同样可以加入重放报文。此外,通过加入一些选好的报文,攻击者可以通过主动窃听从系统的反应中获取更多的消息。

### 3. 消息删除和拦截

假定攻击者可以进行消息删除,这意味着攻击者能够在报文到达目的地之前从网络中删除报文。这可以通过在接收端干扰报文的接收过程来完成,例如,通过在循环冗余校验码中制造错误,使得接收者丢弃报文。这一过程与普通的报文出错相似,但是可能是由攻击者触发的。

消息拦截的意思是攻击者可以完全地控制连接。换句话说,攻击者可以在接收者真正收到报文之前获取报文,并决定是否删除报文或者将其转发给接收者。这比窃听和消息删除更加危险。此外,消息拦截与窃听和重发还有所不同,因为接收者在攻击者转发报文之前并没有收到报文。消息拦截在无线局域网中可能是难以实现的,因为合法接收者会在攻击者刚一拦截之后检测到消息。然而,一个确定的攻击者会用一些潜在的方式来实现消息拦截。例如,攻击者可以使用定向天线,在接收端通过制造消息碰撞来删除报文,并且同时使用另一种天线来接收报文。由于消息拦截是相对较难实现的,我们只考虑当造成很严重损害时的可能性。另外,攻击者想要通过制造"中间人攻击"来进行消息拦截是没有必要的。

### 4. 数据的修改和替换

数据的修改或替换需要改变节点之间传送的信息或抑制信息并加入替换数据,由于使用了共享媒体,这在任何局域网中都是很难办到的。但是,在共享媒体上,功率较大的局域网节点可以压过另外的节点,从而产生伪数据。如果某一攻击者在数据通过节点之间的时候对其进行修改或替换,那么信息的完整性就丢失了(例如,就像一间房子挤满了讲话的人,假定 A 总是等待其旁边的 B 开始讲话,当 B 开始讲话时,A 开始大声模仿 B 讲话,从而压过 B 的声音。房间里的其他人只能听到声音较高的 A 的讲话,但他们认为他们听到的声音来自 B)。采用这种方式替换数据在无线局域网上要比在有线网上更容易些。利用增加功率或定向天线可以很容易地使某一节点的功率压过另一节点。较强的节点可以屏蔽较弱的节点,用自己的数据取代,甚至会出现其他节点忽略较弱节点。

### 5. 伪装和无线 AP 欺诈

伪装即某一节点冒充另一节点。因为 MAC 地址的明文形式包含在所有报文之中,并通过无线链路传输,攻击者可以通过侦听来学习到有效 MAC 地址。攻击者同样能够将自己的 MAC 地址修改成任意参数,因为大多数的固件给接口提供了这样做的可能。如果一个系统使用 MAC 地址作为无线网络设备的唯一标识,那么攻击者可以通过伪造自己的 MAC 地址来伪装成任何无线基站;或者是通过伪造 MAC 地址并且使用适当的自由软件正常工作可以伪装成接入点(AP)(例如,主机接入点)。

无线 AP 欺诈是指在 WLAN 覆盖范围内秘密安装无线 AP,窃取通信、WEP 共享密钥、SSID、MAC 地址、认证请求和随机认证响应等保密信息的恶意行为。为了实现无线 AP 的欺诈目的,需要先利用 WLAN 的探测和定位工具,获得合法无线 AP 的 SSID、信号强度、是否加密等信息。然后根据信号强度将欺诈无线 AP 秘密安装到合适的位置,确保无线客户端可在合法 AP 和欺诈 AP 之间切换,当然还需要将欺诈 AP 的 SSID 设置成合法的无线 AP 的 SSID 值。恶意 AP 也可以提供强大的信号并尝试欺骗一个无线基站使其成为协助对象,来达到泄露隐私数据和重要消息的目的。

### 6. 会话劫持

无线设备在成功验证了自己之后会被攻击者劫持一个合法的会话。下面是一个场景:首先,攻击者使一个设备从会话中断开,然后攻击者在不引起其他设备的注意下伪装成这个设备来获取链接。在这种攻击下,攻击者可以收到所有发送到被劫持的设备上的报文,然后按照被劫持的设备的行为发送报文。这种攻击可以令人信服地包围系统中的任何认证机制。然而,当使用了数据的机密性和完整性的话,攻击者必须将它们攻克来读取加密信息并发送正当的报文。因此,通过充分的数据机密性和完整性机制可以很好地阻止这种认证攻击。

### 7. 中间人攻击

这种攻击与信息拦截不同,因为攻击者必须不断地参加通信。如果在无线基站和 AP 之间已经建立了连接,攻击者必须要先破坏这个连接。然后,攻击者伪装成合法的基站与 AP 进行联系。如果 AP 对基站之间采取了认证机制,攻击者必须欺骗认证。最后,攻击者必须伪装成 AP 来欺骗基站,和它进行联系。类似地,如果基站对 AP 采取了认证机制,攻击者必须欺骗到 AP 的证书。

### 8. 拒绝服务攻击

WLAN 系统是很容易受到 DoS 攻击的。一个攻击者能够使得整个基本服务集不可获取或者扰乱合法的连接。利用无线网的特性,一个攻击者可以用几种方式发出 DoS 攻击。例如,伪造出没有受保护的管理框架(例如,无认证和无法连接),利用一些协议的弱点或者直接人为干扰频带使得合法使用者的服务被拒绝。然而,我们只考虑 DoS 攻击,需要在攻击者的部分进行合理的努力。例如,删除所有的报文,在威胁 3 中提到的使用信息删除技术,消耗大量的资源并且不会认为它是 DoS 攻击,因为它看起来就像是一个频带。

### 9. 病毒

与有线互联网络一样,移动通信网络和移动终端也面临着病毒和黑客的威胁。首先,携带病毒的移动终端不仅可以感染无线网络,还可以感染固定网络,由于无线用户之间交互的频率很高,病毒可以通过无线网络迅速传播,再加上有些跨平台的病毒可以通过固定网络传播,这样传播的速度就会进一步加快。其次,移动终端的运算能力有限,PC 上的杀毒软件很难使用,而且很多无线网络都没有相应的防毒措施。另外,移动设备的多样化以及使用软件平台的多种多样,给防范措施带来很大的困难。

威胁 1、2、3 都是在链路层框架下的,试图破坏 WLAN 的数据机密性和完整性。威胁 4、5、6、7 打破了相互之间的认证。总地来说,它们是由威胁 1、2、3 在管理框架下组合产生的。威胁 8 干预了连接的可获得性,是由威胁 1、2、3 在任意形式框架下导致的。

从信息安全的 4 个基本安全目标(机密性、完整性、认证性及可用性)的角度来看,可将安全威胁相应地分成四大类基本威胁:信息泄露、完整性破坏、非授权使用资源和拒绝服务攻击。围绕着这四大类主要威胁,在无线网络环境下,可实现的各种主要的具体威胁有无授权访问、窃听、伪装、篡改、重放、重发路由信息、删除应转发消息、网络泛洪等。

从网络通信服务的角度而言,主要的安全防护措施称为安全业务。有 5 种通用的安全业务,即认证业务、访问控制业务、保密业务、数据完整性业务和不可否认业务。具体而言,在无线网络环境下,具体的安全业务可以分为访问控制、实体认证、数据来源认证、数据完整性、数据机密性、不可否认、安全警报、安全响应和安全性审计等。

总之,各种针对无线网络的攻击方式目前已经不仅仅出现在国内外一些大型的黑客安全会议上,在一些站点以及安全讨论群中,已经出现了涉及手机犯罪、诈骗、非法监听等技术的演示和交易。对于无线网络的安全研究已经成为制约无线网络更好发展的一个关键瓶颈。

## 1.2.4 无线网络安全研究现状

美国国家标准技术研究所(NIST)手册中将一般性的安全威胁分为9类,对于无线通信更值得担忧的是设备被偷窃、服务被拒绝、恶意黑客、恶意代码、服务被窃取以及工业或外国间谍活动。由于无线设备的便携性,它们似乎很容易被盗。被授权的和未经授权的系统用户都可能会进行欺骗以及窃取。然而,被授权的用户更明白系统有什么资源,以及系统的安全缺陷,因此他们更容易进行欺骗和盗取。恶意黑客,有时候也称作crackers,指那些单兵作战,不通过验证方式进入系统的人,通常这些做法只是为了他们自己的个人利益或者只是为了造成一些破坏。恶意黑客一般不属于特定的机构或者组织,都是个人行动。(尽管那些机构或者组织里的用户同样可以成为威胁)。黑客通过窃听无线设备通信来获取接入无线网络AP的方式。恶意代码包括病毒、蠕虫、木马、逻辑炸弹以及其他被设计为破坏文件或关闭系统的不必要软件。服务窃取发生在当一个未经认证的用户接入网络并消耗网络资源时。工业和外国间谍活动包括通过窃听从公司收集独有数据或从政府部门来获取情报,在无线网络中,间谍活动威胁起源于相比较更为容易的无线传输窃听。

这些威胁如果成功的话,可以将一个机构的系统,以及更为重要的数据置于非常危险的境地。因而,保证机密性、完整性、可信赖性、可利用性是所有政府安全和实践的首要目标。NIST特刊800-26,"信息技术系统中的安全自我评价向导(security self-assessment guide for information technology systems)"陈述到:信息必须被保护,使之免遭未经认证的,未意料到的,或者无意识的修改。安全需求包括以下几点:

(1) 可信赖性——第三方必须能够确认消息在传输的过程中没有被篡改过。

(2) 不可抵赖性——特定消息的来源或者是否已被接收必须可以被第三方验证。

(3) 可说明性——一个实体的行为必须可以被唯一追溯。

无线网络的部署成本低,这对使用者来说很具有吸引力。然而,容易和廉价的设备使得攻击者可以用工具攻击网络。802.11标准的安全机制在设计上的缺陷,也提高了潜在的被动和主动攻击的可能。这些攻击使入侵者能够窃听或篡改无线传输。

### 1. "停车场"攻击

接入点在一个循环模式下发射无线信号,并且信号总是超出他们打算覆盖区域的物理界限。信号可以被外面的信号截获,甚至是多层建筑的楼层。其结果是,攻击者可以实现"停车场"攻击,他们坐在有组织的停车场里,并尝试通过无线网络访问内部主机。如果网络被泄露,攻击者已经渗透到网络很高的级别。他们现在通过防火墙,并具有与公司内值得信赖的员工相同的网络访问级别。攻击者也可能会欺骗合法的无线客户端来连接到攻击者自己的网络,通过在靠近无线客户端的地方放置一个具有更强信号未经授权的访问点。其目的是当用户尝试登录这些流氓服务器上时,捕获到用户的密码或其他敏感数据。

### 2. 共享密钥认证的缺陷

共享密钥认证可以很容易地通过在接入点和认证用户之间进行窃听挑战和响应。这样的攻击是可能的,因为攻击者可以捕获明文(挑战)和密文(响应)。

WEP(Wired Equivalent Privacy)使用 RC4 流加密作为它的加密算法。流密码通过生成密钥流来进行工作,即一个基于共享密键的伪随机比特序列,连同一个初始化向量(IV)。然后对密钥异或明文产生密文。流密码的一个重要特性是,如果明文和密文是已知的,密钥流可以通过简单地将明文和密文进行异或而恢复,恢复的密钥流可以被攻击者用来加密任何随后产生的挑战文字,这些文字是通过接入点产生的经过将两个值进行异或所得到的有效认证。其结果是攻击者可以得到无限接入点的认证。

### 3. 服务集标识符的缺陷

接入节点如 AP,当采用默认的服务集标识符 SSID(Service Set Identifier)时,因为这些单位被视为低配置设备,将会更容易受到攻击。而且,SSID 通常以明文形式被嵌入到管理帧中,攻击者通过对网络上捕获到的信息进行分析很容易得到网络的服务集标识符,从而执行下一步的攻击。

### 4. WEP 协议的漏洞

当无线局域网不启用 WEP 时(这是大多数产品的默认设置),很容易受到主动和被动攻击。即使启用了 WEP,但由于 WEP 固有的缺陷,无线通信的保密性和完整性仍处于风险中,因此安全性受到了削弱。WEP 受到以下几种类型的攻击:

(1) 已知部分明文的攻击。

(2) 唯密文攻击。

(3) 从未经授权的移动站获取信息流,进行主动攻击。

(4) 通过欺骗接入点,将信息发给攻击者的机器。

### 5. 针对 TKIP 的攻击

对 TKIP(Temporal Key Integrity Protocol)攻击类似于对 WEP 协议的攻击,通过多路重放尝试在每一个时间段内解密一个字节。通过这种攻击手段,攻击者可以对类似于 ARP 帧长度的小型报文在 15 分钟成功解密,甚至可以针对每个解密出的报文,再注入多达 15 个任意长度的帧。潜在的攻击还包括 ARP 毒害、DNS 服务抵抗攻击等。虽然这不属于密钥再生攻击,并且也不会导致 TKIP 的密钥泄露,但仍然会对网络造成一定威胁。

无线网络中所遇到的风险可以等同于操作一个有线网络的风险加上由无线协议的弱点所引入的新风险。为了减小这些风险,政府机构需要采纳那些能将风险控制在可控水平之内的安全措施及行为。比如说,他们需要在具体实施前进行安全评估,以此来确定无线网络可能会引入当前环境的具体威胁以及漏洞。在进行评估的时候,他们应该考虑到现有的安全策略,已知的威胁和漏洞,法律和法规,安全性,可靠性,系统性能,安全措施的生命周期成本以及技术要求。一旦完成这个风险评估,政府机构就可以开始计划并实施这些方法来保护系统并将安全风险降低到可控的水平。政府机构还应该定期地重新评估那些生效的策略和方法,因为计算机技术和恶意威胁都无时无刻不在变化着。总而言之,不断变化的无线网络安全形势和不断增多的攻击和威胁对无线网络的研究提出了更高的要求,政府和研究机构必须紧跟安全形势的变化,采取应对措施。

# 1.3　本书结构

本书针对现今的无线网络进行归纳总结,除了第 1 章绪论以外,从第 2 章开始将全书分为 6 个章节。

第 2 章主要介绍无线局域网的安全内容。其中主要分析了无线局域网中常见的 WEP 协议一集 WAPI 协议,以及这两种协议存在的一些安全问题;另一方面也介绍了 802.1X 的协议原理以及其中的一些安全问题,最后对 IEEE 802.11i 以及 IEEE 802.11r 做了一个详细的介绍。通过这一章的学习,希望读者可以对现今的无线局域网络的安全情况有一个很好的了解,为读者进行这一方面的深入学习打好基础。

第 3 章主要介绍无线城域网的相关技术。主要包括 IEEE 802.16 系列标准。其中详细介绍了 IEEE 802.16d 这一协议标准,并对其安全机制以及存在的安全问题进行了详细的分析。通过这一章的学习,读者可以对当前的无线城域网络的发展研究情况有一个比较明确的认识。

第 4 章主要介绍移动通信安全。移动通信是无线网络最为广泛,最为普及的应用。本章开篇就详细地列举出了移动通信网络所面临的各种安全威胁,让读者对当前的通信网络安全情况有个很好的了解;而后详细介绍了 UMTS 系统的安全情况以及现在移动通信网络的发展热点,即第三代移动通信系统的安全机制;最后,带领读者对未来移动通信系统的安全性做了展望。通过这一章的学习理解,读者可以了解到当前移动通信的主要系统机制,以及正在发展中的 3G 网络的安全特点。

第 5 章主要介绍普适计算中涉及的各种安全问题。在本章中,我们从普适计算的实体认证机制、信任管理机制、访问控制机制以及最后的位置隐私几个方面,详细地向读者介绍了普适计算中可能面临的安全问题。读者通过这一章的学习,对当前普适计算的安全机制有清晰的理解,对普适计算的关键问题有很好的了解。

第 6 章主要介绍当前的研究热点无线传感器网络中可能出现的安全问题。在这一章中,我们首先介绍无线传感网络面临的安全问题的研究现状,然后详细介绍无线传感网络中的主要几个安全问题,包括密钥管理、认证机制、安全路由以及隐私问题等。通过这一章的学习,读者对当前的无线传感网络的安全情况会有一个很好的理解。

第 7 章主要介绍移动 Ad Hoc 网络设计的安全问题。在这一章里,我们首先对移动 Ad Hoc 网络进行概述,介绍该网络的特点、安全问题和安全目标。然后分别从安全路由协议、密钥管理、认证机制和入侵检测等方面对移动 Ad Hoc 网络涉及的安全问题进行了详细的分析和说明。通过这一章的学习,读者会更好地了解移动 Ad Hoc 网络的安全问题。

附录 A 主要介绍无线网络安全中可能需要的密码学基础,希望读者可以对无线网络中需要的密码知识有一个大致的了解。

# 思考题

1. 无线网络按照距离分类可分为哪几类？
2. 简要描述无线网络在发展中遇到的问题。
3. 无线网络安全与有线网络安全的主要区别体现在哪几个方面？并分别进行简要描述。
4. 无线网络面临的主要威胁有哪些？分别简述其造成威胁的方式。
5. 举例说明伪装对无线网络安全构成威胁的途径及其后果。
6. 分别阐述不同无线网络规模下安全问题的研究现状。

# 参考文献

[1]　William Stallings. 无线通信与网络[M]. 北京：清华大学出版社，2005.

[2]　Mattbew S. Gast. 802.11 无线网络权威指南[M]. 南京：东南大学出版社，2007.

[3]　付立. 无线网络概述[J]. 科技资讯，2007(17)：95-96.

[4]　任伟. 无线网络安全问题初探[J]. 理论研究，2012，1：10-13.

[5]　张洪. 浅谈校园无线网络的安全现状与解决方案. 职教研究，2011，2(3)：48-50.

[6]　赵琴. 浅谈无线网络的安全性研究[J]. 机械管理开发，2008，23(1)：89-90.

[7]　朱建明. 无线网络安全方法与技术研究[D]. 西安：西安电子科技大学，2004.

[8]　王文彬. 无线网络安全的相关技术研究与改进[D]. 济南：山东大学，2007.

[9]　李兴华. 无线网络中认证及密钥协商协议的研究[D]. 西安：西安电子科技大学，2006.

[10]　牛静媛. 移动通信系统安全性分析[D]. 北京：北京邮电大学，2008.

[11]　仇芒仙. 无线网络的安全技术的探讨[J]. 电脑开发与应用，2007，20(4)：43-47.

[12]　杜帼瑶. 无线局域网若干安全性问题的研究[D]. 广州：华南理工大学，2008.

[13]　郑玉峰. 无线局域网安全通信的研究与设计[D]. 兰州：兰州理工大学，2003.

[14]　J. Kate，Y. Lindell 著. 现代密码学——原理与协议. 任伟译. 北京：国防工业出版社，2010.

[15]　Radomir Prodanovi，Dejan Simi. A Survey of Wireless Security. Journal of Computing and Information Technology-CIT15，2007，3，237-255.

[16]　Tom Karygiannis and Les Owens. Wireless network security. NIST special publication，2002，800，48.

[17]　The Government of the Hong Kong Special Administrative Region. Wireless Networking Security，2010.

[18]　Changhua He. Analysis of Security Protocols for Wireless Networks，Standford University，2005.

# 第 2 章

# 无线局域网安全

　　无线局域网和传统的有线局域网相比，可以为用户提供更加灵活和便携的服务。传统的有线局域网要求用户的计算机必须通过网线和网络相连接；然而，无线局域网中的用户或者其他的网络组成设备只需要通过一个访问节点设备即可。一个访问节点设备只需要一个无线网络适配器；它通过一个 RJ-45 端口连接到有线的局域网络中。访问节点设备一般的覆盖范围大概在 300 英尺（100 米左右）。这个覆盖范围被称为一个 cell（或者一个 range）。用户在一个 cell 内，可以很方便地通过他们的手提电脑或者其他的网络设备来连接网络。如果将多个访问点连接起来可以轻易地使得一个网络覆盖在一个建筑甚至多个建筑之间。

## 2.1　无线局域网基本概念

　　摩托罗拉公司因为其 Altair 产品，而开发了第一个商业 WLAN 系统。然而，早期 WLAN 技术有许多问题，正是因为这些问题制约着其普遍使用。首先，架设这些无线局域网是非常昂贵的，而且其所能提供的数据传输速率低，容易产生无线电干扰，这样的局域网主要被设计用来针对 RF 技术。IEEE 于 1990 年发起 802.11 项目，主要是"通过开发一个媒体访问控制（MAC）和物理层（PHY）规范来达到在一个区域内为所有的固定或者便携移动的设备提供无线连接的目的"。在 1997 年，IEEE 首次批准了 802.11 国际标准。之后，在 1999 年，IEEE 又先后批准了 802.11a 和 802.11b 无线网络通信标准。我们的目标是建立一个基于标准的技术，这项技术支持多种物理编码类型、频率以及应用程序。802.11a 标准使用正交频分复用（OFDM）技术，主要是为了减少干扰。该技术采用 5GHz 频率频谱，可以处理高达 54Mbps 的数据。

　　本书侧重于 IEEE 802.11 无线局域网标准，但是也关注一些消费者可以选择的其他 WLAN 技术和标准，包括 HiperLAN，HomeRF 等同样重要的技术。想要了解更多关于标准协会（ETSI）制定的 HiperLAN，可以访问 HIPERLAN 联盟网站；而要了解 HomeRF 的更多信息，可以访问 HomeRF 的工作组网站。

　　IEEE 开发的 802.11 标准为无线网络提供了一种类似于有线网络中以太网（Ethernet）的技术，它应该可以使用很多年。IEEE 802.11a 标准是最广泛采用的 802.11 WLAN 成员。它工作在 5GHz 频段并且使用 OFDM 技术。流行的 802.11b 标准则运行在未授权的 2.4GHz-2.5GHz 工业、科学和医疗（ISM）频段，采用直接序列扩频技术。ISM 频段已成为最为广泛的无线连接,因为它在全球范围内都是可用的。802.11b 无线局域网技术支持的传输速度最高可达每秒 11Mbps。这使得它速度比原来的 IEEE 802.11 标准(即发送数据的最高 2Mbps)更快,也略快于标准的以太网络。

无线局域网设备主要可以分为两种类型:无线站点和访问接入点(Access Point,AP)。一个无线站点或者访问接入客户,最为典型的是一台拥有无线网卡的笔记本电脑。当然,一个无线局域网络客户端也可能是在一个生产车间或者其他公开访问区域内的一个台式或者手持设备(例如,PDA 或者一个定制的移动设备,如一个条形码扫描仪)。无线网卡通常插在 PCMCIA(Personal Computer Memory Card International Association)插槽或者 USB(Universal Serial Bus)接口上。无线网卡使用无线电信号连接到 WLAN。一个访问接入点可以看成是无线网络和有线网络之间的桥梁,它通常由一个无线的软件以及一个有线的网络接口(如 802.3)的桥接软件组成。访问接入点是一个无线网络中最为基础的部分,主要是将多个无线网络的基站和有线网络结合起来。

802.11 无线局域网可靠的覆盖范围取决于几个因素,包括数据率要求和容量,射频干扰,物理区域的特点,电源,连接,天线的使用等情况。802.11 无线局域网的覆盖范围理论上从一个密闭的 29 米内的 11Mbps 到一个开发区域内的 485 米的 1Mbps。但是,通过实证分析,在室内典型 802.11 无线局域网的范围约 50 米(约 163 英尺)。在户外,802.11 无线局域网的覆盖范围大约是 400 米,接近 1/4 英里,这个范围使得 WLAN 成为许多校园应用的最为理想的选择。另外,如果和高增益天线配合使用的话,可以将无线网络的覆盖范围再增加几英里。

访问接入点提供了一个连接的功能。它将两个或者多个网络连接起来,允许它们之间相互通信,增加了网络功能。这个连接功能主要使用的是点对点或者多点访问的技术来实现。在一个点对点的架构中,两个无线网络通过它们各自的访问接入点相互连接。在多点连接的模式下,局域网中的一个子网通过各自的子访问接入点和局域网中的其他子网相互连接。例如,如果子网 A 中的计算机需要和子网 B、C、D 中的计算机相互连接,那么子网 A 的访问接入点需要和子网 B、C、D 中各自的访问接入点相连接。企业可以在不同的建筑物之间通过桥接来建立一个局域网络。桥接访问接入设备通常放置在建筑物顶部,以实现更大的天线接收。一个访问接入点设备与另外一个访问接入点设备的距离通常为 2 英里(3.2千米)。

无线局域网络主要实现了 4 大优点:

**用户的移动性**:用户不需要使用网线来连接到网络中,就可以访问文件、网络资源和互联网。用户可以在移动过程中,仍保留高速、实时访问企业局域网。

**快速安装**:安装所需的时间大大减少,因为无线网络连接,不需要移动或增加电线,不需要将网线拉到墙上或天花板上,不需要修改电缆等基础设备。

**灵活性**:企业还可在需要的时候方便地安装或者卸载无线局域网络。用户可以在需要的时候快速地安装实现一个小的临时的无线局域网络,如在发布会,行业展会,或标准的会议情况时。

**可扩展性**:从小规模的点对点网络到非常巨大的企业网络,都可以很容易地配置无线局域网的拓扑结构来满足特定的应用条件。

这些优势使得 WLAN 市场在过去的十几年内一直稳步增长,无线局域网正在成为传统的有线网络一个可行的替代方案。例如,医院,大学,机场,酒店和零售商店已经使用无线技术来进行他们的日常业务运作。

对于无线局域网,主要面临的安全问题有如下几点。

之前介绍过,因为典型的无线局域网的架设需要专门的设备,所以,对于无线局域网来说,它有自己本身特殊的针对其自己设备的物理安全要求。这里主要表现在两个方面。第一,由于用来搭建无线局域网络的无线网络设备有许多较为苛刻的要求和限制,这对于使用这些设备进行数据存储、转发、接收的数据来说都会产生各种影响。与传统的计算机相比较,一般移动较为便捷的无线设备,例如,最为常见的手机,存在一些如电池的续航时间无法进行长时间的工作处理,并且显示器的尺寸过小不能很好地满足一些客户需求等问题;第二,对于常见的搭建无线网络的设备来说,它们具有一定的安全保护措施,但是这些安全保护措施都或多或少地存在各种各样的安全漏洞问题,并不能很好地为无线网络提供良好的保护,因此,加强无线网络设备的各种安全防护措施也势在必行。

无线网络和传统的有线网络相比较,因为其使用电磁波来传输数据的特殊性质,所以,数据在传输过程中会表现出更多的不确定性,同时受到环境的影响也更大,安全问题更加突出,这主要表现在以下几个方面:

(1) 窃听,这是无线网络和传统网络都会遭遇的攻击方式,但是无线网络更为严重。这个主要是由于无线网络的开放性特征所决定的,在无线网络的环境中,任何的用户都可以通过带有无线网络信号接入设备的移动终端来连接无线网络进行非法的窃听行为,在这种情况下,无线网络中的使用者是无法察觉到网络中是否有人在进行非法窃听的,因此,窃听成为无论是有线通信还是无线通信中都极为常见的非法行为;

(2) 修改或者替换数据内容。由于无线网络的特殊性,在无线网络环境中,会出现各个接入用户的连接信号不一致的情况,离访问接入点距离近的用户的信号强,而距离访问接入点远的用户的信号则相对较弱。那么在这种情况下,极有可能出现在数据传输的过程中,信号强的用户设法截取、屏蔽信号相对更弱的用户,自己伪装成受害用户来进行数据交互;

(3) 系统漏洞。这种攻击方式贯穿了有线网络和无线网络。无论什么网络都是用来为用户提供服务的,所以就会需要一个服务软件,那么,由于软件自身的漏洞或者在软件使用过程中出现的配置不当等相关问题,为恶意攻击用户提供了攻击的机会,最终造成系统主机被攻陷,整个网络沦为僵尸网络。由于这种问题是有一定的存在可能的,所以针对这类问题,只能采取被动的安全保护,不断升级系统,保证系统相对安全,尽可能地来减少可能造成的损失;

(4) 拒绝服务攻击。这种攻击方式是有线网络中极为常见的攻击方式,但是在无线网络中,除了面临有线网络可能发生的情况外,由于其自身的特殊特点,还可能出现的情况是,恶意的攻击者通过伪造发送和无线网络中使用的通信频率相同的电磁波来干扰无线局域网中各个节点之间的数据传输,通过这样的方式来使得局域网在某个时间内瘫痪,无法为网络覆盖范围内的用户提供服务,造成拒绝服务攻击;

(5) 伪装基站攻击。在这种攻击模式下,恶意攻击者通过伪装成无线局域网中的基站,来骗取局域网中的用户通过自己来进行相关的数据传输,通过前面的介绍我们了解到,无线网络中的所有数据都会通过基站进行传送,所以,基站可以获得用户的相关账号密码等敏感信息,攻击者可以通过这些敏感信息来窃取用户的隐私内容。

## 2.2　WEP 协议分析

通过上面的介绍可知,无线局域网极其容易被非法用户窃听和侵入,为了解决这个问题,WEP 协议便应运而生。WEP(Wired Equivalent Privacy,有线等效保密)协议是对在两台设备间无线传输的数据进行加密的方式,用以防止非法用户窃听或侵入无线网络。WEP 安全技术源自于名为 RC4 的 RSA 数据加密技术,以满足用户更高层次的网络安全需求。

### 2.2.1　WEP 协议原理

WEP 协议是目前 IEEE 802.11 协议中保障数据传输安全的核心部分。它是一个基于链路层的安全协议,设计目标是为 WLAN 提供与有线网络相同级别的安全性,保护传输数据的机密性和完整性,并提供对 WLAN 的接入控制和对接入用户的身份认证。WECA(Wireless Ethenet Compatibility Alliance,无线以太网兼容性联盟)在制定 WEP 时就指出: WEP 用来防止明文数据在无线传输中被窃听,它并不足以对抗具有专门知识、充足计算资源的黑客对使用 WEP 加密后的数据进行的攻击。实施 WEP 协议并不能取代其他安全措施,WECA 建议在使用 WEP 协议的同时采用其他安全技术如 VPN 等来共同保护 WLAN 中的传输数据。

#### 1. WEP 设计思想

WEP 的设计思想是: 通过使用 RC4 序列密码算法加密来保护数据的机密性;通过移动站 Station 与访问点 AP 共享同一密钥实施接入控制;通过 CRC-32 循环冗余校验值来保护数据的完整性。

#### 2. WEP 协议的加密、解密过程

采用 WEP 协议时对数据包的封装过程如下: 计算原始数据包中明文数据的 CRC-32 冗余校验码、明文数据与校验码一起构成传输载荷。在移动站 Station 与访问点 AP 之间共享一个密钥 Key,长度可选为 40bit 或 104bit。为每一个数据包选定一个长度为 24bit 的数,这个数称为初始化矢量(Iinitialized Vector,IV)。将 IV 与密钥 Key 连接起来构成 64bit 或 128bit 的种子密钥,送入采用序列密码算法 RC4 的伪随机数发生器(PRNG)生成与传输载荷等长的随机数,该随机数就是加密密钥流,将加密密钥流与传输载荷按位异或,就得到了密文。例如,将原始明文记为 P,对 P 计算 CRC-32 循环冗余校验得到的 32bit 校验和记为 ICV,则传输载荷为{P,ICV}。采用 RC4 算法由 IV 和 Key 得到的随机数记为 RC4(IV,Key),密文记为 C,则有下式成立:

$$C = \{P, ICV\} \oplus RC4(IV, Key)$$

加密过程如图 2-1 所示。

图 2-1　WEP 协议对数据包的封装过程

发送方将 IV 以明文形式和密文 P 一起发送。在密文 P 传送到接收方以后,接收方从数据包中提取出 IV 和密文;将 IV 和持有的密钥 Key 一起送入采用 RC4 算法的伪随机数发生器得到解密密钥流,该解密密钥流实际上与加密密钥流相同;再将解密密钥流与密文相异或,就得到了原始明文 C 和它的 CRC 校验和 ICV。解密过程可以表示为下式:

$$\{P, ICV\} = C \oplus RC4(IV, Key) = \{P, ICV\} \oplus RC4(IV, Key) \oplus RC4(IV, Key)$$

为了防止数据在无线传输过程中遭到篡改,WEP 采用 CRC-32 循环冗余校验和来保护数据的完整性。发送方在发出数据包前要计算明文的 CRC-32 校验和 ICV,并将明文 P 与 ICV 一起加密后发送。接收方收到加密数据以后,先对数据进行解密,然后计算解密出的明文的 CRC-32 校验和,并将计算值与解密出的 ICV 进行比较,若二者相同则认为数据在传输过程中没有被篡改,否则认为数据已被篡改过,丢弃该数据包。

### 3. WEP 协议存在的问题

WEP 的移动站 Station 与访问点 AP 之间通过共享密钥来实现数据加密和身份认证,但是 WEP 并没有具体规定共享密钥是如何生成、如何在带外分发的,也没有说明如果密钥泄漏以后,如何更改密钥,如何定期实现密钥更新,以及如何实现密钥备份和密钥恢复。WEP 协议将这些在实际应用中的重要问题留给设备制造商去自行解决,这是 WEP 协议的一个不足之处。在市面上的 WLAN 产品中,有相当多的密钥是通过用户密码生成的,甚至是用户密码。设备制造商对于信息安全的轻视导致生产出了大批在密钥管理中留有隐患的产品。

WEP 中只有很少的篇幅涉及密钥管理,它允许移动站 Station 与访问点 AP 之间共享多对密钥,通过在数据包的初始化矢量 IV 和密文之间加入一个密钥标志符域(Key ID byte)来指定加密当前包使用的是哪一个密钥,此时的数据包格式如图 2-2 所示。

图 2-2　WEP 的密钥管理数据包格式

但是在 WEP 中依然没有具体规定在何时使用不同的密钥,所有的细节问题都留给了设备制造商处理。

### 4. WEP 协议规定的认证方式

WEP 协议规定了两种认证方式:开放系统认证和共享密钥认证。

1) 开放系统认证

开放系统认证的实质是不进行用户认证,任何接入 WLAN 的请求都被允许。

2) 共享密钥认证

共享密钥认证是通过检验 AP 和 Station 是否共享同一密钥来实现的,该密钥就是 WEP 的加密密钥。此认证采用 Challenge-Response 方式,当移动站 Station 想要接入无线

网络时,它搜索距离最近的访问点 AP。找到访问点 AP 以后,移动站 Station 向访问点 AP
发送一个接入请求,访问点 AP 接收到 Station 的请求以后向 Station 发送一个随机数,
Station 用双方的共享密钥和上述的加密方法对收到的随机数加密,将密文回送给访问点
AP。AP 再用双方的共享密钥对密文进行解密,将解密结果与发送的随机数相比较,若相
同则验证了 Station 是合法用户,允许其接入;否则拒绝该 Station 的接入请求。WEP 共享
密钥认证过程如图 2-3 所示。

图 2-3　WEP 共享密钥认证过程

## 2.2.2　WEP 协议安全分析

### 1. WEP 协议的加密策略

WEP 主要用于无线局域网中链路层信息数据的保密。WEP 加密使用共享密钥和
RC4 加密算法。访问点 AP 和连接到该访问点的所有工作站必须使用同样的共享密钥,即
加密和解密使用相同密钥的对称密码。对于往任意方向发送的数据包,传输程序都将数据
包的内容与数据包的校验和组合在一起。然后,WEP 标准要求传输程序创建一个特定于
数据包的初始化向量 IV,后者与密钥相组合在一起,用于对数据包进行加密。接收器生
成自己的匹配数据包密钥并用之对数据包进行解密。在理论上,这种方法优于单独使用
共享私钥的显式策略,因为这样增加了一些特定于数据包的数据,应该使对方更难于
破解。

　　WEP 支持 64 位和 128 位加密。对于 64 位加密,加密密钥为 10 个十六进制字符(0~
9 和 A~F)或 5 个 ASCII 字符;对于 128 位加密,加密密钥为 26 个十六进制字符或 13 个
ASCII 字符。64 位加密有时称为 40 位加密;128 位加密有时称为 104 位加密。152 位加密
不是标准 WEP 技术,没有受到客户端设备的广泛支持。WEP 依赖通信双方共享的密钥来
保护所传输的加密数据帧。其数据的具体加密过程如下:

（1）将 24 位的初始化向量和密钥连接形成 64 位或 128 位的密钥。在每个信息包中把 IV 加到密钥里以确保各信息包的密钥不同。

（2）将这个密钥输入到虚拟随机数产生器（RC4 PRNG）中，它对初始化向量和密钥的校验和计算值进行加密计算。

（3）经过完整性校验算法计算的明文与虚拟随机数产生器的输出密钥流进行按位异或运算得到加密后的信息，即密文。

（4）将初始化向量附加到密文上，得到要传输的加密数据帧，在无线链路上传输。

在安全机制中，加密数据帧的解密过程只是加密过程的简单取反。

**2．实现加密和认证应该考虑的内容**

应该说，任何系统中实现加密和认证都应该考虑以下 3 个方面的内容。

（1）用户对保密的需求程度。用户对保密需求的不断增长以及对保密要求的不断提高是促进加密和认证技术发展的源动力，很大程度上，加密和认证技术的设计思路是综合分析用户对保密的需求程度的结晶。

（2）实现过程的易操作性。如果安全机制实现过于复杂，那么就很难被普通用户群接受，也就必然很难得到广泛的应用。

（3）政府的有关规定。许多政府（例如美国政府）都认为加密技术是涉及国家安全的核心技术之一，许多专门的加密技术仅限应用于国家军事领域中，因此几乎所有的加密技术都是禁止或者限制出口的。

在 IEEE 802.11 标准中采用的 WEP 协议同样均衡考虑了上述的所有因素。但是，WEP 协议的设计并不是无懈可击的，自 2000 年 10 月以来，不断有黑客及安全研究人员披露 WEP 密钥设计的种种缺陷，这使得 802.11 标准只能提供非常有限的保密性支持；而且 IEEE 802.11 标准委员会在标准的制定过程中也留下许多疑难的安全问题，例如，不能实现更为完善的密钥管理和强健的认证机制。

**3．WEP 协议存在的主要缺陷**

1）RC4 算法本身存在缺陷

可以利用 RC4 本身存在的这个缺陷来破解密钥。RC4 是一个序列密码加密算法，发送者用一个密钥序列和明文异或产生密文，接收者用相同的密钥序列与密文异或以恢复明文。如果攻击者获得由相同的密钥流序列加密后得到的两段密文，将两段密文异或，生成的也就是两段明文的异或，因而能消除密钥的影响。通过统计分析以及对密文中冗余信息进行分析，就可以推断出明文，因而重复使用相同的密钥是不安全的。这种加密方式要求不能用相同的密钥序列加密两个不同的消息，否则攻击者将可能得到两条明文的异或值，如果攻击者知道一条明文的某些部分，那么另一条明文的对应部分就可被恢复出来。

2）IV 重用危机

WEP 标准允许 IV 重复使用，这一特性会使得攻击 WEP 变得更加容易。由前文所述可知，密钥序列是由 IV 和密钥 K 共同决定的，而大部分情况下用户普遍使用的是密钥 K 为 0 的初始 Key，密钥序列的改变就由 IV 来决定，所以使用相同 IV 的两个数据包其 RC4 密钥必然相同，如果窃听者截获了两个（或更多）使用相同密钥的加密包，就可以用它们进行统计攻击以恢复明文。

而在无线网络中，要获得两个这样的加密包并不难。由于 IV 的长度为 24 位,也就是说密钥的选择范围只有 224 个,这使得相同的密钥在短时间内将出现重用,尤其对于通信繁忙的站点。例如,对一个 IEEE 802.11b 的访问点 AP,若以 11Mbps 的速率发送长度为 1500 字节的数据包,则在约 5 个小时之后将发生 IV 重用问题。实际上因为许多数据帧长度小于 1500 字节,所以时间会更短,即 IV 冲突时间小于 5 小时,这意味着攻击者 5 小时之内可以收集到使用相同密钥的两个加密包。而且测试中发现,部分 PCMCIA 802.11 无线网卡中,在初始化时 IV 复位成 0,然后每传输一帧 IV 就加 1。由于每次启动无线网卡时都会发生初始化,因而 IV 为低值的密钥将经常出现。在 IEEE 802.11 标准中,为每一个数据包更改 IV 是可选的,如果 IV 不变,将会有更多的密钥重用。如果所有的移动站共享同一 WEP 密钥,则使用同一密钥的数据包也将频繁出现,密钥被破解的机会就更大。更糟糕的是,IV 以明文的形式传递,可被攻击者用来判断哪些 IV 发生了冲突。

另外,因为 IV 向量空间较小,所以攻击者可以构造一个解密表,从而发起"字典攻击"。当攻击者得知一些加密包的明文,他便可以计算 RC4 密钥,该密钥可用于对所有使用相同 IV 的其他数据包的解密。随着时间的推移,就可以构造一个 IV 和密钥的对应表,一旦该表建成,此后所有经无线网络发送的地址相同的数据包都可以被解密。此表包括 224 个数据项,每项的最大字节数是 1500,表的大小为 24GB。要完成构造这样一部"字典"需要积累足够多的数据,虽然繁杂,但一旦形成了表,以后的解密将非常快捷。

3) 使用静态的密钥

WEP 协议没有完善密钥管理机制,它没有定义如何生成以及如何对它更新。AP 和它所有的工作站之间共享一个静态密钥,这本身就使密钥的保密性降低。同时,更新密钥意味着要对所有的 AP 和工作站的配置进行更改,而 WEP 标准不提供自动修改密钥的方法,因此用户只能手动对 AP 及其工作站重新设置密钥。但是在实际情况中,几乎没人会去修改密钥,这样就会将他们的无线局域网暴露给收集流量和破解密钥的被动攻击。

# 2.3  IEEE 802.1x 协议分析

IEEE 802.1x 出现之前,企业网上有线 LAN 应用都没有直接控制到端口的方法,也无须控制到端口。但是随着无线 LAN 的应用以及 LAN 接入在电信网上的大规模开展,有必要对端口加以控制,以实现用户级的接入控制。802.1x 就是 IEEE 为了解决基于端口的接入控制(Port-Based Access Control)而定义的一个标准。IEEE 802.1x 协议称为基于端口的访问控制协议,是符合 IEEE 802 协议集的局域网接入控制协议。

## 2.3.1  IEEE 802.1x 协议原理

IEEE 802.1x 基于端口的接入控制利用了 IEEE 802 LAN 架构的物理接入特征,为连接到 LAN 端口并具有点对点连接特征的设备提供认证和授权,并且防止设备在认证和授权失败的情形下接入网络。IEEE 802.1x 定义了两类协议接入实体(Protocol Access Entity,PAE),即认证请求者 PAE(Supplicant PAE)和认证点 PAE(Authenticator PAE),

它们是与端口相关联的协议实体,执行与认证机制相关的算法和协议。

### 1. IEEE 802.1x 协议的体系结构

IEEE 802.1x 协议的体系结构主要有 3 个组成部分,分别是申请者系统(Supplicant System)、认证者系统(Authenticator System)和认证服务器(Authentication Server),如图 3-4 所示。

1) 申请者系统(Supplicant System)

申请者是一个希望接入网络的实体,它向认证者请求对网络服务的访问,并对认证者的协议报文进行应答。

2) 认证者系统(Authenticator System)

认证者控制申请者对网络服务的访问,并在认证过程中将请求者的认证请求转发到认证服务器,然后根据认证服务器的指示执行对请求者的授权,认证者通常为支持 IEEE 802.1x 协议的网络设备,如交换机等。

认证者系统和申请者系统之间采用 EAPOL(Extensible Authentication Protocol Over LAN)协议进行信息交换。

认证者系统对应于不同用户的端口,有两个逻辑端口,即受控端口(Controlled Port)和非受控端口(Uncontrolled Port)。非受控端口始终处于双向连通状态,主要用来传送与认证相关的数据帧。受控端口只有在认证通过的状态下才打开,用于传递网络资源和服务,否则处于未授权状态而申请者无法访问认证系统提供的服务,如图 2-4 所示。

图 2-4 IEEE 802.1x 协议的体系结构

3) 认证服务器(Authentication Server)

认证服务器通常为 RADIUS 服务器,该服务器可以存储有关用户的信息。认证服务器执行验证请求者身份的功能,并指明请求者是否通过验证允许其接入认证者的网络服务。认证者系统和认证服务器之间运行 EAP 协议,其 EAP 交换承载在高层协议中,通常为 EAP Over RADIUS。IEEE 802.1x 的结构简图如图 2-5 所示。

图 2-5　IEEE 802.1x 的结构简图

### 2. RADIUS

RADIUS(Remote Authentication Dial In User Service,远程拨入用户认证服务)是一套由 IETF(Internet 工程任务组)颁布的协议规范,是 IEEE 802.1x 体系的认证和授权处理部分中必不可少的后台服务器。现在采用 C/S 模型,将 RADIUS 协议的数据封装在 UDP 数据报中实现远程的接入认证服务。

RADIUS 的认证过程如图 2-6 所示。

图 2-6　RADIUS 认证过程

### 3. EAPOL

EAP(Extensible Authentication Protocol,扩展认证协议)是一个认证框架,而不是一种特定的认证机制。EAP 提供一些公共的功能,并且允许协商认证机制(EAP 方法)。EAP 规定如何传输和使用由 EAP 方法产生的密钥数据(如密钥、证书等)和参数。

IEEE 802.1x 中定义了将 EAP 消息封装到 IEEE 802 中的方法,所以 EAPOL 实际上是一种传送机制,实际的认证方法是由 EAP 方法来指定的。EAPOL 是通过扩展验证协议(EAP)在一个有线的或无线的 LAN 上的标准。当采用 IEEE 802.1x 时,必须选择某种

EAP 类型,如传输层安全协议(EAP-TLS)或者 EAP(EAP-TTLS),它们定义认证如何发生。

### 4. IEEE 802.1x 的认证流程

在基于 IEEE 802.1x 认证技术的网络系统中,在用户对网络资源进行访问之前必须先要完成如图 2-7 所示的认证过程(在 IEEE 802.1x 协议规范中,认证的发起者可以是申请者也可以是认证者,本流程以认证发起者为申请者为例)。

图 2-7 IEEE 802.1x 的认证流程

根据上述认证流程,对 IEEE 802.1x 的认证过程简要说明如下:

(1) 申请者启动客户端程序,发出请求认证的请求报文 EAPOL-Start,认证过程开始。

(2) 认证者 PAE 收到消息后向申请者 PAE 发送 EAP-Request/Identity 消息,要求申请者 PAE 提供认证信息。

(3) 申请者 PAE 响应认证者 PAE 发出的请求,通过数据帧 EAP-Request/Identity 将用户名信息传送给认证者 PAE。认证者 PAE 将申请者 PAE 传送上来的数据帧经过封包处理后通过 RADIUS Access-Request 数据帧传送给认证服务器进行处理。

(4) 认证服务器收到认证者 PAE 转发上来的用户名信息后,将该信息与数据库中的用户名表相比较,找到该用户名对应的密码信息并用随机生成的一个加密字对它进行加密处理,同时将此加密字通过 RADUIS Access-Challenge 帧传送给认证者 PAE,由认证者 PAE 通过 EAP-Request 帧传送给申请者 PAE。

(5) 申请者收到由认证者传送来的加密字后,用该加密字对密码部分进行加密处理(此种加密算法通常是不可逆的),并通过 EAP-Response 帧交给认证者 PAE,认证者 PAE 通过 RADIUS Access-Request 帧再传送给认证服务器。

(6) 认证服务器将传送上来的加密后的密码信息和自己经过加密运算后的密码信息进行对比,如果相同,则认为该用户为合法用户,反馈认证通过的消息 RADIUS Access-Accept,将其传送给认证者 PAE。认证者 PAE 发出打开端口的指令,并通过 EAP-Success 帧告知用户的业务流可通过端口访问网络。否则,反馈认证失败的消息,并保持认证者 PAE 端口的关闭状态,只允许认证信息数据通过而不允许业务数据通过。

(7) 当用户要求下线或者是用户系统关机等需要断开网络连接时,请求方发送一个断网请求 EAPOL-Logoff 给认证者,然后认证者即把端口设为非授权状态(Unauthorized Port),从而断开连接。

**5. 基于 IEEE 802.1x 的认证技术的特点**

(1) 协议实现简单。IEEE 802.1x 协议为两层协议,无须到达三层,对设备的整体性能要求不高,可以有效降低建网成本。

(2) IEEE 802.1x 的认证体系结构中采用"受控端口"和"不受控端口"的逻辑功能,实现业务与认证的分离。用户通过认证后,业务流和认证流分离,对后续的数据包处理没有特殊的要求,可灵活支持不同的业务;简化了 PPoE 认证方式中对每个数据包进行拆包和封装等复杂过程,提高了封装效率。

(3) IEEE 802.1x 有上述优点的同时,在其设计上也存在一定的缺陷,主要表现在,IEEE 802.1x 是一个不对称协议,它只允许网络鉴别用户,而不允许用户鉴别网络,在其认证过程中,申请者和认证者,认证者和认证服务器之间都是采用单向认证策略,这给网络带来一定的安全隐患。

## 2.3.2　IEEE 802.1x 安全分析

IEEE 802.1x 协议虽然源于 802.11 无线网络,但其在以太网中的应用有效地解决了传统的 PPoE 和 Web/Portal 认证方式带来的问题,消除了网络瓶颈,减轻了网络封装开销,降低了建网成本。但同时也存在一些安全隐患和设计缺陷,使它提供的访问控制和认证功能并不如期望的那样强大,主要表现在下面几个方面。

### 1. 中间人攻击

IEEE 802.1x 协议最重要的缺陷是申请者和认证者的状态机不平等。根据标准,当会话经过认证成功之后,认证者的端口才可以被打开。而对于申请者,他们的端口一直都处于已经通过认证的状态。申请者和认证者这样的单向认证会造成申请者遭遇中间人攻击。

802.1x 认证者状态机只能够发送 EAP-request 信息而且只能够接收 EAP-response 信息。而对于申请者状态机,则不能够发送 EAP-request 信息。很明显,状态机使用的是单向认证,如果 802.1x 上层的应用依然采用单向认证,那么整个系统将会更加容易遭受攻击。

通过使用 EAP/TLS 可以提供强相互认证支持。但是,使用 EAP/TLS,恶意的攻击者依旧可以通过绕过 EAP/TLS 来进行中间人攻击。下面举一个简单的例子来说明中间人攻击。

认证者接收到由 RADIUS 服务器发送的 RADIUS-Access-Accept 消息以后,则会向申请者返回一个 EAP-success 消息,这个消息表示已经完成状态机认证,认证成功。实际上,这条消息并没有完整性保护,无论上层使用的是 EAP/TLS 还是 EAP-MD5 又或者是其他认证。当申请者接收到 EAP-success 消息之后,其状态机不论当前处于何种状态,在何种情况下都会转换到已认证的状态。由于这个特性,恶意的攻击者可以通过伪装使自己成为一个认证者向申请者发送伪造的 EAP-success 消息实现中间人攻击。这样申请者会认为攻击者就是一个合法的认证者,会将所有的相关数据包都发送给这个攻击者。

**2. 会话劫持攻击**

RSN 状态机共有 4 种状态,如图 2-8 所示。在进行 IEEE 802.1x 认证的整个过程中有两种状态机,即 RSN 状态机和 802.1x 状态机,这两种状态机一起表示认证的状态。然而,它们没有很明确的通信以及确认它们之间通信消息的真实完整,所以很可能会遭遇会话劫持攻击。

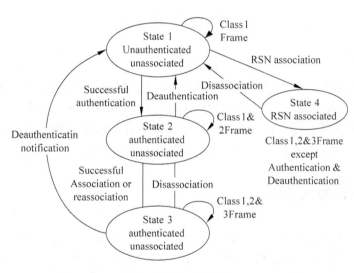

图 2-8　RSN 状态机

图 2-9 显示了在使用 IEEE 802.1x 认证过程中实现会话劫持攻击的过程。

(1) 消息 1、2 和 3:这里假设了在使用 EAP 认证过程中只有这样的 3 条消息(实际上,使用 EAP 认证过程中会多余 3 条消息)。这 3 条消息表示申请者的认证消息。

(2) 消息 4:恶意的攻击者将自己伪装成为一个访问接入点,通过修改自己的 MAC 地址发送一条 disassociate 管理帧给申请者。申请者在接收到 disassociate 管理帧之后,其状态改变为 disassociated。另外,这条消息还使得 RSN 状态机被设置为 unassociated,但 802.1x状态机的状态依旧是 authenticated。

(3) 消息 5:这个时候,攻击者修改自己的 MAC 地址使之与申请者的相同,冒充申请者的 MAC 地址连接到网络中。

图 2-9　会话劫持攻击过程

### 3．DOS 攻击

实际上，IEEE 802.1x 并没有提供任何的 DOS 保护，服务器很容易因为各种原因造成计算资源或者存储资源耗尽，造成合法用户无法连接到网络中使用资源。DOS 攻击一个最简单的方式，比如恶意攻击者通过修改 MAC 地址将自己伪装成合法用户之后向认证者发送 EAP-Logoff 消息，则这个合法用户将无法再和认证者连接。

## 2.4　WAPI 协议分析

现在无线局域网普遍使用的是 IEEE 802.11 国际标准，然而这个网络标准中由于在设计初始阶段没有考虑太多可能出现的安全问题，所以造成目前有许多安全漏洞，无法为使用者提供很好的安全保护，因此，在此之后，国际上又开发了很多例如 WPA、802.11x、802.11i、VPN 等多种手段来保障 WLAN 的传输安全。但是这些额外的保护手段实际上都是将有线网络中的一些安全机制直接在技术上进行一些改进之后过渡转换到无线网络上来的，依旧存在着各种各样的安全隐患，十分容易被恶意攻击者利用。我国在 2003 年 5 月 12 日颁布了两项关于无线局域网的国家标准。这两项国家标准是在充分考虑当前无线局域网络产品使用的基础上，主要针对目前无线局域网中的各种主流安全问题，提出了详细的技术解决方案和安全规范。

我国的无线局域网国家标准 GB15629.11 中提出的无线局域网鉴别与保密基础结构（WLAN Authentication and Privacy Infrastructure，WAPI）主要用来模拟和实现无线局域网中的鉴别和加密的机制，这是我国针对 IEEE 802.11 中的多种安全问题提出的主要解决方案。这套方案已经通过了 ISO/IEC 授权的 IEEE Registration Authority 审查并且获得认可,是我国目前在该领域唯一获得批准的协议。

WAPI 可以分为无线局域网鉴别基础结构 WAI(WLAN Authentication Infrastructure)以及无线局域网保密基础结构 WPI(WLAN Privacy Infrastructure)两个主要部分。WAI 主要通过使用公共密钥技术来实现基站和访问接入点二者的身份验证。WPI 则使用对称密码算法来实现对 MAC 子层的 MAC 数据服务单元的加密/解密处理,以此实现对传输数据的保护。

## 2.4.1　WAPI 协议原理

WAI 的工作原理示意图如图 2-10 所示。整个系统可以分成基站(ST)、接入点(AP)以及鉴别服务单元(Authentication Service Unit,ASU)3 个组成部分。其中基站主要是表示与无线媒体的 MAC 和 PHY 接口相互连接的各种设备;而访问接入点具有基站功能,除此之外,还具有通过无线媒体为关联的站点提供访问分布式服务的能力的实体;鉴别服务单元主要负责证书管理,是整个信息认证系统的核心。

图 2-10　WAI 工作原理示意图

在 WAI 整个工作系统中,公钥证书是必不可少的一个组成部分,它是每一个网络设备在整个网络环境中的身份象征,可以通过公钥证书来识别各个网络设备。WAI 的主要认证过程是,初始阶段,基站和访问接入点都需要安装鉴别服务单元所提供的公钥证书,通过这个颁发的证书来作为自己在这个网络环境中的身份凭证,之后所有的行为都靠这个证书来作为依据。访问接入点 AP 为 LAN 提供了受控端口以及非受控端口两类端口。基站首先通过访问接入点提供的非受控端口连接到鉴别服务单元,在鉴别服务单元进行验证,只有基站通过鉴别服务单元的验证之后,才能通过访问接入点提供的数据端口(受控端口)来访问网络资源。

下面详细介绍 WAI 的工作原理。WAI 的工作原理可以总结为以下 5 个步骤:

(1)每次当站点连接或者重新连接到访问接入点的时候,访问接入点都会发送认证激活信息,以此来启动整个认证过程(如图 2-11 所示,认证分组类型为 0,数据为空)。

图 2-11　WAI 认证激活

(2)当站点向访问接入点发送认证请求时,站点的身份凭证(这里主要是公钥证书以及站点的系统时间)都会通过类似图 2-10 的数据结构发送给访问接入点,访问接入点在接收到站点发来的数据包之后,会自动将站点的系统时间作为接入认证请求时间。

（3）在访问接入点接收到站点发来的认证请求证书之后,会首先记录认证请求时间,然后向鉴别服务单元发送公钥证书认证请求,这个主要是对像站点的证书、接入认证请求时间、访问接入点证书及访问接入点的私钥这样的信息进行签名,将签名之后的内容发送给鉴别服务单元。

（4）鉴别服务单元在接收到访问接入点发送过来的证书认证请求之后,首先会鉴别访问接入点的签名以及证书的有效性。如果签名和证书中有一样是无效的,那么整个认证过程失败,否则就继续验证站点证书,验证完毕后,鉴别服务单元将站点证书认证结果信息（包括站点证书和认证结果）、访问接入点证书认证结果信息（包括访问接入点证书、认证结果、接入认证请求时间）和鉴别服务单元对它们的签名构成证书认证响应报文发回给访问接入点。

（5）访问接入点在接收到来自鉴别服务单元的反馈信息之后,分析得到站点证书的验证结果,通过这个结果来判断到底是否允许站点接入到无线网络中。最后,访问接入点会将接收到的证书验证结果返回给站点,站点可以分析返回结果上的签名,通过这个签名来判断是否为一个合法的访问接入点,以此决定是否连接到该访问接入点。

## 2.4.2　WAPI 安全分析

在上一节内容中,详细分析了 WAI 的工作原理。通过 WAI 的工作原理知道,当站点连接一个访问接入点的时候,首先会通过访问接入点和鉴别服务单元进行双向的身份认证,通过这样一个站点和访问接入点的双向认证过程,保证了只有持有合法证书的站点才能接入持有合法证书的访问接入点。通过这种方式,不仅可以防止一些恶意攻击者连接上访问接入点来进行一些恶意活动,同时也可以防止普通的网络用户连接上恶意的访问接入点造成隐私泄露之类的不良结果。

但是,通过分析可以发现,这个认证系统还是存在漏洞的。在经过了密钥协商之后,WAPI 是可以保证无线局域网通信的数据安全的,但是在对站点和访问接入点的身份认证上还不够完善,恶意攻击者可使用类似中间人攻击的方法来对系统进行攻击,整个过程如图 2-12 所示。

图 2-12　中间人攻击分析

（1）在上节介绍了 WAI 的工作原理,首先,恶意攻击者假冒访问接入点来发送认证激活信息。在这个认证激活信息的数据分组中不包含任何的数据内容,这样当站点收到信息时,因为没有任何和访问接入点身份有关系的有效信息,那么站点会认为这个信息是一个合法的访问接入点发送的。

（2）之后，站点会向攻击者伪装的访问接入点发送认证请求，这个认证请求中包含了站点的证书和系统时间。

（3）攻击者在接收到站点发过来的认证请求之后，取得了站点的认证证书，这样在下一次访问接入点和攻击者进行信息交互的时候，攻击者可以假冒站点向正常的访问接入点发送认证请求。

（4）正常的访问接入点接收到攻击者发送过来的认证请求，将认证证书进行相关处理之后直接发送给认证服务单元。

（5）认证服务单元在确认接收到的访问接入点的证书的有效性之后，会认证站点的证书的有效性。因为访问接入点发送过来的证书是合法的，所以认证结果肯定是证书合法，访问接入点在接收到由鉴别服务单元发送的确认证书有效的报文之后，会将这个结果返回给站点，这样会允许伪装的站点接入。此时，恶意的攻击者连接上网络，可以访问网络的内部资源了。

当然，通过访问接入点与站点之间的密钥协商过程还能在一定程度上防止攻击者获取信息，但是由于攻击者的接入占用了系统的一个端口，这样总会对合法的访问用户造成一定的影响。如果恶意攻击者编写程序使用大规模的这样的攻击，恶意地抢占端口资源，会对正常用户的访问造成极其不良的影响，这是由于，虽然在理论上端口是无限的，但实际上访问接入点的数据处理能力总是一定的，当数据访问量超过一定范围，占用了过多的处理能力之后，它所提供的服务质量就会下降，通过这种方式可以产生 DOS 攻击。而且，攻击者利用这种手段，可以使得站点和访问接入点之间的信息交互必须全部都通过攻击者来转发，这个时候数据的安全性则是仅仅依靠于信息加密安全，而没有进行认证这一环节。所以，在认证开始时如果不允许站点和访问接入点之间进行直接认证，则将很容易给攻击者留有可乘之机，同时这样也会加重认证服务器的负担。

## 2.5 IEEE 802.11i 协议分析

根据前面的介绍，已经了解到无线网常用的安全协议是基于 WEP 协议的 802.11 标准，这一安全体系主要包括开放认证机制、保密机制和数据完整性 3 个组成部分，之前章节介绍了这一安全体系存在的各种各样的安全漏洞，为了解决这些问题，IEEE 委员会在 2004 年 6 月提出了新的 WLAN 安全标准 802.11i，其中提出了无线局域网的新安全体系 RSN（Robust Security Network），即强健网络安全，这样做的目的是为了提高无线网络的安全性。

### 2.5.1 IEEE 802.11i 协议原理

IEEE 802.11i 标准的结构图如图 2-13 所示。

IEEE 802.11i 标准主要包含了 802.1x 认证机制、基于 TKIP 和 AES 的数据加密机制以及密钥管理技术，通过使用这些技术来实现身份识别、接入控制、数据的机密性、抗重放攻击、数据完整性校验等目标，以此保障各个节点之间的通信安全。

图 2-13    IEEE 802.11i 标准的结构图

### 1. TKIP

已经了解到,WEP 协议最为基本的内容实际上应该是 RC4 流加密算法,这个算法在附录 A 中有详细介绍,这里只介绍一下这个加密算法的基本思想。它首先将密钥通过伪随机数产生器来产生一个伪随机的密钥序列,通过这个伪随机的密钥序列对原来的明文进行加密处理。

在制定 WEP 协议的时候,协议的制定者普遍认为 128bit 长度的密钥足以抵抗当前计算机的暴力破解能力,但是,在实际情况下,由于分布式计算的普遍使用,128bit 长度的密钥往往要抵抗的已经不是一台计算机的破解能力,最常见的情况是多个计算机组成的集群,这样,这个算法实际上是很不安全的。为了解决这样的问题,协议制定者们开发了 TKIP。

TKIP 协议最根本的思想是通过使用加密混合函数来处理在实际应用中遇到的初始向量过弱以及初始向量空间过小的问题。加密混合函数可以分成两个步骤,首先是通过使用 128bit 的临时密钥 TK、发送者的 MAC 地址 TA 以及 48bit 计数器 TSC 的高 32bit 作为输入,使用混合函数 1 生成 80bit 的 TTAK;其次,使用阶段一生成的 TTAK、TK 以及 TSC 的低 16bit 作为混合函数 2 的输入,生成用于 WEP 加密的 128bit 的密钥。

### 2. CCMP

CCMP 协议是在 AES 的 CCM 模式基础上改进而来的密码协议。实际上,CCM 模式结合了高级加密标准中的计数器加密模式以及密码分组链消息认证码这两种模式,即通过 AES 以计数器的方式对数据进行加密处理,将处理过的数据再以密码分组链的方式来计算消息的认证码。CCM 使用这两种方式不仅是因为这两种方式的密码特性很容易被理解,还因为这两种模式的软件和硬件实现的安全性都可以得到保证。

CCMP 协议在 CCM 模式基础上改进之后对 MPDU 的头数据以及数据部分都可以进行完整性保护,CCMP 协议中使用的 AES 采用的分组和密钥长度都是 128bit。

CCM 模式在实际应用中,在每一次创建会话时,都会重新选择一个新的临时密钥,同时CCM 还会对使用历史密钥加密的 MPDU 分配一个具有唯一性的序列号,CCMP 协议规定临时序列号的长度为 48bit。

### 3. IEEE 802.11i 协议

为了保证无线网络的强安全性,IEEE 802.11i 协议主要可以分成两个阶段,即Pre-RSNA 以及 RSNA。Pre-RSNA 阶段主要是在预关联的时候实施,通过 WEP 以及802.11 实体认证来实现站点和访问点之间的网络与安全能力的发现以及初步的认证。在这个阶段中,站点启动之后,会首先检查是否有现成的访问点可以直接接入网络,如果有的话,站点会直接向访问点发送连接请求。访问点则会在一个固定的信道上通过广播 Beacon的手段来告知大家它所具有的安全性能,这些安全性能都被包含在 RSN 信息单元中。如果一个站点检测到它有多个访问点可以选择的时候,那么,在通常情况下,它会选择一个信号最好的访问接入点进行连接,当然在连接之前需要进行一定的认证,但是这个认证实际上是不可靠的,这个需要在之后的认证阶段进行加强。

在 RSNA 阶段,可以分成安全关联和密钥管理两个部分。整个过程是,在开始阶段首先进行认证,这里认证采用的是 802.1x 协议,通过这个认证过程,可以保证在第一阶段站点和访问点之间那种不具有很强安全性的认证的基础上,实现较为安全的用户身份认证,保证接入用户的安全有效性。同时生成主会话的安全密钥 MSK,之后,进入数据密钥的分发管理阶段。这个阶段在整个安全关联管理中十分重要,主要确定使用何种方式将密钥 PTK导出,以此保证密钥 PTK 每次产生的都不相同并且无法被预先估算出来;同时它还确保所有的信任方所产生的密钥都是相同的,并且不允许有攻击者参与密钥产生的过程中来,或者防止攻击者以各种可能采取的手段来破坏整个密钥的产生过程。这整个阶段可以划分为以下 3 个步骤:

(1) 步骤 1:AS 通过可信隧道将 MSK 传输给 AP,AP 在接收到这个 MSK 之后,AP与客户端将拥有一对完全相同的密钥,这个密钥被称为主密钥 PMK。

(2) 步骤 2:AP 和客户端之间进行一个四次握手的协商过程,在这个四次握手的过程中,它们需要完成从 PMK 到 PTK 的协商、验证及最终的生成的整个过程。

(3) 步骤 3:通过使用组密钥握手协议来保证组密钥从 AP 到客户端的整个派发,这个组密钥主要用来处理为多播消息报文进行加密以及为它们做完整性验证。

在完成了上面所叙述的 3 个步骤之后,各种用于不同目的的密钥都已经完全生成了。此外,由于在此之前在安全性能的检测过程中发现的 RSNIE 信息元素中包含是使用 TKIP还是 CCMP 来实现加密约定,所以临时密钥在长度和使用方式上都有可能会不太一样。

### 4. 四次握手协议

通过上面的介绍可知,四次握手协议在 802.11i 标准中主要用来处理访问接入点与客户端之间产生并且管理 PTK 临时密钥的一个协商过程。通过这个四次握手的协商过程，访问接入点与客户端将产生用在报文加密、完整性校验等各种保障通信安全性的密钥，所以，这个四次握手协议在组密钥握手协议标准中有着举足轻重的地位。下面将详细介绍这一过程。

每当有一个站点连接访问接入点的时候，都会重复密钥的计算和分发这一过程。为了保证临时密钥具有很好的即时性，在生成临时密钥的整个过程中，添加了一个申请者和认证者共同决定的被称为 Nonce 的属性。Nonce 属性的值是随机选择的。首先，申请者与认证者都需要计算生成一个 Nonce 属性值，并将这个值发送给对方，然后，双方通过计算，生成一个包含了双方当前值的临时密钥。在计算过程中，为了确认绑定密钥的两个设备的身份，还添加了这两个设备各自的 MAC 地址。整个临时密钥的计算过程如图 2-14 所示。

图 2-14　临时密钥计算

$$PTK = PRF\text{-}512(MPK, \text{"Pairiwise key expansion"}, Min(AA, SA) ||$$
$$Max(AA, SA) | Min(SNonce, ANonce) || Max(SNonce, Anonce))$$

PRF 函数在计算过程中所有所需要的输入内容都是使用 EAPOL-Key 帧来进行传输的，图 2-15 所示为 EAPOL-Key 帧基本结构示意图。在图 2-15 中，Anonce 和 Snonce 分别表示的是访问接入点 AP 以及连接站点 STA 所产生的随机数，MIC 表示消息完整性码，Key RSC 则表示密钥的接收序列计数器。

申请者以及认证者在通信过程中相互之间为了确保对方都拥有合法的 PMK，这样可以保证数据交换安全同时彼此可以获得临时密钥的过程被称为四次握手密钥协商。

四次握手协议执行过程如下：

(1) AP→STA：EAPOL-KEY(Anonce)

AP 发送 EAPOL-Key 消息 1 给 STA，其中包含 Anonce，STA 接收后进行重放攻击检查，若通过，就利用 Anonce 和自己产生的 Snonce 调用 PRF 函数计算生成 PTK。

(2) STA→AP：EAPOL-KEY(Snonce, MIC, STA RSNIE)

| Descriptor Type 1 octet | |
|---|---|
| Key Information 2 octets | Key Length 2 octets |
| Replay Counter 8 octets | |
| Key Nonce 32 octets | |
| EAPOL-Key IV 16 octets | |
| Key RSC 8 octets | |
| Key ID 8 octets | |
| Key MIC 16 octets | |
| Key Data Length 2 octets | Key Data N octets |

图 2-15　EAPOL-Key 帧基本结构示意图

STA 发送 EAPOL-Key 消息 2 给 AP,其中包含 Snonce,并在 KeyData 字段中放入 STA 的 RSNIE,并用计算出的 MIC 对此消息进行数据完整性保护。

（3）AP→STA:EAPOL-KEY(Pairwise,Anonce,Key RSC,RSNIE,MIC)

AP 收到消息 2 后把得到的 STA 的随机数 Snonce 和自己的 Anonce 采用 PRF 函数计算 PTK,再使用计算出的 PTK 中的 MK 对消息 2 进行数据完整性校验。如校验失败就放弃消息 2。若校验成功,AP 会将 STA 发来的 RSNIE 和在前一阶段建立关联时发送的 RSNIE 进行比较,若不同则说明该 STA 可能为假冒者,中断 STA 的关联,若相同则发 EAPOL-Key 消息 3 给 STA。其中包含 Anonce、KeyRSC、RSNIE 和 MIC。

（4）STA→AP:EAPOL-KEY(Pairwise,MIC)

STA 发送 EAPOL-Key 消息 4 给 AP,AP 收到后进行重放攻击检查。若通过就验证 MIC,验证通过就装载 PTK,而 STA 在发送完消息 4 后也装载相应的 PTK。

IEEE 802.11i 标准规定,为保证安全性,当 STA 加入或离开的时候必须更新组密钥,在四次握手结束后,就可通过组密钥握手协议更新 GTK,更新的基本思路是 AP 选择一个具有密码性质的 256bit 随机数作为组主密钥(GMK),接着由 GMK、AP 的 MAC 地址直接推导出 256bit 的组临时密钥(GTK),将 GTK 包含在 EAPOL-Key 消息中加密传送。STA 对收到的消息做 MIC 校验,解密 GTK 并安装到加密/整体性机制中。最后发送 EAPOL-Key 消息,对认证者进行确认。具体执行过程如下:

（1）AP→STA:EAPOL-KEY(KeyRSC,MIC,Cnonce,MIC,GTK)

AP 发送 EAPOL-Key 消息 1 给 STA,其中包括 GTK、Gnonce、KeyRSC 和 MIC,并置位 Key Type,表示该信息为组密钥分发,STA 接收后进行重放检查和 MIC 验证,若成功就装载最新的 GTK。

（2）STA→AP:EAPOL-KEY(MIC)

AP 收到消息 2 后进行重放检查和 MIC 验证,若通过则 AP 和 STA 的组密钥握手成功,装载 GTK。

组播密钥分发完成意味着 STA 和 AP 之间的密钥分发全部结束。此时 STA 和 AP 同时获得和装载了 PTK,STA 还获得 AP 的 GTK,并将其装载,用于接收 AP 的组播通信。密钥分发完成使得 STA 和 AP 之间可以进行安全的加密数据通信。

## 2.5.2　IEEE 802.11i 安全分析

通过上一节的介绍可知,在整个四次握手的过程中,请求者和认证者依据之前他们所共同拥有的 PMK 以及在四次握手过程中所需要的参数等内容,使用 PRF 函数分别生成 PTK,由于 PTK 在整个握手过程中并没有相互传输,所以可以确认其密钥的安全性得到了很好的保障。在整个握手过程完成之后,双方使用 PTK 中的 TK 来对通信数据进行加密,以此保障了数据在传输过程中的安全。每一次在握手过程中产生的 PTK 只会在接下来的一次会话过程中使用,如果需要建立新的会话,那么则需要重新开始一个完整的四次握手过程建立新的 PTK。通过这种一次会话使用一个握手过程,重新建立 PTK 的方式,可以使得 WLAN 的通信安全得到更好的保护。

通过对这整个握手过程的分析可以了解到,恶意的攻击者可以在四次握手的过程中 Message2 发送后,冒充 AP 向 STA 发送伪造的 Message1'。STA 将根据新的 Message1'中的 Anonce'和本身产生的新的 Snonce,重新计算 PTK',而 PTK'与认证者收到 Message2 后产生的 PTK 显然是不一致的,这样 STA 收到 Message3 后无法正确校验,就会导致四次 握手过程被终止,造成了 DOS 攻击。具体过程如图 2-16 所示,图中用 msg 代表 Message。

图 2-16　IEEE 802.11i 安全分析过程

对于这个问题,IEEE 802.11i 工作组提出了一个解决方案,在当前的四次握手协议上 做了一部分改动。即 STA 将会保存所有可能的 PTK,这样可以使用这些 PTK 对 Message3 的 MIC 进行认证,从而可以防止上面提到的攻击行为。

但是 STA 存储所有可能的 PTK 仍然存在致命的弱点。攻击者可以向请求者发送大 量具有不同随机数的 Message1,而请求者为了能与合法的认证者完成握手,必须将根据接 收的所有随机数计算出的相应的 PTK 存储起来,直到完成握手并得到合法 PTK。在攻击 过程中,大量 PTK 的计算量可能不会对 CPU 造成致命的后果,但是数量极大地伪造 Message1 必将使 STA 存储大量的 PTK,从而使得 STA 的存储器资源耗尽而造成系统瘫 痪,无法开始新的合法会话,同样造成 DoS 攻击。

# 2.6　IEEE 802.11r 协议分析

在 IEEE 802.11r 协议提出之前,WLAN 的传统切换方式是基于 IEEE 802.11i 协议 的。按照传统切换方式,终端(STA)在每次与新的 AP 进行关联后都要先后进行鉴权和密 钥管理过程,其中还涉及与鉴权服务器的交互,使得通信密钥能够在 STA 和 AP 之间安全 地共享,以保障后续会话的安全性。如果仅在 STA 和 AP 之间进行鉴权过程,将独立的密 钥管理过程合并在关联和鉴权过程中,这必然能够减小切换时延。而按照传统切换方式进 行的 QoS 接入控制,不仅会在时延方面影响会话质量,而且由于无法保障 QoS 资源的可用 性,将有可能出现新 AP 无法提供原有业务而导致再次切换的情况发生,甚至通话中断。

基于上述原因,IEEE 802.11 委员会提出了 802.11r 协议,设计了新的快速切换方案。 新方案中将 802.1x 鉴权、密钥管理和 QoS 接入控制在重关联之前或重关联过程中实现,优 化了 STA 与 WLAN 网络间消息交互过程,从而减小了切换带来的时延,提高了会话的连 续性。

## 2.6.1 基于 IEEE 802.11r 的快速切换方案

IEEE 802.11r 协议规定了发生切换时 STA 与同一扩展服务集合(ESS)下的 AP 之间的通信流程,实现基于无线数据和无线语音的快速切换协议。协议对 802.11 的 MAC 层机制进行了改进,缩短了 STA 在 AP 间进行切换时数据连接的中断时间。协议中定义了新的密钥管理方式和快速切换机制,同时增加了一些信息元素,使得 STA 与目标 AP 能在较短的时间内建立安全连接并完成 QoS 资源分配。

### 1. 密钥管理方式

为了增强密钥管理的安全性和实用性,并适应快速切换机制,IEEE 802.11r 协议定义了新的密钥管理方式。快速切换密钥管理体系示意图如图 2-17 所示。

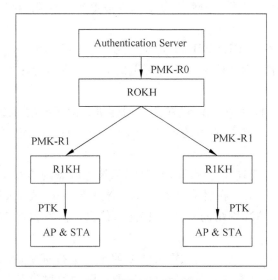

图 2-17 快速切换密钥管理体系示意图

新的密钥管理方式将密钥分为 3 个等级,分别是一级密钥(PMK-R0)、二级密钥(PMK-R1)以及 PTK,保存密钥的存储器分别是 R0KH、R1KH、AP 与 STA,其中 R0KH 和 R1KH 的设备实体为 AP。

STA 初次接入 WLAN 网络时,关联的 AP 中存储着 PMK-R0,也就是说 R0KH 的设备实体为初始关联的 AP。在切换前,当前 AP 会根据所有可能发生切换的 R1KH 以及上述参数为每个 R1KH 计算其相应的 PMK-R1,并负责将这些 PMK-R1 分别安全地传送到各个 R1KH 处。当 STA 选定目标 AP 后,根据目标 AP 的 PMK-R1 来进行密钥预计算,也就是根据 PMK-R1 计算 PTK。

上述三级密钥机制相比于传统的两级密钥机制(PMK 和 PTK)具有以下两个优势:

首先,新的密钥管理方式加速了切换过程中的密钥的发布与计算。传统切换机制中每次切换必须重新进行 802.1x 鉴权,即重新生成 PMK。而三级密钥机制采取预先计算并传送 PMK-R1 的方式,并在 STA 与目标 AP 进行重关联前预先计算密钥 PTK。

其次,新的密钥管理方式增强了密钥管理的安全性,这是因为当一个密钥失效时,仅仅是由此密钥生成的密钥分支受到影响,而其他分支的密钥仍然可以继续使用。例如当一个 AP 中的 PMK-R1 失效时,由同一 PMK-R0 获得的其他 PMK-R1 可以照常在其他 AP 中使用。

### 2. 新增信息元素

快速切换机制要求在终端与网络间进行网络性能、QoS 支持能力等参数的交互,因此定义了一些额外的信息元素,包括 MDIE、FTIE、TIE、RIC、EAPKIE 等。

(1) MDIE:其中包含标识移动域的标识符。STA 只能在同一移动域内进行快速切换。

(2) FTIE:其中包含快速切换资源机制、R0KH 标识符、R1KH 标识符。FTIE 表示了 AP 支持的 QoS 资源机制和资源信息交互方式、AP 的安全策略信息以及存储密钥的一级和二级存储器标识符。

(3) TIE:其中包含重关联和密钥时限。重关联必须在时限内发起,否则失效;密钥时限为密钥的生存时间。

(4) RIC:其中包含 RRIE、RDIE、TSPEC 等元素。RIC 用于表示请求业务的 QoS 参数;RRIE 为 RIC 的头部;RDIE 为 RIC 中可选的 QoS 资源类别;TSPEC 为每个 RDIE 类别中的 QoS 资源参数。

(5) EAPKIE:其中包括 AP 和 STA 产生的随机数阳封装的 802.1x 密钥消息。

根据网络架构对 QoS 支持能力的不同,IEEE 802.11r 协议定义了以下两种切换方式来实现快速切换。

(1) 基本机制切换:该方式将资源请求分配及其他所需的信息交互在重关联过程中实现。这种方式适用于 AP 工作在轻载状态,STA 通过 Beacon 或 Probe 回答消息获得目标 AP 的资源状况以及 WLAN 网络的 QoS 支持能力信息。基本机制切换不支持重关联前的资源预留。

(2) 预留资源机制切换:该方式在重关联之前预先进行资源请求和分配。这种机制适用于 WLAN 网络支持资源预留及需要通过明确的资源预留保障业务 QoS 的场合。

### 3. WLAN 快速切换流程

为了获得足够的快速切换参数,STA 在与 WLAN 进行初始关联时需要进行一系列快速切换参数的交互,使得 STA 获知 WLAN 网络的资源策略信息。与传统切换的初始关联过程不同的是,快速切换初始关联在关联过程中加入了 FTIE、MDIE、RSNIE 等信息元素,用来标识网络支持资源能力和网络安全策略信息,这些信息元素是 STA 从 AP 的 Beacon 帧或 Probe 回答帧中获得的。通过初始关联,STA 可以获知网络策略以及安全信息,并存储相关信息以备后续切换使用。

在预留资源机制切换中,首先由 STA 进行切换决策,并选定目标 AP 进行切换。随后将进行快速切换信息交互,这其中包含 4 条消息:快速切换请求、快速切换回答、快速切换确认、快速切换 ACK。

(1) 快速切换请求消息由 STA 发往目标 AP,用以初始快速切换。其中包含 FTIE(包含目标 AP 在 Beacon 帧或 Probe 回答帧中通告所支持的资源机制和 R1KH、初始关联中 STA 获得的 R0KH)、MDIE、RSNIE、EAP-KIE(其中包含用于计算密钥的随机数 SNonce,

由 STA 随机生成)等信息。通过这些信息,目标 AP 能够判断 STA 是否具有快速切换的能力,以及能否生成密钥。

(2) 快速切换回答消息由目标 AP 发往 STA,其中包含目标 AP 的 FTIE、MDIE、RSNIE、EAPKIE(包含用于计算密钥的随机数 ANonce,由 AP 随机生成)、TIE(标识密钥生存时间、重关联请求限制时间)等信息。此时 STA 和目标 AP 均获得了各自所需的密钥生成信息,并各自通过计算生成 PTK 以对后续的数据流进行加密。

(3) 快速切换确认消息由 STA 发往目标 AP,用以确认 PTK 的有效性并请求 QoS 资源。其中包含 STA 的 FTIE、MDIE、RSNIE、EAPKIE、RIC(标识请求的 QoS 资源信息)等信息。

(4) 快速切换 ACK 由目标 AP 发往 STA,用以确认 PTK 时限和资源可用性。其中包含目标 AP 的 FTIE、MDIE、RSNIE、EAPKIE、TIE(密钥生存时间、重关联请求限制时间)、RIC(标识资源预留的结果)等信息。

完成快速切换信息交互后,STA 应当在重关联时限内向目标 AP 发起重关联请求,其中包含上述已交互的信息参数及资源预留标识符,AP 接收到重关联请求后将按照资源预留分配 QoS 资源并向 STA 发送用于组播的会话密钥 GTK。

在 WLAN 网络不支持资源预留时,将采用基于基本机制的 WLAN 快速切换方式。基本机制切换在重关联前无须预留资源,而是在重关联的同时进行资源分配,这样不仅进一步减少了切换过程中鉴权和分配资源的消息交互,还减小了会话时延。相对于基本机制切换而言,预留资源机制切换虽然增加了一些消息交互流程,但保证了资源在切换后的可用性,进一步保证了会话的连续性。

## 2.6.2　IEEE 802.11r 安全分析

在 IEEE 802.11r 快速切换认证帧的快速切换认证请求帧以及快速切换认证响应帧中,并没有对随机数的认证过程,这将导致 IEEE 802.11r 面临比 IEEE 802.11i 更加严重的 DoS 攻击。这里的 DoS 攻击可以分成以下三种情况。

### 1. 第一种 DoS 攻击

STA 可以只发送一条快速切换认证请求帧,但是 AP 必须接收所有到来的快速切换认证请求帧,以使协议进行下去,因此,攻击者可以轻易地发送篡改的假冒快速切换认证请求帧。攻击者可以向 AP 发送大量快速切换认证请求帧,AP 接收到快速切换认证请求帧后,需要进行以下后继操作:产生及发送 Anoce,预计算 PTK 以及保持一个连接状态等。但这有可能会使其内存及计算资源耗尽。

产生原因:快速切换认证请求帧中的随机数没有经过认证就发送,而 AP 必须接收该消息并进行相应处理。

解决办法:在快速切换认证请求帧中加入 MAC 值校验,MAC 的密钥可以取为 PMKR1 和某一单调增加值的运算式。

### 2. 第二种 DoS 攻击

STA 向 AP 发送快速切换认证请求帧,其中包含 Snonce;AP 响应一条快速切换认证响应帧,其中包含 Anonce,同时计算 PTK。STA 收到此消息后,计算 PTK 以及 MIC 值。此时攻击者可以假冒 STA 向 AP 发送另一条包含 S'nonce 的快速切换认证请求帧,AP 接收到此消息后,重新发送快速切换认证响应帧,包含 A'nonce,并重新计算 PTK',从而导致 STA 与 AP 计算的 PTK 不匹配,致使 STA 发送的 802.11 认证确认帧无法通过验证,致使 STA 无法接入网络。

产生原因:快速切换认证请求帧没有经过认证就发送,而 AP 必须接收并进行相应处理。

解决办法:在快速切换认证请求帧中加入 MAC 值校验,MAC 的密钥可以取为 PMKR1 和某一单调增加值的运算式。

### 3. 第三种 DOS 攻击

STA 发送快速切换认证请求帧,其中包含 Snonce;攻击者假冒 AP 发送一条篡改的快速切换认证响应帧,其中包含 A'nonce,导致 STA 和 AP 计算的 PTA 不匹配,802.11 认证确认帧无法通过验证,使 STA 无法接入网络。

产生原因:快速切换认证响应帧中的随机数没有经过认证就发送,而 STA 必须接收并进行相应处理。

解决办法:AP 应该在快速切换认证响应帧中加入 MAC 值校验,该 MAC 的密钥可以取为预计算的 PTK。

## 2.7　IEEE 802.11s 协议分析

### 2.7.1　IEEE 802.11s 协议原理

传统的 IEEE 802.11 标准定义了两种基本服务集(BSS),其中包括基础设施网络和独立 BSS 或 Ad Hoc 网络。IEEE 802.11 的传统网络架构如图 2-18 所示,其中每个 BSS 中的 AP 通过分布式系统(DS)与其他 BSS 相连。因为在 Ad Hoc 网络中,每一个 STA 都是独立存在的,不可以接入 DS 中,所以,图中固定网络构架就限制了 802.11 网络部署的灵活性。在相当长的一段时间内,工业界都认为由于 ESS 既不具有 IBSS 的自动配置能力又不具有 Ad Hoc 的组网优势,它无法满足既需要 Ad Hoc 又需要 Internet 接入的应用场景,解决办法是将 ESS 和 IBSS 进行融合组成一个新型的多跳网络,这就是对 ESS 进行 Mesh 扩展。

实际上,为了满足这样的需求,在 IEEE Mesh 网络标准化工作启动之前,工业界就已经设计实现了多种基于 IEEE 802.11 的无线 Mesh 网络解决方案。这些解决方案具有很多公共的特点,例如,解决方案中都将所有的节点分成了三种类型:Mesh 路由器、客户端以及网关等。然而,这些解决方案虽然有很多特点,但是它们之间实际上是无法兼容的,为了解决兼容问题,必须指定一个网络标准来解决这一问题。最终,IEEE Mesh 研究组于 2006 年 1 月指定了当前 802.11s 标准草案的基本框架。

IEEE 802.11s 标准涉及 Mesh 拓扑发现和形成、Mesh 路径选择和转发、MAC 接入相关机制、信标与同步、Intra-Mesh 拥塞控制、功率控制、交互工作、安全和帧格式等内容。以下重点介绍其中的几项内容。

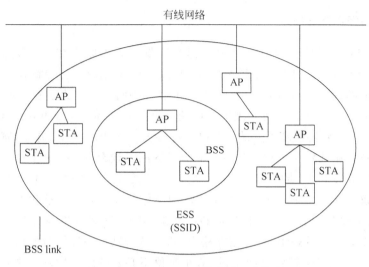

图 2-18　IEEE 802.11 的传统网络架构

### 1. Mesh 拓扑发现和形成

IEEE 802.11s 依据 Mesh 节点开机时的启动顺序来描述 Mesh 网络拓扑发现和形成过程。当 MP 开机后,首先主动或被动扫描来寻找 Mesh 网络;然后选择信道;进行 Mesh 同步;建立与邻居 MP 的链路,包括 802.11 公开鉴权、建立关联和 802.11i 鉴权与密钥交换等步骤;本地链路状态测量;路径选择初始化;如果是 MAP,还需进行 AP 的初始化。

IEEE 802.11s 定义了与 SSID 类似的 mesh ID 来标识 Mesh 网络。新的 Mesh 节点与一个已有 Mesh 网络建立关联之前,需要检查它的 mesh profile 是否与已有 Mesh 网络匹配。每个 Mesh 设备至少支持一个由 mesh ID、路径选择协议标识符和路径选择 metric 标识符等组成的 mesh profile。如果匹配,则建立关联。如果不能找到一个已有 Mesh 网络,则创建一个 Mesh 网络。

新的 Mesh 节点加入一个 Mesh 网络后,在它能够发送数据包之前,需要与邻居节点建立对等链路。在 802.11s 中,采用状态机来详细说明如何建立对等链路。一旦完成这一步,有必要对每个对等链路的链路质量进行度量,这涉及链路质量度量策略和如何在邻居节点间传播链路质量信息。注意,对等链路的链路质量信息是路由协议中路由 metric 的重要组成部分。

在单信道模式中,Mesh 节点在拓扑发现过程中选择信道。在多信道的情况下,具有多个射频接口的 Mesh 节点需要为每个接口选择不同的信道,而单接口的 Mesh 节点需要频繁切换信道。目前 802.11s 草案中,定义了简单信道统一协议和信道图切换协议,适用于慢信道切换的场景。

在多信道 Mesh 网络中,采用统一信道图(UCG)来管理拓扑。在同一 UCG 中,所有 Mesh 设备采用一个公共信道相互连接。因此,在单信道 Mesh 网络中,整个网络仅有一个 UCG。对于多信道 Mesh 网络,取决于网络的自组织情况,存在着多个 UCG。为了协调不同的 UCG,802.11s 设置信道优先值。信道优先值随着 UCG 的不同而不同,但在同一 UCG 中,所有 Mesh 节点的信道优先值都是一样的。

### 2. Mesh 路径选择与转发

IEEE 802.11s 在 MAC 层进行路由选择和转发。为了区别在第三层使用 IP 地址路由，IEEE 802.11s 标准使用术语路径选择(path selection)。由于各种私有 802.11 Mesh 网络采用了不同的路由协议，不同 Mesh 网络之间很难协同工作。为了在相同框架下支持各种路由协议，802.11s 中定义了可扩展的路由选择框架。在 802.11s draft 1.06 之前草案中定义了默认的 HWMP 协议和可选的 RA-OLSR 协议。从 draft 1.07 开始，删去了可选的路径选择协议。草案中还定义了称为空时(airtime)的路径选择 metric。

在 HWMP 协议中，固定的网络拓扑采用基于树的先验式路由；变化的网络拓扑则采用按需路由协议。802.11 Mesh 网络的节点趋向于弱移动性和主要承载来往于 Internet 的业务流，也存在着少量的移动 Mesh 节点和少量的 Mesh 网络内部业务流。因此，802.11s 中的路由策略以基于树的路由为主、按需路由为辅，两种路由可以同时使用。基于树的路由便于为其他节点建立并保持距离向量树，从而避免不必要的路由发现及恢复的花费；按需路由协议是在 AODV 协议的基础上为 HWMP 特别设计的。802.11s 采用空时(airtime)作为默认的路由 metric 来度量链路质量。可扩展的路由协议框架中还支持其他类型的metric，如 QoS 参数、业务流、功率消耗。但是，在同一个 Mesh 网络中仅能使用一种metric。

RA-OLSR 是在 OLSR 基础上开发的一种先验式链路状态路由协议，主要是对泛洪机制进行了改进。首先，一个 MP 仅有一个一跳邻居 MP 子集来中继控制信息，该邻居 MP 称作多节点中继(MPR)。第二，为了提供最短路由，RA-OLSR 仅泛洪局部状态信息。由于RA-OLSR 不断地保持至网络中所有目的节点的路由，因此 RA-OLSR 特别适合于非常动态的源目的节点或者 Mesh 网络大且密的情形。RA-OLSR 是一个分布式协议，不需要控制信息的可靠交付。

### 3. MAC 接入相关机制

IEEE 802.11s 草案中与 MAC 层接入有关的内容有三部分：默认的增强分布式协调访问(EDCA)机制、可选的使用公共信道框架(CCF)的多信道协议和可选的确定访问(MDA)机制。由于有很多问题没有得到有效解决，在 802.11s 之后的草案删去了 CCF 协议，所以这里就不介绍了。

1) EDCA 机制

IEEE 802.11s 仅继承 IEEE 802.11e 中定义的 EDCA 机制作为 MAC 层基本接入机制，并没有考虑 IEEE 802.11e 中的混合控制信道访问机制(HCCA)。EDCA 机制的原理是在分布式协调功能(DCF)的基础上引入业务流分类(TC)来实现 QoS 支持，建立根据业务流种类分配带宽的概率优先机制。IEEE 802.11s 对 EDCA 相关的网络分配向量(NAV)机制进行改进，提出 NAV 清除机制来减少因 NAV 不能及时释放而造成的吞吐量损失。

2) MDA 机制(可选)

MDA 机制允许 MP 在某一期间以更低的竞争接入信道，这个期间称为 MDA 机会(MDAOP)。MDA 中定义了两种时间周期，其中，MP 的邻居 MDAOP 时间是指在MDAOP 期间，MP 要么是发送方要么是接收方的发送/接收(TX/RX)期间；邻居 MDAOP

干扰时间是指在邻居的 MDAOP 期间该 MP 既不是发送方也不是接收方的发送/接收（TX/RX）期间。当发送方想发送数据时,首先要建立一个 MDAOP 给接收方。此时检查它的邻居 MDAOP 时间、帧的 TX/RX 时间和接收方的邻居 MDAOP 干扰时间。如果没有发生重叠且没有 MDA 限制,则发送方给接收方发送 MDAOP 建立请求。接收方做同样的检查后,接收方接收这个 MDAOP,从而建立一个 MDAOP。在 MDAOP 期间,发送方（MDAOP 的拥有者）使用与接收方不同的退避参数 MDACWmax、MDACWmin 和 MDAIFSN 来建立传输机会（TXOP）。

### 4. 信标和同步

在传统的 IEEE 802.11 网络中,信标用于传播 STA 的同步时间信息,计时同步功能（TSF）提取同步时间信息并进行 STA 间的时钟同步。有基础设施网络中,AP 负责广播信标;在 Ad Hoc 网络中,所有节点都可以发送信标。为了避免信标碰撞,IEEE 802.11s 定义了 Mesh 信标冲突避免（MBCA）机制,原理是在给定时间周期内,指派某个 MP 广播信标。IEEE 802.11s 中除了信标帧,探测响应帧中也可以携带同步信息。与 IEEE 802.11 的 TSF 不同的是,不是所有的 MP 都需要同步,它们的信标间隔不必相同;不仅 TSF 计时器而且时间偏移值也需要同步。不需要同步的 MP,保持一个 TSF 计时器,当收到信标或探测响应时也不进行更新;对于需要同步的 MP,保持一个 Mesh TSF 时间,Mesh TSF 时间等于 TSF 计时器和同步 MP 中偏移值的总和。由于使用了偏移值,同步 MP 间的 TSF 计时器可以不同。

### 5. Intra-Mesh 拥塞控制

IEEE 802.11s 提出的可选的跳对跳 Mesh 域内（Intra-Mesh）拥塞控制策略包括本地拥塞监测、拥塞控制信令和本地速率控制等三部分内容。基本思想是:MP 通过主动监测本地信道应用条件来及时发现拥塞;上一跳 MP 收到"拥塞控制请求"后进行本地拥塞控制来缓解下游 MP 的拥塞,同时向邻居 MP 广播"邻居拥塞宣告",从而使邻居 MP 也进行拥塞控制。本地拥塞监测策略包括比较发送数据包速率和收到需要转发数据包的速率,观察缓存区队列大小等;本地速率控制机制包括根据拥塞程度不同动态地调整 EDCA 参数,对不同 MAP 中的 BSS 设置不同的 EDCA 参数来控制本地速率。802.11s 中还定义了在发生拥塞或信道使用不足的情况下目标速率的计算方法。

### 6. 交互工作

IEEE 802.11s 中规定 MPP 实现 WLAN Mesh 网络与其他 802 LAN 的桥接,网络间交互工作（Interworking）必须与 IEEE 802.1D 标准兼容。MPP 参加生成树协议,同时维护一个节点表以确定通过哪个端口可以到达该节点。如图 2-19 中 MPP 的逻辑框架。MPP 事先告诉网络中所有 MP 该 MPP 的存在。出入 Mesh 网络的消息受到 MPP 的控制。出（egress）消息由 Mesh 网络内的 MP 产生。如果 MPP 知道目的节点是在 mesh 网络内,则直接转发消息到目的节点;如果目的节点在 Mesh 网络外部,则转发消息到外部网络;如果 MPP 不知道目的节点,则 MPP 转发消息到 Mesh 网络内部和外部。入（ingress）消息是由 MPP 从外部网络收到的消息。如果 MPP 知道目的节点,则 MPP 简单转发即可;否则

MPP 有两种选择：建立一条路由到目的节点或者在 Mesh 网络内广播这个消息。

图 2-19　IEEE 802.11s 的协议栈

IEEE 802.11s 中考虑了节点的移动性。如果节点在 Mesh 网络内部移动,则路由协议处理移动带来路径变化;如果节点从 Mesh 网络中移出,路由协议在检测到路径发生变化后修改路径;如果节点从 Mesh 网络外部移入,MPP 和路由协议协作建立一条新路径。MPP 在网络间的交互工作中起着重要作用,不仅支持 IEEE 802.1D 的桥接功能,也支持IEEE 802.1Q 中定义的 VLAN 功能。

### 7. 帧格式

IEEE 802.11s 中定义了详细的帧格式以及帧域(frame field)和信息元(information element)。帧的类型有数据帧、控制帧和管理帧三种。其中,控制帧包括 EDCA 机制的RTS/CTS/ACK、CCF 协议的 RTX/CTX 帧等。管理帧涉及信标、探测和关联等。与传统802.11 包含两个 MAC 地址的帧结构不同,由于在 MAC 层实现路径选择并通过 MAC 地址转发数据包,因此 MAC 帧头中需要包含 4 个 MAC 地址,即比传统 MAC 帧多了源 MAP和目的 MAP 的 MAC 地址。为了支持传统 STA 通过 Mesh WLAN 来发送数据包,传统节点的源 MAC 和目的 MAC 地址再加到 MAC 帧头,就构成了 802.11s 的 6 个 MAC 地址机制。由于每个 MAP 保存有关联 STA 的 MAC 地址,因此 MAP 可以找到目的 STA。

## 2.7.2　IEEE 802.11s 安全分析

IEEE 802.11s 在最早设计的时候添加了 SAE 安全机制,同时允许使用传统的 802.1x来为网络提供安全接入功能。但是,协议并没有对节点在连接上网络之后的行为进行明确规定,所以这将使得 IEEE 802.11s 中的路由协议具有较为严重的安全漏洞。

HWMP 本质上是一个简单的距离矢量路由协议,在查找确定一条路径的过程中需要发送大量的广播帧,而网络中的每一个节点都需要对这些帧进行接收和分析处理;另外,路由的发现过程实际上是一个"以讹传讹"(rumor by rumor)的过程,源节点的所有路由信息都是来自于和其距离一跳范围内的邻居节点。在设计这个协议的过程中,由于考虑到在 AdHoc 网络中,网络的带宽是极其有限的,所以整个协议的设计应该尽量简单,为了达到这一目的,协议的安全性几乎没有在考虑范围之内,最终的结果是,AODV 存在的安全问题,HWMP 几乎毫无保留地全部继承过来,针对这些安全问题,最典型的两种攻击方式就是泛洪攻击和黑洞攻击。

### 1. 泛洪攻击

从前文的说明中可以看到,HWMP 主要依靠通过 PREQ 和 PREP 机制来建立多跳路由,所以整个无线网状网络能否正常运行的最为重要的一点是能否保证将 PREQ 数据包及时地发送出去。在一般情况下,节点每次收到一个 PREQ 帧,都会将这个帧保存在一个工作队列中,再经过调用相关的函数处理之后才会对这个帧进行转发或者进行回复,在这样一个过程中,不仅需要耗费空间来存储 PREQ 帧而且还需要耗费 CPU 时间对这些帧进行处理,但实际上却没有接收到关于 PREQ 合理性的判断。实际上,目前所有的按需路由协议都存在这样一个问题,并不是只存在于 HWMP 之中。PREQ Flooding 攻击就是利用这样一个漏洞,不停地向网络中传送大量的伪造的路由请求,这样网络中其他节点 Mesh 路由的工作队列会被这些虚假的路由请求占用,从而使得正常的路由请求无法得到及时处理,整个路由建立过程被阻塞。另外,网络中的虚假路由信息过多的时候,会占用大量的 CPU 资源来处理这些请求帧,造成响应时间延迟,网络中也由于充斥着无意义的 PREQ 而导致网络吞吐量下降。因为网络是通过广播帧来建立路由的,这样一个局部的泛洪效果将很快扩展至整个网络,使得瞬间网络数据的传输效率下降,严重的甚至造成拒绝服务攻击。

### 2. 黑洞攻击

黑洞攻击就是在监听到网络中其他网络节点发送路由请求时,并不会进行常见的路径查找,而是直接为询问节点返回相关的路由回答(PREP),通知询问节点,网络的下一跳节点是其自身,同时,为了保证黑洞节点所返回的路径信息一定会被节点所采用,它会将这条路径的代价设置成为一个比较小的极端值。整个过程如图 2-20 所示。

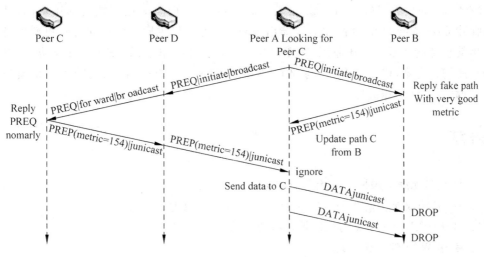

图 2-20 黑洞攻击示意图

节点 B 为黑洞节点,节点 D 和 B 均在 A 的一跳范围之内,HWMP 路由协议在计算路径优劣的时候并不计算跳数(hop),而是单纯计算链路的 metric 值的累加。这一点也是为什么黑洞节点能够在自己范围内影响其中所有节点的原因之一。A 在初始状态不知道 C

节点的路径，而是通过泛洪的方式查找到 C 节点的路径，由于无线网路的广播特性，导致恶意节点 B 也能够收到 A 的 PREQ 路径查找帧。节点在更新同一条路径的时候不会因为时间先后而选择哪一条路径，所以即使 B 在 D 之后回复了 PREQ，只要保证 B 回复的 PREP 中所带的 metric 足够低，就能保证 A 在收到 D 的回复时也不会采用正确的路径信息，而是采用黑洞节点回复的虚假的路径信息。之后 A 开始发送数据时，全部会由 B 转发，而 B 就会丢弃所有的数据包，产生路由黑洞。

## 2.8 本章小结

　　无线局域网就是在局部区域以无线媒体或介质进行通信的一种网络形态，它作为传统有线网络的延伸、补充或者代替，解决了有线局域网的很多不足。但由于无线局域网传输介质的特殊性，信息在传输过程中具有很多的不确定性，受到比有线网络更大的安全威胁。

　　无线局域网极其容易被非法用户窃听和侵入，为了解决这个问题，WEP（有线等效保密）协议应运而生。WEP 协议是对在两台设备间无线传输的数据进行加密的方式，用以防止非法用户窃听或侵入无线网络。IEEE 802.1x 协议源于 IEEE 802.11 无线网络，并且在以太网中的应用有效地解决了传统的 PPoE 和 Web/Portal 认证方式带来的问题，消除了网络瓶颈，减轻了网络封装开销，降低了建网成本。但同时也存在一些安全隐患和设计缺陷。WAPI（无线局域网鉴别与保密基础结构）是在中国无线局域网国家标准 GB 15629.11 中提出的用来实现无线局域网中的鉴别和加密的机制，是针对 IEEE 802.11 中 WEP 协议的安全问题提出的 WLAN 安全解决方案。后来，IEEE 委员会提出了新的 WLAN 安全标准 IEEE 802.11i，在 IEEE 802.11i 中提出了无线局域网的新安全体系 RSN（Robust Security Network），即强健网络安全，旨在提高无线网络的安全性能。但在切换方式上，按照基于 IEEE 802.11i 切换方式进行的 QoS 接入控制，不仅会在时延方面影响会话质量，而且由于无法保障 QoS 资源的可用性，将有可能出现新 AP 无法提供原有业务而导致再次切换的情况发生甚至掉话。基于上述原因，IEEE 802.11 委员会提出了 IEEE 802.11r 协议，设计了新的快速切换方案，优化了 STA 与 WLAN 网络间消息交互过程，从而减小了切换带来的时延，提高了会话的连续性。

## 思考题

1. 什么是无线局域网？它有什么特点？
2. WEP 协议是为解决何种问题而产生的？它的原理是什么？
3. 基于 IEEE 802.1x 的认证技术有哪些特点？
4. 简述 WAI 的工作原理。
5. IEEE 802.11i 协议与 IEEE 802.11r 协议的联系和区别是什么？

# 参考文献

［1］　李东瑀，余凯，张平. 基于802.11r的WLAN快速切换机制研究［J］. 现代电信科技，2006，(10).

［2］　罗军，刘卫国. WEP协议安全分析［J］. 福建电脑，2006，(11).

［3］　杨寅春，张世明，张瑞山. WAPI安全机制分析［J］. 计算机工程，2005，31(10).

［4］　曹利，杨凌凤，顾翔. IEEE 802.11i密钥管理方案的研究与改进［J］. 计算机工程与设计，2010，31(22).

［5］　杨寅春. 无线局域网安全研究［D］. 上海：上海交通大学，2004.

［6］　张龙军. 无线局域网安全技术研究［D］. 广州：中山大学，2003.

［7］　韩玮. 无线局域网安全技术研究［D］. 西安：西安电子科技大学，2003.

［8］　彭清泉. 无线网络中密钥管理与认证方法及技术研究［D］. 西安：西安电子科技大学，2010.

［9］　徐峻峰. 基于802.11无线网络语音切换技术的研究［D］. 武汉：中国地质大学，2007.

［10］　孙璇. WAPI协议的分析及在WLAN集成认证平台中的实现［D］. 西安：西安电子科技大学，2006.

［11］　马建峰，吴振强. 无线局域网安全体系结构［M］. 北京：高等教育出版社，2008.

［12］　王颖天. 浅谈无线局域网安全解决方案［J］. 计算机光盘软件与应用，2012，(2).

［13］　张磊. 无线局域网安全协议研究［J］. 通信技术，2011，44(9).

# 第3章

# 无线城域网安全

由于日常的生产生活中,人们对于各种随时随地地使用网络资源的需求不断增加,因此无线局域网、无线城域网等各种无线通信网络应运而生,并且发展非常迅速。而无线城域网作为有可能与 3G 相匹敌的新型无线网络,将会有很大的发展前途。所以,研究无线城域网的安全性具有十分迫切的现实意义。

## 3.1 无线城域网简介

### 3.1.1 无线城域网概述

无线城域网是继无线局域网之后的又一种无线网络,它能够提供更大的传输范围和更快的传输速度,是城市无线接入的一种新型手段。由于互联网技术的不断普及和发展,人们对通过无线手段接入互联网提出了越来越高的带宽和距离要求,目前的众多无线通信技术都难以满足人类对信息的需求,存在着接入速率太低、覆盖范围太小、移动速度慢等种种缺陷。

无线城域网的出现打破了这种局面,此标准最初目的是为了解决"最后一公里"接入问题而提出的,能够完成无线城域网的构造。但是截至目前为止,许多无线网络设备提供商和用户都错误地认为此标准的最主要安全缺陷是使用了 56bit 的 DES。事实上密码的长度与标准的安全缺陷没有太大关系。

IEEE 802.16 标准工作组通过寻找 IEEE 802.11 标准的缺陷并通过相关技术解决了这些缺陷,在这些工作的基础上把现存标准重新组织修订形成了现在的 IEEE 802.16 安全标准。现在的标准包括基于线缆连接的数据服务接口规范,此标准是为了解决"最后一公里"线缆连接的接入问题。因为电缆是有线技术而 IEEE 802.11 是无线技术,二者面临着不同的安全威胁,所以目前的 IEEE 802.16 安全标准对于保护 IEEE 802.16 链路传输是完全失败的。

因此对这些技术的研究有利于我国信息技术的发展、运营竞争力的上升、建设投资费用的降低、无线通信设备制造工艺的改进、我国信息化建设进程的加快、军队科技强军的建设等。

### 3.1.2 IEEE 802.16 分析

为了让无线城域网技术拥有更好的发展环境从而取得更好的发展,IEEE 先后制定了一系列的无线城域网标准,主要包括 802.16a、802.16c、802.16e、802.16f、802.16g 等。其中最为重要的是 IEEE 802.16 标准,又被称为 WIMAX,它描述了一项无线城域网技术,主要针对微波以及毫米波频段,提出了一种新的空中接口标准。

IEEE 802.16 工作组成立于 1999 年,工作组被称为 Broadband Wireless Access Standards(宽带无线接入标准),工作组的主要工作就是负责研究固定宽带的无线接入技术规范,主要是为了解决"最后一公里"的无线宽带城域网的接入问题,其中主要包括 IEEE 802.16 的发展规划、IEEE 802.16 的空中接口标准以及寻求解决共存性问题的建议方案这样的 3 个部分。

目前,IEEE 802.16 标准是最为先进的宽带无线接入规范,它为"最后一公里"或"最初一公里"的无线宽带城域网的接入问题提供了一个廉价的解决方案。它为用户站点与核心网络之间的连接提供了一个通用的连接方式,比如在商务大楼、飞机场、停车场、展览中心、家庭等常见区域都可以通过使用 IEEE 802.16 来连接到 Internet 网络,方便地访问 Internet 网络上的各种资源。可以这样说,IEEE 802.16 工作组的所有工作为宽带无线接入技术的发展和普及作出了巨大贡献。

IEEE 802.16 系列标准如表 3-1 所示。

表 3-1　IEEE 802.16 系列标准

| 类别 | 标准编号 | 标准名称 | 通过时间 | 目前状态 |
| --- | --- | --- | --- | --- |
| 空中接口 | IEEE 802.16-2001 | 局域网和城域网 IEEE 标准第 16 部分:固定宽带无线接入系统的空中接口 | 2001 年 12 月 | 已被取代 |
| | IEEE 802.16a | 局域网和城域网 IEEE 修正标准第 16 部分:固定宽带无线接入系统的空中接口——媒体接入控制(MAC)更改和 211GHz 的附加物理层(PHY)规范 | 2003 年 1 月 | 已被取代 |
| | IEEE 802.16d-2004 | 局域网和城域网第 16 部分:固定宽带无线接入系统的空中接口 | 2004 年 7 月 | 在用 |
| | IEEE 802.16e-2005 | 局域网和城域网 IEEE 标准第 16 部分:许可频段中固定和移动组合运行的物理和媒体接入控制层的固定和移动宽带无线接入系统修正的空中接口 | 2005 年 12 月 | 在用 |

2002 年 4 月,IEEE 802 标准委员会颁布了 IEEE 802.16-2001 标准,该标准为宽带无线接入定义了无线城域网的空中接口规范。但是该标准的工作频段为 10～60GHz,由于在这一频段的信号实际上对建筑物这样的常见障碍物的穿透性能不是很好,这就限制了基站的覆盖范围,无法满足一些用户的需要。另外,一般情况下用户站的天线安装位置都很高,因此系统受到风霜雪雨的影响会比较大,这在一定程度上也阻碍了它的市场应用。

2002 年 7 月,在加拿大温哥华市召开的 Session 2.0 会议上讨论了提交的 IEEE 802.16a 第五版草案。IEEE 802.16a 标准在原来 IEEE 802.16-2001 标准上进行了扩展和修改。IEEE 802.16a 标准于 2003 年 4 月正式颁布。这一标准所规定的信号工作频段是 2～10GHz,其中包含了免牌照的频段以及需要发放牌照的频段。和 IEEE 802.16-2001 标准相比,这一频段的信号可以以更低的成本提供更加广泛的覆盖范围,并且系统受到自然环境的影响更小,系统可以在非视距传输的环境下运行,极大地降低了用户站安装的成本,具有更强的市场竞争力。在 IEEE 802.16a 标准颁布一年之后的 2004 年 7 月,IEEE 802.16d-

2004 标准得到了 IEEE 802 标准委员会的一致通过,该标准对 IEEE 802.16-2001 标准与 IEEE 802.16a 这两个标准进行了修改和补充,虽然它依然是对固定宽带无线接入规定的标准,但是它已经越来越成熟、越来越实用,很好地解决了之前两个标准的很多问题。IEEE 802.16d-2004 规定的频段很宽,主要包括了 10~66GHz 频段、小于 11GHz 许可以及免许可频段。在不同频段下的物理特性各不相同,主要包括以下内容:

(1) 10~66GHz 许可频段,这一频段的信号波长比较短,因此它只能够实现视距传播。常见的信道带宽一般为 25MHz 或者 28MHz,当使用多进制调制方式时,数据的传输速率可以达到 120Mbps。

(2) 11GHz 以下许可频段和免许可频段的波长较长,所以它们能够支持非视距传播,但是,这时系统会存在比较强烈的多径效应,必须采取一些增强的物理层技术,例如功率控制、ARQ、智能天线或者空时编码技术等。另外在免许可频段的信号可能会受到较大的干扰,影响效果,这时需要采用 DFS 等技术来处理干扰。

为了可以为用户提供既具有移动性又能够高速便携访问的宽带无线接入解决方案,2005 年 12 月,IEEE 802 标准委员会正式通过了 IEEE 802.16e-2005 标准。IEEE 802.16e-2005 标准能够向下兼容 IEEE 802.16d-2004 标准,所以它的标准化工作是建立在 IEEE 802.16d 标准基础之上的。IEEE 802.16e-2005 在物理层的实现方式实际上和 IEEE 802.16d-2004 的实现方式几乎是相同的,它们的主要差别在于,IEEE 802.16e-2005 进行了 OFDMA 方面的扩展,并且提供了针对移动性的支持。

通过上面的介绍,从 IEEE 802.16-2001 标准到 IEEE 802.16e-2005 标准,可以看到宽带无线接入技术的发展趋势是向着更高容量、更大覆盖、具有更好的移动性的方向发展的。IEEE 802.16e-2005 标准已经可以在 2~6GHz 的特许频段范围内为高速移动的终端提供网络接入服务,很好地支持了移动性和高速性两种用户最为追求的特性。正是由于它的这些性能使得 IEEE 802.16e-2005 从问世的那天起就备受关注。

实际上,IEEE 802.16e-2005 标准已经演变成为一种针对固定和移动运营商的基于全 IP 的、下一代的、已经标准化的移动解决方案,它的出现对于解决数字鸿沟、固网的"最后一公里"接入和移动的三重播放都有很好的促进作用。

## 3.2    IEEE 802.16 标准的安全机制分析

通过上面的介绍很容易了解到无线城域网的核心是 IEEE 802.16 标准,为有助于将 IEEE 802.16 定义的广义标准变成更加具体的标准,以满足特定服务提供商的需求,英特尔、诺基亚、AT&T 等 100 家生产、运营商成立了一个非盈利工业贸易联盟组织——WIMAX 论坛,全名是微波接入的全球互通,目标是对以 IEEE 802.16 系列宽带无线接入标准为基础的产品互通性进行测试和认证,以保证市场上设备的部件是标准化的。

### 3.2.1    安全风险及保护协议

#### 1. IEEE 802.16 标准的安全风险

当一种标准被广泛运用的时候,那么针对它的各种漏洞攻击也会随之而来。总的来说,

IEEE 802.16 标准的安全风险可概括为以下两个方面。

1）物理攻击

IEEE 802.16 的物理层和 MAC 层都很容易遭受到安全攻击，但实际上，IEEE 802.16 标准的所有安全操作都是在 MAC 层完成的，所以，这样看来 IEEE 802.16 的物理层基本上没有任何的防范措施。最为常见的一种攻击方式是"水刑攻击"，在这种攻击中，恶意的攻击者会不停地向接收设备发送数据帧，一直到接收设备的电源耗尽为止。另外针对无线网络来说，最为常见的物理攻击就是对无线电波频谱进行干扰，这样可以极大地影响合法用户的使用质量，甚至在某些情况下使得合法用户无法使用网络资源，这样就可以造成类似于拒绝服务的攻击。IEEE 802.16 标准中没有讨论关于物理层的安全手段的主要原因就是因为物理层的攻击方式并不适合通过标准化的方式来处理。

2）无线信道带来的安全问题

由于无线电信号传播是完全开放的，甚至无法被周围的建筑物之类的障碍物所阻断，这样就使得信号极其容易地被一些恶意的攻击者窃听。这个窃听过程十分容易，其原理和人们使用收音机收听广播的方式是一样的，听众在广播信号的覆盖范围内都可以用收音机收听到广播。当然无线城域网的无线信号的接收并不像收音机那么简单，但是所有在信号覆盖范围内的用户只要有相应的设备，并且处于合适的位置，都可以接收到无线城域网的信号，之后可以根据信号的封装格式对数据进行分析处理。相似的，任何人在适当的位置都可以通过设备向无线网络中发送数据，这样就为恶意的攻击者伪造身份发送伪造数据或者截获从已授权的站点发出的数据帧，然后篡改、重放攻击等提供了方便条件。

**2. IEEE 802.16 标准的保护协议**

为了解决以上安全问题，IEEE 802.16 主要采取的是在 MAC 层中定义一个保密子层的方式来为通信提供安全保障。保密子层主要包括两个协议：数据加密封装协议和密钥管理协议。

1）数据加密封装协议

数据加密封装协议主要定义了一系列的加密算法，例如公钥密码体制的 RSA 算法、数据加密标准 DES 等；在定义这些加密算法的同时还定义了这些算法的使用规则，它主要依靠 MAC 层的具体机制来实现。

加密服务主要定义在标准定义的 MAC 层的加密子层中。标识加密服务的 MAC 层头信息一般和正常信息的存储格式相同，存储在头信息中，它是通过明文的形式来传输的。在一般情况下，进行加密的只有 MAC 的净负载，普通的 MAC 头信息是不会被加密的。MAC 控制信息一样也是采用明文的方式进行发送，采用这样的发送方式主要是为了便于注册、响应等操作。MAC 净负载加密后的格式如图 3-1 所示。

图 3-1　MAC 净负载的格式

2) 密钥管理协议

密钥管理协议(PKM)提供了安全的密钥交换机制,支持周期性的再认证和密钥更新,是加密子层的核心内容。其中两个重要概念就是授权密钥(AK)和传输加密密钥(TEK)。它们都是由 BS 产生的随机数或伪随机数,前者是认证过程中在 SS 和 BS 之间传输的,而后者用于认证之后传输数据的加密。密钥管理协议在安全机制中往往处于核心位置,是许多研究的重点。

SS 利用 PKM 协议来获得 BS 的认证、流量加密信息和周期性的重认证和密钥更新。PKM 协议使用 X.509 电子证书、RSA 公钥加密算法和强加密算法来进行 SS 和 BS 之间的密钥更新。PKM 协议仍旧使用客户机/服务器模式。SS 作为 PKM 中的"客户机",请求一些与加密相关的信息;BS 作为 PKM 中的"服务器",对这些请求做出应答,以保证每个 SS 客户机只能得到与其已获得认证相关的加密信息。PKM 协议利用 MAC 管理消息,比如 PKM-REQ 和 PKM-RSP 等消息来实现这些功能。

PKM 协议利用公钥加密算法来确认 SS 和 BS 之间的共享密钥,然后共享密钥再用来加密随后的 TEK 交换更新过程。这种双层的密钥分配机制既保证了 TEKs 的及时更新,同时又不增加因为频繁进行公钥算法运算操作的负担。

一个 BS 通过初始授权交换过程来验证一个 SS。每个 SS 拥有一张由其制造商发布的唯一的不重复的 X.509 电子证书。此证书包含 SS 的公钥和 SS 的 MAC 地址。当需要一个 AK 时,SS 把它的电子证书发给 BS。BS 确认此电子证书,然后通过此电子证书包含的公钥加密一个 AK,再返回给请求的 SS。

因为 BS 验证了 SS,这样可以避免攻击者利用一个克隆的 SS 来发动攻击,也就是假冒成合法的 SS 来发动攻击。X.509 电子证书的使用避免了克隆的 SS 们通过假的证书来欺骗 BS。

所有的 SS 都要有一个出厂商预定的 RSA 私/公密钥对或者内置一个能够动态产生此密钥对的算法。如果 SS 是利用内置的算法来产生它的 RSA 密钥对,那么此 SS 应该在它的第一个 AK 交换前产生此 RSA 密钥对。所有有预定的 RSA 密钥对的 SS 也必须要有一个预定的 X.509 证书。所有依靠内置算法来产生 RSA 密钥对的 SS 应该要支持一种机制,以支持通过厂商发布的 X.509 电子证书来产生 RSA 密钥对的能力。

一个安全关联(SA)是一个 BS 和一个或多个与之相连的 SS 为在 IEEE 802.16 网络中进行安全通信而支持的一系列安全资料。IEEE 802.16 标准中定义了 3 种安全关联:初始、静态、动态。每个可管理的 SS 在其初始化过程中建立一个初始 SA。静态 SA 是在 BS 内部预置的;动态 SA 是根据每种特定的服务流的初始化或终止过程而动态地创建或结束的;静态 SA 与动态 SA 都可以被多个 SS 共享。

一个 SA 的可共享信息要包括它所支持的加密套件。同时可共享信息一般也包含 TEK 和初始化向量。SA 包含的其他内容则根据其所支持的加密套件而不同。SA 利用 SAID 来进行定义与区分。每个可管理的 SS 必须和它的 BS 建立一个唯一的与其他 SS 不重复的初始 SA。任何 SS 的初始 SA 的 SAID 都和它的基本 CID 相同。利用 PKM 协议,每个 SS 从它的 BS 那里得到 SA 的加密资料。而 BS 必须保证每个 SS 只能获得其已被授权的获得的 SA 的加密资料。

一个 SA 的加密资料(比如 DES 密钥和 CBC 初始向量)是有生命周期的。当 BS 把 SA

加密资料发给 SS 时,它同时也告诉了 SS 此 SA 的这些加密资料所剩下的生存时间。而 SS 负责当它目前在用的加密资料失效之前重新从 BS 那里申请新的加密资料。如果 SS 目前正在用的加密资料在获得一套新的加密资料之前已经失效,则 SS 必须重新进行入网注册等操作。同时 PKM 协议具体提出了 SS 和 BS 如何保持密钥之间的同步。

## 3.2.2 密钥的分配更新方法

IEEE 802.16 协议使用 X.509 公钥证书、RSA 公钥算法和三重 DES(数据加密标准)来保护 SS 与 BS 之间的密钥交换。其密钥交换过程如下所述:

(1) 首先,BS 对 SS 进行认证。这个过程是在初始认证期间进行的。每个 SS 都有一个由厂家分配的唯一的 X.509 数字证书,包括 SS 的公钥和 MAC 地址等。当 SS 请求一个 AK 时,SS 将自己的数字证书传给 BS,BS 验证证书的有效性,如果通过,则用证书提供的公钥加密 AK,然后传给 SS。SS 用自己的私钥解密便可以获得 AK。至此,认证过程结束。

这是一种利用公钥密码体制来进行密钥分配的方案,特别适用于大型网络中的密钥管理。公钥的分配无须机密性保护,公钥密码体制的安全性已经得到了实践的证实。

完整的 BS 认证 SS 并分发、更新 AK 的过程如图 3-2 所示。

图 3-2 完整的 BS 认证 SS 并分发、更新 AK 的过程

(2) 接下来,SS 向 BS 提出传输加密密钥(TEK)的请求。BS 在接到请求后,用 KEK(由 AK 计算出来的)和三重 DES 算法加密 TEK 并传给 SS。SS 便能利用 KEK 从中解密得到 TEK,至此,密钥交换过程完毕。

同时,安全机制还支持周期性的再认证和传输加密密钥的更新。以周期性的更新 TEK 为例,为了简化分析,假设 BS 同时产生两个序号不一样的 $TEK_0$ 和 $TEK_1$。其中 $TEK_0$ 的生存时间(设其为 $t_0$)刚好是 $TEK_1$ 的一半,这样在 $t_0$ 时刻 $TEK_0$ 就会失效,$TEK_1$ 则生效。而这时 SS 就会提出 TEK 密钥请求,BS 再分配一个 $TEK_2$ 给 SS。再过 $t_0$,$TEK_1$ 也将失效,同时,SS 将申请新的 TEK。就这样 $TEK_{n-1}$ 和 $TEK_n$ 的生存期相互交错,从而实现了 TEK 的周期性更新并保证了它的连续性,具体过程如图 3-3 所示。

图 3-3　TEK 的周期性更新

### 3.2.3　加密方法分析

IEEE 802.16 采用 AES-CCM 作为资料传输加/解密算法,但除了 AES-CCM 外,IEEE 802.16 针对一般资料的传输,还可选择复杂度较低的 DES-CBC 加密算法,而针对 Broadcast/Multicast 的需求,IEEE 802.16e 亦采用较合适于群组广播使用的 AES-CTR 加密算法。本小节只简单介绍一下 DES-CBC 算法。

在 IEEE 802.16 支持的资料传输加密算法 DES-CBC 中,通过 KEY-Request/Reply 阶段所产生的 64bit TEK Key 与 TEK Parameters 中的 64bit CBC-IV 值,可经由 DES 算法进行加密,如图 3-4 所示,在资料传输时,将资料分为 64bits 的区块(最后若不足 64bit 也算成一个区块),并将 64bit CBC-IV 与第一个区块的 64bit 资料进行 XOR 运算,之后以 TEK 前 54bit 值为 Key 通过 DES 加密算法产生 64bit 加密后的数据,并存储到数据加密后的暂存位置,在处理下一个 64bit 区块时,便把前一个加密后的 64bit 区块与目前尚未加密过的 64bit 区块进行 XOR 运算,并以 TEK 前 54bit 值为 Key 透过 DES 加密算法同样产生 64bit 加密后的数据,依此类推直到把整个封包依序加密为止。而接收端,只要拥有相同的 64bit

CBC-IV 与 64bit TEK 值就可以依序把封包解密了。

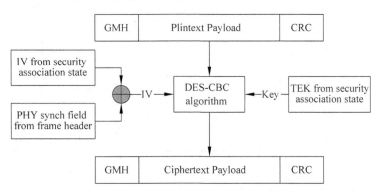

图 3-4 IEEE 802.16 DES-CBC 加密算法

使用 DES-CBC 加密方式是 IEEE 802.16 的安全问题之一,因为长久以来人们一直对 DES 的安全性持怀疑态度。现在发现的 DES 的问题至少有弱密钥问题、密钥长度不够、S-盒的设计问题等。同时加密初始向量 IV 也是可预知的,这也容易遭受伪造攻击。授权密钥 AK 是 IEEE 802.16 中重要的一个密钥,KEK 和 HMAC_key 都是直接或间接由它产生的,SS 再认证时也需要获得更新的 AK。AK 由 BS 负责产生与分发,如果 BS 产生的 AK 的随机性不够强的话,AK 包括以后的 TEK 都是不安全的。PKM 协议中的一个严重问题是 TEK 的密钥序号。PKM 协议中使用 2bit 的密钥序号来区分每一个 TEK,只需要进行 4 次密钥更新就使得密钥序号从 0 至 3 循环一次。使用这样的密钥序号来区分消息使得协议易受到重放攻击。由于协议本身不包含用于检测重放攻击的信息,如果发生重放攻击,当用户站再次使用以前用过的会话密钥和初始向量时,就可能会导致会话密钥和用户数据的泄露。要解决这个问题,只需简单地增加会话密钥序号的取值空间即可。当然不是盲目地增加,可以依据一个授权密钥的生命期内需要进行会话密钥更新的次数,一般使用 12bit 就足够了。

## 3.3 WiMAX 两种典型标准的安全机制分析

从 WiMAX 自身安全机制角度来看,WiMAX 分为 IEEE 802.16d 和 IEEE 802.16e 两个版本。前者为固定版本,后者为移动版本。固定版本在实现原理上可能会存在单向认证和加密算法方面的安全隐患,IEEE 802.16e 版本对这些问题做了改进,引入了一些最新的认证和密钥管理技术。这里主要对 IEEE 802.16d 和 IEEE 802.16e 这两个版本进行具体的分析。

### 3.3.1 IEEE 802.16d 标准

#### 1. IEEE 802.16d 协议栈概述

IEEE 802.16d 的协议栈的空中接口由物理层和 MAC 层组成,如图 3-5 所示。为了支持多种物理层和各种关键技术在宽带无线接入中的应用,IEEE 802.16d 协议定义了较为复杂的 MAC 层协议。

图 3-5　IEEE 802.16d 空中接口的协议栈

1) 安全子层

MAC 层包含一个单独可选的安全子层来提供认证、密钥交换及加密,这是 IEEE 802.16d 协议为了突出安全的重要性,专门在 MAC 中增加的一层。IEEE 802.16d 通过加密 SS 和 BS 之间的连接给用户提供具有保密性的接入无线网络的能力,此外 BS 通过加密相关的业务流禁止未经授权的访问。

IEEE 802.16d 标准的安全子层定义了两部分内容:

(1) 数据加密封装协议。该协议负责加密接入固定 BWA 网络的分组数据,定义了 IEEE 802.16d 支持的加密和鉴权算法,以及这些算法在 MAC PDU(Protocol Data Unit) payload 中的应用规则(加密只针对 MAC PDU 中的 payload 部分,MAC header 不被加密)。

(2) 密钥管理协议 PKM。PKM 负责从 BS 到 SS 之间密钥的安全分发、SS 和 BS 之间密钥数据的同步、对接入网络的限制。

2) MAC 公共子层 CPS

CPS 子层提供了 MAC 层的核心功能,包括系统接入、宽带分配、连接建立和维护等。

3) 特定服务汇聚子层 CS

CS 子层主要负责完成外部网络数据与 CPS 子层数据之间的映射。它将所有从汇聚层服务接入点(Convergence Sublayer Service Access Point,CS SAP)接收到的外部网络数据转化并且映射成 MAC SDU(MAC Service Data Unit),并通过 MAC 服务接入点(MAC SAP)发送给 CPS 子层。

**2. IEEE 802.16d 安全机制**

身份认证是消除非法接入网络这种安全威胁的重要手段,是系统安全机制中的第一道屏障,它与密钥管理协议共同作为其他安全机制(如接入控制和数据加密)的前提。

IEEE 802.16d 协议的身份认证与密钥管理由 PKM 协议负责。PKM 协议采用公钥密码技术实现 BS 对 SS 的身份认证、接入授权以及会话密钥的发放和更新。

安全关联 SA 是 BS 和一个或多个 SS 间共享的一组安全信息,目的是为了支持 IEEE 802.16d 网络间的安全通信。在 IEEE 802.16d 中实际上使用了两种安全关联,即数据安全关联(Data SA)和授权安全关联(Authorization SA),但只明确地定义了数据安全关联。

1) 数据安全关联

数据安全关联分为初级、静态和动态三类。每个 SS 在初始化过程中都要建立一个初级安全关联,这是该 SS 与 BS 之间专有的;静态安全关联由 BS 提供;动态安全关联在数据传输过程中动态建立和消除,以响应特定服务流的发起和结束。

数据安全关联包含以下内容:

(1) 16bit 的 SAID(Security Association Identifier)标识,初级安全关联的 SAID 与用户站的基本 CID 相同。

(2) 加密模式:CBC(Cipher Block Chaining)模式中的 DES(Data Encryption Standard)。

(3) 加密密钥:两个 TEK(Traffic Encryption Key)用于加密数据。

(4) 两个 2bit 的密钥标识符,对应以上的两个 TEK。

(5) TEK 生命期:最小 30 分钟,最大 7 天。

(6) 64bit 的 TEK 初始化向量。

2) 授权安全关联

授权安全关联包含以下几项内容:

(1) 标识此 SS 的 X.509 数字证书。

(2) 160bit 的 AK(Authorization Key,授权密钥或授权码)。

(3) AK 的生命期:1～70 天,默认为 7 天。

(4) 下行链路的 HMAC(Hash function-based Message Authentication Code)密钥。

(5) 上行链路的 HMAC 密钥。

(6) 用于分发会话密钥的加密密钥 KEK(Key Encryption Key)。

(7) 一个已授权的数据安全关联的列表。

### 3. PKM 协议

PKM 协议采用客户机/服务器模型,SS 作为客户端来请求密钥,BS 作为服务器端响应 SS 的请求并授权给 SS 唯一的密钥;使用 CPS 子层中定义的 MAC 管理消息来完成上述功能;支持周期性地重新授权及密钥更新机制;使用 X.509 数字证书、RSA 公钥加密算法和强对称算法进行 BS 与 SS 之间的密钥交换。基于数字证书的认证方式进一步加强了 PKM 协议的安全性能。

1) PKM 协议的完整流程

PKM 协议的完整流程包括 6 条消息,分成两个阶段。

(1) 通知和授权。包含 3 条消息。SS 把设备制造商的公钥证书传给 BS,然后 SS 把自己的公钥证书传给 BS,BS 产生一个授权密钥,用 SS 的公钥加密后发给 SS。此过程完成了 BS 向 SS 传递 AK。随着 AK 的交换,BS 建立了 SS 的身份认证以及 SS 的授权接入服务,亦即在 BS 和 SS 之间建立了某种 SA。

具体地,通知和授权阶段的流程如图 3-6 所示。

图 3-6　BS 和 SS 认证的第一阶段

SS 向 BS 发送一个认证消息(消息 1),该消息包含 SS 制造商的 X.509 数字证书;SS 向 BS 发送授权请求消息(消息 2),该消息包含生产商针对该设备发布的 X.509 数字证书、SS 支持的加密算法及 SS 的基本连接 ID;BS 验证 SS 的身份,决定加密算法,并为 SS 激活一个 AK,BS 将 AK 用 SS 的公钥加密后返回给 SS(消息 3)。SS 定时发送授权请求消息给 BS 来更新 AK。

(2) 密钥协商。包含 3 条消息。BS 将会话密钥 TEK 安全分发给 SS。PKM 协议至少达到 4 个目标:BS 对 SS 的身份认证;BS 对 SS 的接入控制(通过 AK);密码算法的协商;TEK 的分发。

在获得授权以后,在密钥协商阶段,SS 向 BS 请求 TEK,流程如图 3-7 所示。

图 3-7　BS 和 SS 认证的第二阶段

BS 向 SS 发送 TEK 更新消息(消息 3,此消息是可选的);SS 向 BS 发送 TEK 请求消息(消息 1);BS 在收到请求消息后,生成 TEK,并通过响应消息发送给 SS(消息 2)。SS 定时发送密钥请求消息给 BS 来更新 TEK。

2) 密码算法

PKM 协议中 3 种常用的密码算法:

(1) RSA 公钥算法,实现授权密钥的保密传送。

(2) DES 加密算法,实现会话密钥的安全分发。

(3) SHA-1 消息摘要算法,实现报文的完整性保护。

协议过程中,授权密钥是采用 SS 的公钥通过 RSA 算法加密的,保证了只有期望的用户可以解密得到此密钥。会话密钥采用 SS 公钥加密,或者由授权密钥推导的 KEK 采用 3-DES 或 AES 加密传送,可有效抵抗攻击者的窃听。协议最后两条报文用 SHA-1 算法提供完整性保护。消息认证密钥同样也是由授权密钥推导得出的。

### 4. IEEE 802.16d 安全缺陷

PKM 协议具有报文少、效率高和安全算法易于实现的优点,但由于 PKM 协议是参考电缆接入系统的安全协议并结合 WMAN 网络的特点剪裁得到的,采用了共同的安全假设,使得基于 PKM 协议的 IEEE 802.16d 协议存在如下几个方面的缺陷。

1) 单向认证

PKM 协议的前提是网络可信,因此只需网络认证用户,而无须用户认证网络,这样可能带来伪网络和伪基站攻击等形式的中间人攻击。

2) 未明确定义授权安全关联

IEEE 802.16d 未明确定义授权安全关联,这会引起许多安全问题。例如,安全关联状态无法区分不同的授权安全关联实例,使得协议易受重放攻击,而不辨别 BS 身份也会受到重放或伪造攻击。

3) 认证机制缺乏扩展性

SS 中的公钥证书是其设备证书,证书持有者字段为设备的 MAC 地址,缺少对其他认证机制的考虑。

IEEE 802.16d 还假定数字证书的发布是明确的,即没有两个不同的公钥/私钥使用方使用同一个 MAC 地址,但如果不能满足此假设,则攻击者可以伪装成另一方。

4) 与 AK 相关的问题

所有的密钥协商以及数据加密密钥的产生依赖于 AK 的保密性,但是 IEEE 802.16d 协议没有具体描述认证和授权中 AK 是如何产生的。

另外,由于 AK 的生存时限较长(最长达到 70 天),而协议只使用一个 2bit 的密钥标识符作为密钥序列空间,即一个 AK 时限内最多只能使用 4 个 TEK,这使得攻击者可以使用已过期的 TEK 进行加密,然后重放数据,因此极易造成重放攻击。建议使用 4bit 或者 8bit 的密钥标识符作为密钥序列空间,或者缩短 AK 的生存时限以防止重放攻击。

5) PKI 部署困难

PKM 协议需要 PKI(Public Key Infrastructure,公钥基础设施)的支持,目前单纯的公钥证书验证合法即可信的方法无法面对今后大规模应用的安全需求。同时,解决不同制造商设备之间的互信问题也是一个不小的挑战。

PKM 中的密钥协商适合单播密钥,并不适于组播密钥,组播密钥必须采用网络统一分配的方式来发放和更新。

6) 其他方面

密钥管理协议问题,如没有 TEK 有效性的保证;密码算法协商缺乏保护,可能造成降级攻击;TEK 授权和密钥协商请求由 SS 发起,可能带来拒绝服务攻击隐患;重认证机制不够有效,由 SS 发起的重认证并不能抵御会话劫持攻击。

## 3.3.2　IEEE 802.16e 标准

### 1. IEEE 802.16e 协议栈概述

IEEE 802.16e 物理层的实现方式与 IEEE 802.16d 的基本一致,主要差别在于 IEEE 802.16e 对 OFDMA 进行了扩展,可以支持 2048-Point、1024-Point、512-Point 和 128-Point,以适应不同载波带宽的需要。

IEEE 802.16e 标准主要规范了数据控制平面。数据控制平面由物理层(PHY)和媒体接入控制层(MAC)组成。MAC 层又分成了 3 个子层:特定服务汇聚子层(Service Specific Convergence Sublayer,SSCS)、公共部分子层(Common Part Sublayer,CPS)和安全子层

（Security Sublayer,SS）。其移动用户站 MAC 层的协议栈和 IEEE 802.16d 的相同。IEEE 802.16e 移动用户站的协议栈模型如图 3-8 所示。

图 3-8　IEEE 802.16e 移动用户站的协议栈模型

汇聚子层的主要功能是负责将其业务接入点（SAP）接收到的外部网络数据进行转化和映射到 MAC 业务数据单元（SDU），并传递到 MAC 层的 SAP。公共部分子层是 MAC 层的核心部分,主要功能包括系统接入、宽带分配、连接建立和连接维护、移动和切换等。它通过 MAC SAP 接收来自汇聚子层的数据并分发到特定的 MAC 连接,同时对物理层上传输和调度的数据实施 QoS 控制。安全子层的主要功能是提供对通信实体和业务数据的认证、密钥交换和加解密处理等。

为了支持移动性,IEEE 802.16e 基站的协议栈和移动用户站有所不同,如图 3-9 所示。

它基于 IEEE 802.16d,针对移动性又定义了切换支持、省电的睡眠模式以及 EAP 支持的增强性安全机制等附加功能。此外,协议栈还增加了移动代理（Mobile Agent,MA）层。

图 3-9　IEEE 802.16e 基站的协议栈模型

**2．帧结构的改进**

为了使移动用户与固定用户共同工作和共享媒质,IEEE 802.16e 中采用了"固定"帧与"移动"帧交织的方式。TDD 模式下的 IEEE 802.16e 帧结构如图 3-10 所示。

时间轴被分为许多固定长度的超帧,每个超帧包括固定子帧和移动子帧。每个超帧以固定子帧的前导码起始,紧跟着下行链路前缀及携带着 DL-MAP 和 UL-MAP 消息的突发。

图 3-10　IEEE 802.16e 帧结构

固定子帧之间插入了移动子帧。每个移动子帧包含其自己的 DL-MAP 和 UL-MAP,以便上下行链路的带宽划分。超帧中固定子帧和移动子帧的划分十分灵活,在不同的超帧中会有所不同,因而移动子帧的长度是可变的。为了进行初同步,固定下行帧前缀或固定的 DL-MAP 都将包含最近的移动帧的起始位置信息。

### 3. IEEE 802.16e 对 IEEE 802.16d 安全机制的完善

IEEE 802.16e 是 IEEE 802.16 工作组正在制定的一个标准,它是对 IEEE 802.16d 的增强,因此保留了 IEEE 802.16d 的安全机制。为了解决 IEEE 802.16d 中存在的安全问题,IEEE 802.16e 将原来在 IEEE 802.16d 中 PKM 定义为 PKM version1,增加了 PKMv2,同时将 SS 变为移动站。IEEE 802.16e 在安全方面做了以下改进:

1) 双向认证

IEEE 802.16 现行认证机制中最大的问题就是实行单向认证,因此有必要用双向认证代替单向认证,即增加基站数字证书,用 X.509 标识基站的身份,并用它对基站的公/私钥对进行数字签名。同时在传递证书的消息里增加了随机数字段,防止重放攻击。

2) 可扩展认证框架

为了满足移动性带来的新安全的需求,IEEE 802.16e 中提出了新的 EAP 认证框架。EAP 是 IETF 制定的可扩展认证协议,最初用于点到点连接建立过程中的身份认证。EAP 协议的优点在于它只提供了一个认证框架,通过在其中填充各种现有或新设计的认证协议而适合不同的应用场景,不仅降低了链路层运算资源在安全上的开销,而且可以方便地支持现有的和未来的认证协议,从而使得整个接入认证系统具有高可扩展性和强安全性。常见 EAP 认证机制包括 EAP-MD5、EAP-TTLS、PEAP 和 LEAP 等,具体采用哪种机制可以在认证时选定。

3) 组播密钥管理

IEEE 802.16e 中考虑增加多播/组播业务的支持，因此设计了组播密钥的管理系统。MS 第一次向 BS 请求 TEK 时，密钥请求和密钥回应消息通过主管理连接来装载，而以后在更新 TEK 时，由 BS 在 TEK 过渡时间内周期性地进行。BS 将通过广播连接来向所有用户发送密钥回应消息，MS 不再需要向 BS 发送密钥请求消息。除非由于网络堵塞或其他原因，MS 在需要更新时没收到新的密钥才会主动发起密钥请求。

4) 切换和漫游

支持切换是 IEEE 802.16e 针对移动接入做的修正中另外一个关键补充，能够在跨越不同边缘时保持连接不中断，是满足移动性的一个先决条件。支持硬切换和软切换两种类型。硬切换使用的是一种先打断后接通的方法，在任何时候用户设备连接到一个基站，比软切换要简单许多，但是反应时间较长一些。软切换可类比蜂窝网络中的切换技术，保证用户设备能保持切换足以支持数据业务。当然，切换过程中密钥的及时更新是关键。

另外，为了支持快速切换，安全部分增加了预认证部分。在 IEEE 802.11 中，预认证具有完备的前向安全性，但是要求切换小区之间有较大的重叠区域。由于需要重新进行全部的认证和密钥分发过程，在时间上有可能会有较大的延时。但在 IEEE 802.16e，预认证并不需要完整的认证过程，只是进行一个简单的消息交换，由认证服务器完成密钥预分发的过程。这种方式的好处是在切换前无须进行耗时的 EAP 认证过程，从而加快了切换的速度。

### 4. IEEE 802.16e 安全缺陷

(1) IEEE 802.16e 的保密子层还有很多地方没有定义完毕，例如，对于认证的体系结构没有给出说明或事例参考，只是罗列了一堆可以使用的认证方式。

(2) 支持宏分集，用户可以从不同的基站接收信息，因此基站间密钥和数据的同步显得尤其重要。

(3) 相对于端到端的单播，组播通信的安全问题更为复杂。IEEE 802.16e 的组播密钥管理并没有解决 implosion(信息爆炸问题)，即由于一些原因，组播内所有 MS 的密钥没有及时更新，会同时向 BS 发起请求，这样会造成网络拥塞或 BS 来不及处理等问题。

## 3.4　WLAN Mesh 快速切换与漫游接入认证协议

通过上节的介绍已经知道，无线 Mesh 网络不同于传统 WLAN，无线 Mesh 网络的 AP 是通过无线链路连接形成骨干网络，而不是连接到有线网络基础设施。无线 Mesh 网络的 AP 不仅具有为覆盖范围内的终端用户提供接入服务的功能(即传统 WLAN 中的 AP 功能)，而且具备路由转发其他 AP 数据的功能。对于用户终端设备而言，整个网络可看作是传统 WLAN 在更大区域范围内的扩展，用户仍以标准的 IEEE 802.11 方式无线接入 AP，保证了与现有协议标准以及终端设备的兼容性。对于 AP 而言，无线 Mesh 网络可看作一个无线多跳网络，每个 AP 节点均可与其临近 AP 节点直接通信。

当移动用户在无线 Mesh 网络中移动时，无线接入点的改变会导致数据链路层切换，进而触发网络中的路由更新(即网络层切换)。如果无线 Mesh 网络要为用户提供高质量的服务,必须解决快速切换和漫游接入问题。

## 3.4.1 WLAN Mesh 切换

切换是一种重要的移动性管理功能,它是蜂窝系统所特有的功能,也是移动通信系统的关键特征之一。切换是移动用户在蜂窝间移动时为了保证业务的连续性而进行的改变业务信道的无线资源管理操作。

切换发生在一次通信过程中,当终端不通信时就不需要切换。从移动用户的角度来看,切换是将正在进行的呼叫或会话从一个物理信道转换到另一个物理信道的过程。也就是说,当一个移动用户正在进行通信时,此用户通过无线链路与一个基站建立连接;如果该用户移动到另一个基站的覆盖区域,则需断开到原基站的无线链路连接,且需建立一条到新基站的链路,以保持通信的连续性。

典型的切换过程分为 4 个阶段:测量控制、测量报告、切换判决和切换执行。测量控制阶段,网络通过发送测量控制消息通知移动用户进行参数测量;测量报告阶段,移动用户向网络发送测量报告消息,此消息中包含了移动用户检测得到的与切换判决相关的数据信息;切换判决阶段,网络根据移动用户测量报告中的相关信息(例如接收信号强度或其他准则)判决是否需要进行切换;切换执行阶段,移动用户和网络执行相应的信令流程,并根据信令做出相应的动作。

下面介绍无线 Mesh 网络用到的切换机制。

### 1. 数据链路层切换机制

1) WLAN 硬切换机制

在第三代移动通信系统中,移动节点可同时维持多条无线连接(软切换)以实现无缝切换。而 IEEE 802.11 标准规定网络中的移动节点任意时刻只能与一个 AP 关联,这就使得 IEEE 802.11 移动节点仅使用一条无线连接(硬切换)来实现链路层的切换过程。也就是说,IEEE 802.11 标准主要使用基本的硬切换方法,即没有采取什么措施,直接断开与旧 AP 的连接,再与新 AP 建立连接。根据 IEEE 802.11 协议规范,整个切换过程分为 3 个阶段,即 AP 的发现(Probe)阶段、认证(Authentication)阶段和重关联(Reassociation)阶段。WLAN 硬切换过程如图 3-11 所示。

在移动过程中,STA 的无线链路质量如信号强度、信噪比等参数可能会下降,当其下降到某一特定阈值时,STA 就发起切换,并搜索新 AP。AP 信息的搜索是通过 MAC 层的扫描机制完成的,可分为被动搜索和主动搜索两种方式。在被动搜索方式下,AP 定期发送信标帧(Beacon)信号表明自

图 3-11　WLAN 硬切换

己的存在,该信标帧中包含与 AP 有关的信息,包括时间戳、容量、信标间隔、ESSID、业务指示表等。在主动搜索方式下,STA 通过发送探询请求帧主动搜索周围 AP。如果同时收到多个 AP 发来的探询响应帧或信标帧,则选择其中无线链路质量最好的 AP 作为目的 AP。

在认证阶段,STA 和 AP 之间交互认证信息,只有通过认证的 STA 才可以使用网络资源。IEEE 802.11 标准定义了两种认证方式:开放系统认证(Open System Authentication)和共享密钥认证(Shared Key Authentication)。开放系统认证是 IEEE 802.11 标准的默认认证机制,整个认证过程用明文进行认证请求和应答消息的交互,在认证请求中不包含与 STA 相关的认证信息,因而对 STA 不进行实际的认证。一般 STA 都能被认证成功,除非在 AP 中定义了访问控制列表、MAC 地址过滤等控制方式。共享密钥认证是可选的,它根据当前发送认证请求的 STA 是否拥有合法的密钥来决定是否允许接入,与开放认证相比,该方式花费时间比较多,安全性较好。无论采用何种认证方式,必要的步骤是 STA 先向 AP 发送认证请求信息,AP 经过认证后向 STA 发送认证成功或失败的响应。

认证过程完成后,STA 向 AP 发出重连接请求,若 AP 接受重连接请求,就会向 STA 做出重连接响应,于是 STA 可以通过新建立连接的 AP 进行通信,至此链路层切换完成。

2) WLAN 平滑切换机制

从上述硬切换过程可以看出,STA 并没有考虑切换过程中旧 AP 链路上的数据帧,这些数据帧有可能丢失。硬切换机制将丢包问题交给上层处理,从而对整个系统的性能造成影响。为了解决切换所引起的丢包问题,一些文献或标准草案提出了基于 WLAN 的平滑切换机制,也称为转发机制,如由 Lucent 带头起草的 IAPP 协议(IEEE 802.11f 协议)。IAPP 协议主要解决了 STA 移动带来的链路层通信问题,指定了 AP 之间及 IAPP 和高层网络管理实体之间信息如何交互。为了实现 STA 在同一网段上多 AP 之间的漫游功能,还规定了 AP 之间进行通信和交换切换相关信息的协议。WLAN 平滑切换步骤如图 3-12 所示。

从图 3-12 中可以看出,平滑切换机制与硬切换机制的大部分步骤是相似的,不同的是,平滑切换机制中新 AP 收到重关联请求帧后,新旧 AP 之间有一个交互过程,即新 AP 采用有线分布式网络(DS)中的 UDP 传输信息告知旧 AP 越区切换的发生,以及旧 AP 将与 STA 相关的信息和数据转发给新 AP 的过程。此时,STA 与新 AP 连接成功以后并不能立即接收数据,需要等到旧 AP 把数据转发到新 AP 以后才能收到数据,因而增加了切换时延。这种切换机制相对于硬切换而言,是以增加切换时延来换取低丢包率的。

**2. 网络层切换机制**

1) 移动 IP 切换机制

如图 3-13 所示,移动 IP 引入了三种新的功能实体:

(1) 移动节点(Mobile Node,MN):每一个移动节点都有一个唯一的本地地址,当移动节点移动时其本地地址不变。

(2) 本地代理(Home Agent,HA):位于移动节点本地网络上的一个路由器,当移动节点不在本地网络时,该路由器为数据包创建隧道以便把数据包传送到移动节点,并负责维护移动节点的当前位置信息。

(3) 外地代理(Foreign Agent,FA):位于移动节点外地访问网络上的一个路由器,该路由器为注册节点提供路由服务。外地代理把本地代理通过隧道传送过来的数据包进行解

图 3-12　WLAN 平滑切换

封并把这些数据包传送到移动节点。对于从移动节点传送过来的数据包,外地代理作为该注册移动节点的默认路由器。

图 3-13　移动 IP 功能实体

移动 IP 的切换过程可分为两个阶段:代理发现阶段和注册阶段。本地代理和外地代理周期性地在它们作为移动代理的一条或多条链路上组播或广播称为代理通告的消息,通告它们与相应链路的连接关系。移动节点根据收到的代理通告消息,判断其是在本地链路上或是在外地链路上。当连接在本地链路上,移动节点就像固定节点一样工作,不再利用移动 IP 的其他功能。当移动节点检测到从本地链路移动到外地链路,或从一个外地链路移动到新的外地链路时(也即发生切换),就需要一个代表其当前所在位置的转交地址。移动节点可以从外地代理通告消息中获得外地代理转交地址,或通过动态配置协议(DHCP)、手工配置等方法获得配置转交地址。移动主机在获得转交地址后,通过移动 IP 定义的消息向本地代理请求注册。本地代理确认后,将本地地址和相应的转交地址存放在绑定缓存中,并向移动节点发送注册应答。

本地代理和本地链路上的其他路由器通过与外地链路上的路由器交换路由信息,使得发送给移动节点本地地址的分组被正确转发到本地链路上。本地代理截取发往移动节点本地地址的分组,并根据分组的目的 IP 地址查找绑定缓存,获得移动节点的转交地址,然后通过隧道发送分组到移动节点的转交地址。最后,移动节点使用外地网络的路由器作为默认路由器,它发送的分组采用标准的路由机制通过外地网络的路由器直接发送给通信对端,无须采用隧道机制。

移动 IPv6 的切换过程与上述移动 IPv4 的切换过程基本相似,主要的区别是,移动 IPv6 中取消了外地代理的概念,移动主机可通过自动配置的方式获得转交地址,将转交地址向本地代理进行注册的同时,也向通信对端节点进行转交地址的注册,从而可避免移动 IPv4 中存在的"三角路由"问题。

2) 微移动性切换机制

从上述基本移动 IP 的切换机制可以看出,移动 IP 切换过程包括移动检测过程和注册过程,切换时延相应分成两个部分:移动检测时延和移动注册时延。在一个频繁移动的环境中,注册产生的大量报文不仅会增加切换的时延,也会浪费较多的网络资源。因此,研究人员提出了微移动性解决方案。在微移动解决方案中,网络以层次结构的方式来划分,当移动节点在一个较小的、处于低层次的区域移动时,位置管理则可以本地处理。这种方案致力于减少因注册产生的往返时间,适用于移动节点当前访问的网络与其本地网络相距很远的情况。

### 3. 基于移动 IPv6 的改进切换机制

1) 移动 IPv6 快速切换机制

IETF 工作组提出的移动 IPv6 快速切换技术是对移动 IPv6 协议的改进,可以加快 IPv6 移动节点的切换过程,减少已有通信连接的中断时间,保证通信流的实时传输。该技术通过提前注册,以及在新的外地网络切换未完成时通过前一个网络保持通信的方法,实现快速切换,以对实时业务提供支持。

移动 IPv6 快速切换可分为预先切换和基于隧道的切换两种机制。预先切换是指当 MN 和原接入路由器(PAR)还保持着第二层的连接时,就发起第三层的切换。基于隧道的切换是指 MN 与新接入路由器(NAR)建立起第二层的连接后,还不启动第三层的切换,而是在两个网络的接入路由器(AR)间建立隧道,PAR 将数据通过隧道转发到 MN。

2) 层次移动 IPv6 切换机制

虽然在移动 IPv6 中没有外地代理,但是仍然需要有本地实体来协助移动 IP 切换。按照标准移动 IPv6 的要求,移动节点在外地网络中每移动到一个新的位置就要发送一个绑定更新消息到本地代理或通信对端节点,而这个位置的变化可能相对来说很小,这个绑定更新的消息其实可以忽略,但按照要求却必须发送出去,这样很多冗余的绑定更新消息占据了有限的带宽,浪费了宝贵的网络资源,还会引发网络冲突,减少有效数据的传输。对此,IETF工作组又提出了 HMIPv6(Hierarchical Mobile IPv6)管理机制,引入了一个新的实体,称为移动锚接点(Mobility Anchor Point,MAP),从微观移动性方面来解决这些问题,其核心是层次移动性管理,减少冗余信息,并将本地代理的移动性管理的能力下放一部分到区域代理中。

MAP 的引入仅仅是对移动 IPv6 协议的扩展,因此移动节点可根据情况选择是否使用MAP,并且在任何无须使用 MAP 的时候,移动节点均可以停止对它的使用。这就给移动节点和移动网络带来了极大的灵活性。MAP 的加入使得 HMIPv6 解决方案独立于底层接入技术,允许在不同的接入网之间和内部实现数据的快速转发,大大提高了网络的吞吐量,降低了丢包率,增强了无线接口的实时业务能力。

3) 透明移动 IP 切换机制

上述所有基于移动 IP 的切换机制中,所有移动用户都具有本地地址和转交地址两个IP 地址,并且所有机制都不能保证用户端的完全透明,也就是说,移动用户终端设备都需要额外实现一些支持移动性的协议(例如移动 IP、蜂窝 IP)。透明移动 IP(TMIP)机制的提出,旨在为移动用户提供跨网移动性支持的同时,无须对用户终端进行任何配置。这种机制的优点是,移动用户在切换过程中始终保持其 IP 地址不变,从而能够继续维持所有切换过程中正在进行的 TCP 会话。TMIP 与标准移动 IP 的主要区别是,用户终端无须额外实现任何特定的协议、配置或者对 IP 协议栈进行改进。

TMIP 最初是针对 WLAN 提出的。在使用 TMIP 机制的网络中,每个移动用户都拥有一个唯一的本地网络或者本地 AP,构成 DS 的网络能够跟踪移动用户的运动状况,这是由 TMIP 中定义的一个称为移动位置寄存器(MLR)的中心服务器来实现的。每个网络中只有一个 MLR,MLR 主要用于保存所有移动用户本地 AP 的相关信息以及移动用户的MAC 地址、IP 地址与当前位置的映射表。当移动用户切换到外地 AP 时,外地 AP 向 MLR发送一条查询请求报文,用于查找移动用户本地 AP 的相关信息。在获得本地 AP 信息之后,外地 AP 通过握手消息告知本地 AP 此时移动用户的新接入点,收到本地 AP 的握手应答消息后,外地 AP 增加一条新的到移动用户的单跳路由。同时,外地 AP 还向移动用户发送一条免费 ARP 响应消息,移动用户据此消息将其默认网关的 MAC 地址更新为外地 AP的 MAC 地址。除此之外,发往移动用户的数据包首先被本地 AP 截获,然后由本地 AP 通过隧道转发到外地 AP;另一方面,若移动用户需要发送数据,则是通过常规的路由方式进行传输,并不需要本地 AP 的参与。值得注意的是,TMIP 使得移动用户即使在外地网络也可以使用其初始的 IP 地址并保持不变。但是,TMIP 与移动 IP 机制一样,仍存在着三角路由问题。

## 3.4.2 WLAN Mesh 漫游接入

目前公共无线局域网已经广泛部署,但这些局域网往往属于不同的管理者。用户在某个无线网管理中心注册后,可以在该无线网管理中心所属的区域(本地域)使用网络资源。当用户移动到一个他没有注册的区域(拜访域)时,如果拜访域和用户的本地域有相应的合约,用户就可以使用拜访域的网络资源,这种情况称为漫游。当移动设备漫游时,需要重新进行认证。这要求无线 Mesh 网络的漫游接入协议必须能以较低的时延完成认证,建立共享会话密钥。

### 1. WLAN Mesh 客户端漫游接入认证协议的提出

目前 IEEE 802.11s 定义的 WLAN Mesh 不支持客户端的漫游,并且初始认证协议中,申请者和认证者的认证密钥是通过认证服务器产生的,导致申请者和认证者之后的所有通信完全可以被认证服务器获取;同时该协议中的基于共享密钥的认证方式不能保证前向保密性,一旦长期密钥丢失,由其保护的所有通信内容都将被泄露。在 EMSA 的基础上,利用三方 Diffie-Hellman 密钥交换和单独认证载荷技术提出了客户端漫游接入认证协议 WMR。该协议不但克服了上述缺陷,而且只需要 4 轮的协议交互便可以实现上述三者之间的相互认证和密钥确认,不需要四次握手进行密钥确认。并且新的协议将基于签名的认证方式和基于共享密钥的认证方式统一于单独的认证载荷,这样认证方式的改变并不影响认证协议的结构。

### 2. 漫游接入认证协议 WMR

WLAN Mesh 网络中的漫游涉及多个实体,包括移动节点(STA)、Mesh 接入点(MP/MAP)、外部认证服务器(F-AS)和本地认证服务器(H-AS)。STA 和 MP 具有预先定义的网络接入标识,并与 H-AS 共享安全关联;拜访域中提供接入服务的 MP/MAP 与 F-AS 间存在安全信道且相互信任;F-AS 和 H-AS 也存在安全信道。

对于漫游于不同区域的移动设备来说,攻击者更感兴趣的是发起者当前的身份信息及其访问历史,所以要对发起者提供身份保护。同时对于漫游认证协议而言,最大时延一般产生于 F-AS 和 H-AS 之间,故要求它们间的交互轮数尽量少。

#### 1) 系统假定

认证者 A 是认证服务器 AS 管理的安全网络的合法实体,因此 A 和 AS 已经建立安全信道。拜访域中提供接入服务的 MP/MAP 与 F-AS 之间存在安全信道;F-AS 与 H-AS 之间存在安全信道;漫游设备 MP 与其 H-AS 之间存在共享密钥 HMK,该密钥由初始接入认证协议产生。

#### 2) AS 的行为与能力

AS 是整个系统的控制者,控制整个系统中所有成员的加入和离开。申请者 S 只有通过某个认证者 A 被 AS 成功地认证和授权之后才能使用该认证者的服务。AS 的行为是可信的,它收到认证者通过安全信道传递来的认证请求之后会诚实地返回正确的应答。同时为了保证应答的真实性,AS 对应答消息进行签名(用公钥进行签名或者用共享密钥计算 MAC),S 和 A 均相信具有正确签名的应答消息的权威性。

#### 3) 协议设计思想

将申请者 S 的身份标识信息采用其与 H-AS 的共享密钥加密,实现对申请者的身份保护;申请者 S 与其拜访域内的邻居 MP 进行 DH 密钥交换,保证会话密钥的独立性,从而保证之后传输的数据不为任何第三方(甚至 H-AS 和 F-AS)获取;S 与 H-AS 之间采用基于共享密钥(或者签名认证方式)的认证模式,认证结果由安全信道发送给 F-AS,大大降低了认证开销。

漫游接入认证协议 WMR 如图 3-14 所示。

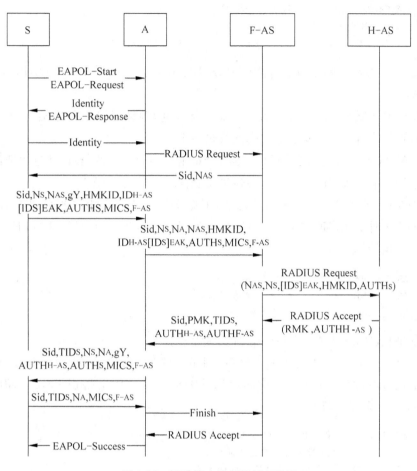

图 3-14　漫游接入认证协议 WMR

其中,Sid 为当前会话的标识符,由认证服务器产生,也可以由三方共同产生;gx、gy 分别为 S、A 用于 DH 密钥交换的临时公钥值;IDs、TIDs 分别为 S 的身份和 F-AS 临时分配给 S 的身份信息;$ID_{H-AS}$ 为 AS 的标识信息;SKs、$SKH_{-AS}$、$SKF_{-AS}$ 分别为 S、$H_{-AS}$ 和 F-AS 的长期私钥;HMK 为 S 和 H-AS 之间的共享密钥;HKD 为密钥推导函数;HMIC 为消息认证码计算函数;AUTHs、$AUTHH_{-AS}$、$AUTHF_{-AS}$ 分别为 S、H-AS 和 F-AS 的认证信息;MICs. H-AS、MICS. A、MICA. S 分别为 S 和 A 产生的消息认证码。

协议中的关键消息描述如下:

(1) F-AS 以 Sid、NAS 作为 WMR 协议的 Start 消息,该消息由 A 转发给 S。

(2) S 收到 WMR 协议的 Start 消息后,产生用于 DH 交换的临时私钥 x、临时公钥 gx,以及随机数 NS。然后计算漫游主密钥 RMK 和身份加密与认证密钥 EAK:

RMK|EAK = HKD(HMK, IDF-AS|NAS|NS)

同时利用 EAK 加密身份标识信息[IDS]EAK,产生身份认证信息 AUTHs 和消息认证码 MICS. F-AS,计算方式如下:

```
AUTHs = HMIC(EAK,M1)        (共享密钥认证);
AUTHs = SIGs(SKs,M1)        (签名认证模式);
MICs.F-AS = HMIC(RMK,M1|AUTHs);
M1 = Sid | Ns | NAS | gx | HMKID | IDH-AS | IDF-AS | IDA | [IDs]EAK
```

最后把消息(Sid | Ns | $N_{AS}$ | gx | HMKID | IDH$_{-AS}$ | [IDs]EAK | AUTHs | MICs. F-AS)发送给 A。

（3）A 收到上述消息后，首先验证 Sid 的有效性，验证通过后产生随机数 NA。然后 NA 和收到的 S 的消息通过安全信道一起发送给 F-AS。

（4）F-AS 收到 A 发送来的消息后，验证 Sid 和 $N_{AS}$ 的有效性，验证通过后把消息（$N_{AS}$ | $N_S$ | [IDS]EAK | HMKID | AUTH$_S$）通过安全信道发送给 H-AS。

（5）H-AS 收到 F-AS 发送来的消息后，根据 HMKID 检索相应的密钥 HMK，然后按与 S 同样的方式计算 RMK 和 EAK，并且解密 S 的身份标识信息，验证 AUTH$_S$ 的有效性。验证通过后产生计算：

```
AUTHH-AS.S = HMIC (EAK,M2)(共享密钥认证);
AUTHH-AS.S = SIG(SKH-AS,EAK,M2)(签名认证);
M2 = HMKID | NS | NAS | IDH-AS | IDF-AS
```

最后把消息（RMK | AUTHH$_{-AS}$）通过安全信道发送给 F-AS。

（6）F-AS 收到 H-AS 发送来的消息后，利用 RMK 验证之前收到的 MICS. F-AS 的有效性。验证通过后，产生 S 的临时访问标识 TIDS，计算会话主密钥 PMK 和消息认证码 AUTHF$_{-AS}$. S，计算方式如下：

```
PMK = HKD (RMK,Sid | NS | NA | TIDS | IDA);
AUTHF-AS = HMIC (RMK,M3)(共享密钥认证);
AUTHF-AS = SIG(SKF-AS,RMK,M3)(签名认证模式);
M3 = Sid | HMKID | NS | NA | NAS | TIDS | IDA | IDF-AS | MICH-AC.S
```

最后把消息(Sid | PMK | TID$_S$ | AUTHH$_{AS}$ | AUTHF$_{AS}$)通过安全信道发送给 A。

（7）A 收到 F-AS 发送来的消息后，产生用于 DH 交换的临时私钥 y、临时公钥 gy，并且计算会话密钥 PTK 和消息认证码 MICA. S：

```
PTK = HKD (PMK,Sid | gxy | NS | NA | NAS | TIDS | IDA | IDF-AS);
MICA.S = HMIC (PTK,M4);
M4 = Sid | HMKID | NS | NA | NAS | gx | gy | TIDS | IDA | IDF-AS | MICH-AS.S | MICF-AS.S
```

最后把消息(Sid | TID$_S$ | $N_S$ | $N_A$ | gy | AUTHH$_{AS}$ | AUTHF$_{AS}$ | MICA. S)发送给 S。

（8）S 收到 A 发送的消息后，先后验证 Sid、Ns、AUTHH$_{AS}$ 和 AUTHF$_{-AS}$ 的有效性，验证通过后按与 A 相同的方式计算 PTK，并验证 MICA. S 的有效性。然后计算消息认证码 MICS. A：

```
MICA.S = HMIC (PTK,M5);
M5 = Sid | HMKID | NS | NA | NAS | gx | gy | TIDS | IDA | IDF-AS
```

最后把消息(Sid | TID$_S$ | MICA. S)发送给 A。

## 3.5 本章小结

为了满足日益增长的宽带无线接入市场,无线城域网应用而生,随着其应用范围和影响力的不断扩大,其安全问题也得到了越来越多的关注。

本章从无线城域网的发展现状入手,在此基础上分别对 IEEE 802.16d 和 IEEE 802.16e 两种标准的无线城域网安全服务进行了分析,从协议分析的角度描述了无线城域网的发展趋势。之后又对 IEEE 802.16 系列标准与 IEEE 802.11 无线局域网标准进行了比较分析,并着重介绍了无线 Mesh 网络的体系结构及安全性分析。最后对 WLAN Mesh 的快速切换与漫游接入认证协议进行了介绍。

## 思考题

1. IEEE 802.16 保护子层的两个协议是什么?请分别叙述其工作原理。
2. 简述 IEEE 802.16d 安全机制的基本思想及特点。
3. IEEE 802.16d 有哪些安全缺陷?导致这些安全缺陷的原因分别是什么?
4. IEEE 802.16e 对 IEEE 802.16d 做出了哪些改进?请简述每个改进方面。
5. 针对无线 Mesh 网络的攻击有哪些?针对无线 Mesh 网络路由协议的攻击有哪些?
6. 无线 Mesh 网络的切换机制有哪些?请分别简述其原理。

## 参考文献

[1] 刘振华. 无线 Mesh 网络安全机制研究(博士学位论文). 安徽:中国科学技术大学,2011.
[2] 袁丽玲. 无线 Mesh 网络的无缝切换技术研究(硕士学位论文). 湖北:华中科技大学,2007.
[3] 张牧,严军荣. 802.11s 无线 mesh 网络研究进展与挑战. 计算机工程与应用,2010,46(22):75-79.
[4] 孙炳龙. IEEE 802.16 无线城域网安全研究(硕士学位论文). 湖南:中南大学,2006.
[5] 严军荣. 无线 Mesh 网络信道资源分配关键技术研究(博士学位论文). 江苏:南京邮电大学,2009.
[6] 姜一川,王雪平,荆一楠,于建华. 无线城域网 IEEE 802.16 标准的安全性研究. 计算机应用与软件,2008,25(11):253-255.
[7] 曹春杰,杨超,马建峰,朱建明. WLAN Mesh 漫游接入认证协议. 计算机研究与发展,2009,46(7):1102-1109.
[8] 曹春杰. 可证明安全的认证及密钥交换协议设计与分析(博士学位论文).陕西:西安电子科技大学,2008.
[9] 王育刚. 无线城域网的安全性分析(硕士学位论文). 北京:北京邮电大学,2007.
[10] 张子彬. WiMAX 无线网络安全接入技术的研究(硕士学位论文). 甘肃:兰州理工大学,2010.
[11] David Johnston, Jesse Walker. Overview of IEEE 802.16 Security. IEEE Security and Privacy, 2004,2(3):40-48.
[12] Thomas Hardjono. Security In Wireless LANS And MANS. London:arthch house,2003.
[13] Ian F. Akyildiz, X. Wang, W. Wang. Wireless mesh networks:a survey. Computer Networks, 2005,47(4):445-487.

[14] FA Zdarsky，S Robitzsch，A Banchs. Security analysis of wireless mesh backhauls for mobile networks. Network Comput Appl，2011.3，34(2)：432-442.

[15] Rakesh Kumar Jha. A Journey on Wimax and its Security Issues. International Journal of Computer Science and Information Technologies，2010，1(4)：256-263.

[16] S. S. Dwivedi，S. Mishra，V. K. Mishra. Security Issues on Wimax Netwok. International Journal of Advanced Research in Computer Engineering and Technology，2012，1(6)：45-47.

[17] N Kahya-Abbaci，N Ghoualmi. Analysis of Security Weaknesses in IEEE 802. 16. Signals and Telecommunication Journal，2012.3，1(1)：31-40.

[18] 802. 16. (2001) IEEE Standard for Local and Metropolitan area networks Part 16：Air Interface for Fixed Broadband Wireless Access Systems.

[19] Nasreldin，M. ，Aslam，H. ，El-Hennawy. Wimax Security. In：22h international conference on advanced information networking and application，IEEE .

# 第 4 章

## 移动通信安全

随着半导体技术、微电子技术和计算机技术的发展,移动通信得到了迅猛发展和应用。1978 年美国芝加哥开通第一台模拟移动电话,标志着第一代移动通信的诞生。1987 年我国首个 TACS 制式模拟移动电话系统建成并投入使用。1993 年我国首个全数字移动通信系统(GSM)建成开通,这使我国进入了第二代移动通信时代。2001 年前后,数个国家相继开通了 3G 商用网络,标志着第三代移动通信时代的到来。

## 4.1  移动通信系统概述

从移动通信的发展历史来看,移动通信的发展不是孤立的,而是建立在与其相关的技术发展和人们需求的基础上的。第一代移动通信是在超大规模模拟集成电路技术和人们对移动通话的需求上发展起来的。第二代移动通信是建立在超大规模数字集成电路技术和微计算机技术以及人们对通话质量需求的基础上。第三代移动通信是建立在互联网技术和数据信息处理技术以及人们对移动数据业务需求的基础上。第四代移动通信将是建立在下一代互联网技术和多媒体技术以及人们对多媒体需求的基础上。

随着移动通信的普及,移动通信中的安全问题也受到越来越多的关注,人们对移动通信中的信息安全也提出了更高的要求。

安全威胁产生的原因来自于网络协议和系统的弱点,攻击者可以利用网络协议和系统的弱点非授权访问和处理敏感数据,或是干扰、滥用网络服务,对用户和网络资源造成损失。主要威胁方式有窃听、伪装、流量分析、破坏数据的完整性、拒绝服务、否认、非授权访问服务和资源耗尽等。

第二代数字蜂窝移动通信系统(2G)的安全机制都是基于私钥密码体制,采用共享秘密数据(私钥)的安全协议,实现对接用户的认证和数据信息的保密,在身份认证及加密算法等方面存在着许多安全隐患。例如网络间的密钥是明传的;加密未达核心网络,导致部分网段有明文传输;对信道的保护依赖于加密技术;未提供数据完整性认证;升级改善安全功能无灵活性等。

随着第三代移动通信(3G)网络技术的发展,移动终端功能的增强和移动业务应用内容的丰富,各种无线应用将极大地丰富人们的日常工作和生活,也将为国家信息化战略提供强大的技术支撑,网络安全问题就显得更加重要。

# 4.2  GSM 系统安全

GSM 原意为"移动通信特别小组"（Group Special Mobile），是欧洲邮电主管部门会议（CEPT）为开发第二代数字蜂窝移动系统而在 1982 年成立的机构，开始制定适用于泛欧各国的一种数字移动通信系统的技术规范。1987 年，欧洲 15 个国家的电信业务经营者在哥本哈根签署了一项关于在 1991 年实现泛欧 900MHz 数字蜂窝移动通信标准的谅解备忘录（Memorandum of Understanding，MOU）。随着设备的开发和数字蜂窝移动通信网的建立，GSM 逐步成为欧洲数字蜂窝移动通信系统的代名词。后来，欧洲的专家们将 GSM 重新命名为 Global System for Mobile Communications，即全球移动通信系统。

目前，宣布采用 GSM 系统并参加 MOU 的国家早就不限在欧洲。1995 年初，全世界就已有 69 个国家约 118 个经营者签字参加了 MOU。

## 4.2.1  GSM 系统简介

### 1. GSM 系统组成

GSM 系统由以下分系统构成：移动交换分系统（MSS）；基站分系统（BSS）；移动台（MS）；操作与维护分系统（OMS）。它包括了从固定用户到移动用户（或相反）所经过的全部设备，如图 4-1 所示。

图 4-1　GSM 系统组成

1) 移动交换分系统（MSS）

MSS 包括以下几个组成部分：移动交换中心（MSC），归属位置寄存器（HLR），拜访位置寄存器（VLR），认证（鉴权）中心（AUC），设备标志寄存器（EIR）。

（1）移动交换中心（Mobile Sevice Swiching Center，MSC）。

MSC 主要处理与协调 GSM 系统内部用户的通信接续。MSC 对位于其服务区内的移动台(MS)进行交换与控制,同时提供移动网与固定公众电信网的接口。作为交换设备,MSC 具有完成呼叫接续与控制的功能,同时还具有无线资源管理和移动性管理等功能,例如移动台位置登记与更新,MS 的越区转接控制等。移动用户没有固定位置,要为网内用户建立通信时,路由都先接到一个关口交换局(Gateway MSC,GMSC),即由固定网接到 GMSC。GMSC 的作用是查询用户的位置信息,并把路由转到移动用户当时所拜访的移动交换局(VMSC)。GMSC 首先根据移动用户的电话号码找到该用户所属的归属位置寄存器 HLR,然后从 HLR 中查询到该用户目前的 VMSC。GMSC 一般都与某个 MSC 合在一起,只要使 MSC 具有关口功能就可实现。MSC 通常是一个大的程控数字交换机,能控制若干个基站控制器(BSC)。GMSC 与固定网相接,固定网有公众电话网(PSTN)、综合业务数字网(ISDN)、分组交换公众数据网(PSPDN)和电路交换公众数据网(CSPDN)。MSC 与固定网互连需要通过一定的适配才能符合对方网络对传输的要求,称其为适配功能(Inter Working Function,IWF)。

(2) 归属位置寄存器(Home Locate Register,HLR)。

HLR 是管理移动用户的数据库,作为物理设备,它是一台独立的计算机。每个移动用户必须在某个 HLR 中登记注册。在 GSM 网中,应包括一个或多个 HLR。HLR 所存储的信息分两类:一类是有关用户参数的信息,例如用户类别、所提供的服务、用户的各种号码、识别码,以及用户的保密参数等;另一类是用户当前的位置信息,例如移动台漫游号码、VLR 地址等,用于建立至移动台的呼叫路由。HLR 不受 MSC 的直接控制。

(3) 拜访位置寄存器(Visitor Location Register,VLR)。

VLR 是存储用户位置信息的动态链接库,当漫游用户进入某个 MSC 区域时,必须在 MSC 相关的 VLR 中进行登记,VLR 分配给移动用户一个漫游号(MSRN)。在 VLR 中建立用户的有关信息,其中包括移动用户识别码(MSI)、移动台漫游号(MSRN)、移动用户所在位置区的标志及向用户提供服务等参数,而这些信息是从相关的 HLR 中传过来的。MSC 在处理入网和出网呼叫时需要查访 VLR 中的有关信息。一个 VLR 可以负责一个或多个 MSC 区域。由于 MSC 与 VLR 之间交换信息很多,所以二者的设备通常合在一起。

(4) 认证(鉴权)中心(Authentication Center,AUC)。

AUC 直接与 HLR 相连,是认证移动用户身份及产生相应认证参数的功能实体。认证参数包括随机号码 RAND、信号响应 SREC 和密匙 KC。认证中心对移动用户的身份进行认证,将用户的信息与认证中心的随机号码进行核对,合法用户才能接入网络,并得到网络的服务。

(5) 设备标志寄存器(Equipment Identification Register,EIR)。

EIR 是存储有关移动台设备参数的数据库,用来实现对移动设备的识别、监视、闭锁等功能。EIR 只允许合法的设备使用,它与 MSC 相连接。

2) 基站分系统(BSS)

BSS 包含 GSM 数字移动通信系统中无线通信部分的所有地面基础设施,通过无线接口直接与移动台实现通信连接。BSS 具有控制功能与无线传输功能,完成无线信道的发送、接收和管理。它由基站控制器和基站收发台两部分组成。

(1) 基站控制器(Base Station Controller,BSC)。

BSC 的一侧与移动交换分系统相连接,另一侧与 BTS 相连接。一个基站分系统只有一个 BSC,而有多套 BTS。它的功能是负责控制和管理,BSC 通过对 BTS 和 MS 的指令来管理无线接口,主要进行无线信道分配、释放以及越区信道的切换管理。

(2) 基站收发信台(Base Transceiver Station,BTS)。

BTS 负责无线传输,每个 BTS 有多部收发信机(TRX),即占用多个频率点,每部 TRX 占用一个频率点,而每个频率点又分成 8 个时隙,这些时隙就构成了信道。BTS 是覆盖一个小区的无线电收发信设备。

BTS 还有一个重要的部件称为码型转换器(Transcoder)和速率适配器(Rate Adaptor),简称 TRAU。它的作用是将 GSM 系统中话音编辑信号与标准 64KbpsPCM 相配合,例如移动台(MS)发话,它首先进行语音编码,变为 13Kbps 的数字流,信号经 BTS 收信机的接收,其输出仍为 13Kbps 信号,需经 TRAU 后变为 64Kbps/PCM 信号,才能在有线信道上传输。同时,要传送较低速率数据信号时,也需经过 TRAU 变成标准信号。

3) 移动台(MS)

移动台靠无线接入进行通信,线路不固定,因此它必须具备用户的识别号码。GSM 系统采用用户识别模块(Subscriber Identity Module,SIM),将模块做成信用卡的形式。SIM 卡中存有用户身份认证所需的信息,并能执行一些与安全保密有关的信息。移动设备只有插入 SIM 卡后才能进网使用。

4) 操作与维护分系统(OMS)

操作与维护管理的目的是使网络运营者能监视和控制整个系统,把需要监视的内容从被监视的设备传到网络管理中心,显示给管理人员;同时,应该使管理人员在网络管理中心还能修够改设备的配置和功能。

### 2. GSM 系统的主要特点

1) 移动台具有漫游功能

GSM 给移动台定义了 3 个识别码:一个是 DN 码,是在公用电话号码簿上可以查到的统一电话号码;第二个是移动台漫游号码(MSRN),是在呼叫漫游用户时使用的号码,由 VLR 临时指定,并根据此号码将呼叫接至漫游移动台;第三个是国际移动台识别码(IMSI),是在无线信道上使用的号码,用于用户寻呼和识别移动台。根据上述 3 个识别码,可以准确无误地识别某个移动台。

漫游用户必须进行位置登记。当 A 区的移动台进入 B 区后,它会自动搜索该区基站的广播信道,从中获得位置信息。当其发现接收到的区域识别码与自己的号码不同时,漫游移动台会向当地基站发出位置更新请求,B 区的被访局收到此信号后,通知本局的 VLR,VLR 即为漫游用户指定一个临时号码 MSRN,并将此号码通过 CCS 7 号信令通知移动台所在业务区备案。这样,当固定用户呼叫漫游移动用户时,拨移动台的 DN 码,DN 码首先经公用交换网络接至最靠近的本地 GSM 移动业务交换中心(GSMC),GSMC 利用 DN 码访问母局位置登记器即归属位置寄存器(HLR),从中获取漫游台的 MSRN 码,GSMC 根据此码将呼叫接至被访问的移动业务交换中心(VMSC),VMSC 接到 MSRN 号码后,证实漫游台是否仍在本区工作,经确认后,VMSC 将 MSRN 码转换成国际移动台识别码(IMSI),通过基站,在无线信道上向漫游台发出呼叫,从而建立通话。

2) 可提供多种业务

除语音通话外,GSM 系统还能提供多种数据业务、三类传真、可视图文等,并能支持 ISDN 终端。

3) 具有较好的保密功能

保密措施通过认证中心实现,认证方式是一个"询问-响应"过程。在通信过程开始时,首先由网络向移动台发出一个信号并同时启动自己的用户认证单元,移动台收到这个信号后,连同内部的电子密钥一起来启动用户认证单元,并将结果返回网络;网络将这两个用户认证单元结果相比较,只有相同才为合法。

4) 越区切换功能

在微蜂窝移动通信网络中,高频率的越区切换是不可避免的。在 GSM 中,移动台应主动参与越区切换。移动台在通话期间,不断地向所在工作区基站报告本区及相邻区的无线环境的详细数据,当需要越区切换时,移动台主动向本区基站发出越区切换请求。固定方(MSC 或 BSC)根据来自移动台的数据,查找是否有替补信道。如果不存在,则选择第二替补信道,直至选中一个空闲信道,使移动台切换到该信道上继续通信。

### 3. GSM 系统的业务功能

GSM 系统主要提供以下四大类业务。

1) 电话业务

紧急呼叫是由电话业务引申出来的一种特殊业务。移动台用户能通过一种简便而统一的手续接到就近的紧急业务中心(例如警察局或消防中心)。使用紧急业务不收费,也不需要认证使用者身份的合法性。

语音信箱能将话音存储起来,事后由被叫移动用户提取。

2) 数字业务

在 GSM 技术规范中列举了 35 种数字业务,主要是以下几类:

(1) 与公众电话通信网(PSTN)用户相连的数字业务。

PSTN 中最常用的数字业务有三类传真和可视图文(VIDEOTEX),GSM 数字网要与 PSTN 相连接,必须使用 MODEM,GSM 能处理 9600bps 速率以下的全双工方式下的数据。

(2) 与综合业务数字网(ISDN)用户相连的数字业务。

GSM 系统中的数据速率最高为 9600bps,而 ISDN 使用的速率是 64Kbps,因此必须采用速率转换技术。采用标准化的 ISDN 数据格式,在 64Kbps 链路上传送低速数据,这种方式可实现高于 2400bps 的异步数据传输。

(3) GSM 用户之间的数字业务。

在大多数情况下,GSM 网内用户之间的通信会有外面的通信网参与,这是因为 GSM 网内交换机之间的传输都是通过公众固定网的缘故。目前,GSM 网所能提供的业务必须是 PSTN 传输网能支持的业务,GSM 用户之间的通信与 GSM 用户和 PSTN 用户间的连接是相同的。

(4) 与分组交换数据通信网(PSPDN)用户相连的数字业务。

PSPDN 是一种采用分组传输技术的通用性数据网,主要用于计算机之间的通信,同时也支持远端数据库的访问和信息处理系统。PSTN 采用的是电路传输技术,GSM 可以有几种方式接入 PSPDN。

3）短消息业务

通过 GSM 网并设有短消息业务中心（SMS），便可实现短消息业务。

（1）点对点短消息业务。

一种是移动台接收点对点短消息（SMS-MT/PP），另一种是移动台发送点对点的短消息业务（SMS-MO/PP）。GSM 数字移动通信网用户可以发出或接收有限长度的数字或文字消息，这就是短消息业务功能。

（2）短消息小区广播业务。

这种业务是向特定地区的移动台周期性地广播数据信息，移动台能连续地监测广播信息显示给用户。

4）补充业务

补充业务只限于电话业务，它允许用户能按自己的需要改变网络对其呼入/呼出的处理，或者通过网络向用户提供某种信息，使用户能智能化地利用一些常规业务。

## 4.2.2  GSM 安全分析

在第一代移动通信系统中，由于当时的环境限制，并没有很好地考虑各种安全问题以及当时的技术限制，并没有很好的安全保护措施，结果给通信运营商以及用户都造成了巨大的损失。有数据表明，仅仅在 1993 年一年内，由于网络安全原因导致的经济损失就超过 3 亿美元。之后，移动通信系统的安全性问题开始引起人们的关注。

为了可以保证 GSM 系统的通信数据安全保密，GSM 系统在设计之初就开始添加各种安全保密措施，其中主要包括接入网采用用户鉴权、无线链路上采用通信信息加密、用户身份（IMSI）采用临时识别码（TMSI）保护、移动设备采用设备识别、SIM 卡用 PIN 码保护等方式。

### 1. 临时识别码 TMSI（用户身份保密）

为了防止泄露用户的位置信息，从而导致用户的隐私被泄露，GSM 系统采用了临时识别码 TMSI 来保护用户的身份信息。只有在通信网络根据用户提供的 TMSI 不能够识别出用户所在的 HLR/AUC，或者是不能到达用户所在的 HLR/AUC 时，才会要求使用用户的 IMSI 来对用户身份进行识别。在 GSM 系统中，用户的 TMSI 都是关联到特定的 LAI（位置区识别符），当一个用户的位置发生改变的时候，那么系统会根据用户的新位置信息重新为用户分配一个 TMSI，这个重新分配给用户的 TMSI 是在用户完成认证、启用特定的加密模式之后，通过 VLR 加密之后传输给用户的，通过这种方式保证了用户的 TMSI 的机密性。同时，VLR 会自动地保存新分配给用户的 TMSI，而将用户之前的 TMSI 删除。

### 2. 鉴权（用户入网认证）

GSM 系统使用的是鉴权三参数（元）组，包括随机数（RAND）、符号响应（XRES）以及加密密钥 Kc，来实现用户鉴权。

当用户接入网络的时候，系统会为用户分配用户的用户鉴权键 Ki 以及 IMSI。对于网络端来说，Ki 保存在用户的中心 AUC 中，而对于用户端，Ki 则是存储在 SIM 卡中。在用户鉴权中心 AUC 中存储了每个用户的"鉴权三参数(元)组",都保存在 HLR 中。每当 MSC/VLR 需要鉴权三元组的时候,就会向 HLR 提出请求并发送一个"MAP—SEND—AUTHENTICATION—INFO"这样的消息给 HLR,在这个消息中包含了用户的 IMSI。当 HLR 接收到消息之后,会返回一个信息,这个信息主要包括了 5 个鉴权三元组。任何一个鉴权三元组在使用之后,将被破坏,不再重复使用。

当一个移动终端第一次到达一个移动业务交换中心 MSC 的时候,MSC 通常会向这个移动终端发送一个随机号码 RAND,之后会发起一个鉴权认证过程。图 4-2 演示了整个过程。

图 4-2 GSM 系统鉴权和认证过程

### 3. 加密

GSM 通信系统会对用户的数据进行加密处理,这样做的目的是为了防止用户的数据被窃听。加密是由在鉴权过程中产生的加密密钥 Kc 控制的。加密的密钥是由 RAND 和 Ki 共同决定的。产生的加密密钥 Kc 不会在无线接口上进行传输,而是通过存储在 SIM 卡和 AUC 中,由这两部分来完成相应的算法,如图 4-3 所示。

加密的详细过程:首先将 A8 算法生成的加密密钥 Kc 和承载用户数据流的 TDMA 数据帧的帧号一起作为 A3 算法的输入参数,生成伪随机数据流。再将伪随机数据流和未加密的数据流做模二加运算,得到加密数据流。在网络侧实现加密是在基站收发器(BTS)中完成的,BTS 中存有 A3 加密算法,加密密钥 Kc 是在鉴权过程中由 MSC/VLR 传送给 BTS 的。具体流程如图 4-4 所示。

图 4-3    GSM 系统中加密密钥的产生

图 4-4    加/解密过程

### 4.设备识别

设备识别主要是为了防止合法的设备被盗用或者非法的用户连接网络。设备识别的主要过程可以分成以下 3 个步骤：

（1）MSC/VLR 会向 MS 发送请求信息，要求 MS 应答 IMEI（国际移动设备识别码），之后将 IMEI 发送给 EIR（设备识别寄存器）。

（2）EIR 在接收到 IMEI 之后，会根据它所定义的 3 个清单，即白名单（包括已经分配给参加运营 GSM 各国的所有设备识别序列号）、黑名单（包括所有被禁止使用的设备的识别号）以及灰名单（由运营商决定，包括有故障的及未经型号入网认证的移动设备）来对设备的身份进行鉴定。

（3）将设备鉴定结果发送给 MSC/VLR，根据这个鉴定结果来决定是否允许此设备连接网络。

尽管 GSM 通信系统拥有以上安全机制和保护措施,但是它依旧存在一些安全问题,主要包括以下几个方面。

(1) 当一个用户注册时,或者他无法从 TMSI 中恢复出 IMSI 的时候,比如当出现 VLR/SGSN 数据丢失时,用户必须采用明文的方式来传送 IMSI。

(2) 在 GSM 系统中,用户的鉴权是单向的,只有网络对用户的认证,而没有用户对网络的认证。这样就可能造成非法的网络设备通过伪装成为合法的网络单元以获取用户的一些敏感信息。

(3) GSM 系统只是对接入网进行了相应的加密处理,而在核心网中并没有采取任何的加密等安全措施,那么在核心网络中的各个网络成员的信令消息以及通信数据都是采用明文的方式传输,这样极容易被窃听;另外 Kc 的长度为 64bit,以目前的计算机计算能力来看,这样的密钥长度已经比较短了,很容易被破解;而且系统使用的各种加密算法均是不公开的,所以这些算法的安全性能并不能得到客观的评价,许多潜在的漏洞不易被及时发现、改进;加密算法固定不变,缺乏算法协商和 Kc 协商的过程。

(4) 在 GSM 系统中,并没对信令、数据进行完整性保护,如果数据在传输的过程中被篡改,依旧会被当成是正常数据来使用,这是很危险的。

# 4.3 GPRS 安全

GPRS(通用分组无线业务)移动通信系统是在 GSM 网络基础上构建的满足分组业务服务需求的无线通信网络。由于 GPRS 网络用户无线通信和终端 IP 移动性的制约,其安全性的构建必须综合权衡 GSM 和 IP 数据网络结合的特点,以保证移动用户终端之间安全有效的信息传输。

GPRS 移动通信系统的安全策略涉及两个方面的内容:一是用户信息传送的准确性;二是用户信息的保密性。这些信息包括为移动用户传送的话音、数据业务以及用户位置、识别方式等个人资料信息。通常情况下,如何正确无误地传送用户信息,由移动通信系统的信道控制技术确定,这里主要介绍 GPRS 信息保密方面的安全性问题。

## 1. GPRS 网络体系结构

GPRS 是一种支持 GSM 网络分组业务扩展的数据传输体制标准,它充分利用 GSM 基础设备,以 115~170Kbps 的传输速率支持端到端的分组数据交换,可以提供基于移动无线应用协议(WAP)等高层应用的互联,灵活部署电信增值服务。GPRS 的安全性由如图 4-5 所示的网络体系结构所确定。GPRS 网络分为无线侧和网络侧,无线侧提供空中接口的终端接入能力。GPRS 安全控制主要是网络侧的功能。GPRS 网络侧的安全控制是在 GSM 的基础上通过增加服务 GPRS 支持节点(SGSN)和网关 GPRS 支持节点(GGSN)核心网络实体以及重新界定实体间接口实现的。SGSN 为移动台(MS)提供移动性管理、路由选择、加密及身份认证等服务,GGSN 则用于接入外部数据网络。边界网关(BG)主要用于 PLMN 内不同本地低成本的串行通信网络(LIN)构成的 GPRS 核心网的互联,并可以根据运营商之间的漫游协议进行功能扩展与定制。

图 4-5　GPRS 网络体系结构

### 2. GPRS 系统的安全威胁

GPRS 的本质是扩展的 IP 分组数据通信网络,所面临的安全隐患多于基于 No.7 信令进行电路交换的 GSM 系统。由于 TCP/IP 协议的广泛使用和 IP 安全的脆弱性,这将不可避免地增加 GPRS 安全威胁的可能性。

GPRS 的安全性表现为网络实体的安全威胁,涉及从外部 IP 网络侵入到 GPRS 系统,进行恶意攻击 GPRS 网络实体或浏览信息,以及用户、运营商内部、ISP 对系统未经授权访问等方面内容。GPRS 网络实体根据是否执行 GPRS 传输协议(GTP)可以分成两大类:GTP 节点和 IP 节点。

1) GTP 节点

(1) 移动台(MS)在 GPRS 开放网络运营环境下,不可避免地存在使用上的安全隐患。

(2) GGSN 连接到 GPRS 网络的路由器发起的 GGSN 节点攻击。

(3) LIN/计费网关(CG)来自于骨干网内部的拒绝服务攻击或恶意修改计费数据。

2) IP 节点

(1) 网络管理站(NMS)从骨干网接入到 GPRS 网络或进行 IP 伪装成 NMS 节点攻击其他网络设备。

(2) 域名服务器(DNS)作为 GPRS 网络用来查询其用户的设备,易受拒绝服务攻击。

### 3. GPRS 系统的安全策略

GPRS 系统的安全策略基于以下 3 个方面的规则,在实现上可以综合采用不同的安全措施:

（1）防止未经授权使用 GPRS 业务，即鉴权和服务请求确认。

（2）保持用户身份的机密性，使用临时身份和加密。

（3）保持用户数据的机密性，进行通信数据加密发送。

1）用户鉴权与身份认证

GPRS 的用户鉴权与身份认证适用于网络内部的 MS 通信，与 GSM 原有的过程类似，区别在于鉴权与身份认证流程由 SGSN 发起，如图 4-6 所示。鉴权三元组存储在 SGSN，在开始加密时对所采取的加密算法进行选择。鉴权与通信过程中，通过使用临时逻辑链路标志（TLLI）和移动台临时身份识别码（TMSI）实现用户真实身份的信息隐藏。

图 4-6　GPRS 网络中 MS 之间的通信流程

2）用户数据与信令机密性

GPRS 网络数据传输的数据和信令受保密加密算法（GEA）保护，加密范围在 MS 与 SGSN 之间，由逻辑链路层（LLC）完成。为正确地传送数据，GPRS 服务节点和移动终端对数据的加密和解密过程必须保持同步。

3）安全协议

GPRS 网络之间通过 PSDN 或者 DDN 的通信链路连接，其中专用网络链路的使用可以满足用户对服务质量和安全性能的要求。由于 GPRS 网络间的数据与信令通过 BG 进行传递，可以使用 IPSec 协议构建 VPN 实现身份认证和以隧道保护为基础的数据安全性。

4）信息容灾处理

主要采用冗余可靠性工程的方法，对 GPRS 网络系统的重要节点进行设备或数据级别的周期备份，以利于系统的故障切换与数据恢复。

5）安全防火墙技术

结合 GPRS 网络实体安全需求，GGSN 综合采用防火墙技术是保障网络安全的重要途径。从系统管理的角度，加强 GPRS 设备和移动用户终端 MS 两方面的安全性，以确保 GPRS 网络本身以及存储在网络或 MS 内的信息不受外来非法攻击。图 4-7 展示了采用防火墙技术的 GPRS 与外部 IP 网络互连的结构。

图 4-7　GPRS 与外部 IP 通过防火墙相连

（1）防火墙由 GPRS 运营商设置，支持 IP 协议应用程序运行，应限制外部 IP 网络对 GPRS 网络的访问。

（2）域名服务器可在 GPRS 侧，也可以由外部 IP 网络负责维护。

（3）GPRS 的动态 IP 地址由 GGSN 分配，也可以使用外部 DHCP 进行管理。

（4）GPRS 网络通过信息过滤检查，确保只有 MS 发起的请求通过防火墙，来自网络外部的访问被拦截。

GGSN 防火墙可以有效地保护 MS 不受 GPRS 外部网络攻击。对于预防来自 GPRS 内部合法用户的安全威胁，实现 GPRS 移动台的安全数据传输，则依赖于 SGSN 实体用户之间以双向用户鉴权与身份认证为核心的访问控制策略。

GPRS 是叠加在 GSM 网络之上的移动通信增值服务网络，其网络通信的数据安全性首先依赖于移动网络自身的安全机制。GPRS 通过综合用户鉴权、数据加密、信息容灾以及合理设置防火墙等可靠性与安全技术手段，确保移动用户安全有效的数据业务传输。在保证 GPRS 网络性能的前提下，实施基于通信协议不同层次的全方位访问控制、数据保密与信息备份策略，是提高 GPRS 网络安全性的一条可行途径。

## 4.4　UMTS 系统安全

上面讲到，在 GSM 制式中除了话音通过模/数变换、压缩编码后经无线信道以数字信号方式传送以获得一定安全性外，还考虑了多种有效措施，主要有用户鉴权、无线接口通信加密和使用临时识别码（TMSI）等，这增强了用户信息在无线信道上传送的安全性。然而随着技术的进步，攻击者有了更加先进的工具和手段，第二代移动通信系统（2G 系统）在得到广泛使用的同时在安全上的缺陷也渐渐凸现出来。这些缺陷主要有：

（1）单向身份认证。只有网络认证用户，用户不认证网络，无法防止伪造基站和 HLR 的攻击。

（2）敏感的控制信息没有受到保护。例如，用于无线接口加密的密钥是在没有加密的情况下在不同网络间进行传输的。

（3）缺乏数据完整性认证等。

针对 2G 系统的种种缺陷，3G 系统提出了相应的解决对策，在继承 2G 系统基本安全特性的基础上，针对 3G 系统的新特性定义了更加完善的安全特征与安全服务。

UMTS（Universal Mobile Telecommunications System，通用移动通信系统）采用 3G 主流技术，3GPP 所规范的 WCDMA/UMTS 系统包括无线接入网络和核心网络两大部分，在系统安全结构中重点描述了网络接入的安全技术规范。下面将具体介绍 UMTS 及其安全机制。

## 4.4.1 UMTS 系统简介

### 1. UMTS 系统的体系结构

UMTS 系统的体系结构模型如图 4-8 所示。按模块划分的概念，整个 UMTS 系统可以分成 3 个功能实体：用户设备（UE）、无线接入网（UTRAN）以及核心网（CN）。UE 和 UTRAN 之间通过 Uu 接口相连接，UTRAN 和 CN 之间通过 Iu 接口相连接。

图 4-8　UMTS 系统体系结构

1）用户设备（UE）

从图 4-8 中可以看出，UE 包括两部分：用户设备（ME）和 UMTS 用户识别模块（USIM）。ME 是进行无线通信的设备，它通过 Uu 接口与 Node B 进行通信。USIM 是存储用户身份的智能卡，具有用户鉴权功能，并能存储鉴权信息和用户信息。

在第三代移动通信系统中，Uu 接口采用 WCDMA 技术。与 FDMA（Frequency Division Multiple Access，频分多址）和 TDMA（Time Division Multiple Access，时分多址）相比，WCDMA 具有更大的技术优势，这主要体现在以下几个方面。

（1）WCDMA 采用直接序列扩频。不同的用户靠不同的扩频码来区分，这大大提高了系统的容量。当多个用户同时传送扩频信号时，接收端必须能够区分这多个不同的用户。由于每个用户都有一个独一无二的扩频码，而且不同用户的扩频码间的相关性非常小，当用特定用户的扩频码对接收到的信号进行相关运算时，该用户的频谱得以恢复，而其他用户的频谱进一步被扩展，因此在信号带宽范围内，该用户的信号功率比其他用户的干扰信号功率大得多，从而可以方便地提取出该用户的信号。

（2）WCDMA 系统能够克服多径干扰。在无线信道中，由于存在反射和折射现象，发送端和接收端之间存在多条信号传输路径。从不同的路径接收到的信号实质上是同一传输信号的变形,它们只是在幅度、相位、时延以及到达角度上存在着差异。这些信号合并后的波形与频谱不同于原来信号的波形与频谱,因此接收端不易正确接收。但扩频技术能够消除这种多径干扰的影响。

(3) WCDMA 系统具有良好的保密功能。只有接收端截获了用户的扩频码之后才能对信号进行解扩处理以获得用户信息。并且由于扩展频谱信号具有较低的功率谱密度,这使得敌方很难截获,截取概率低。

此外,当扩频码和一个窄带干扰信号进行相关运算后,窄带干扰信号功率谱被扩展,从而降低了干扰信号的功率,这使得 WCDMA 系统具有较强的抗干扰能力。

2) 无线接入网(UTRAN)

UTRAN 也由两部分构成:Node B 和无线网络控制器(RNC)。Node B 和 RNC 之间通过 Iub 接口相连,RNC 和 RNC 之间通过 Iur 接口相连。NodeB 主要用于在 Iub 接口和 Uu 接口之间传送数据流,同时也对无线资源进行管理。RNC 主要负责管理、控制无线资源,同时它也是 UTRAN 向 CN 提交业务的接入点。第三代移动通信系统的一个基本概念就是将移动通信系统中的无线接入网络的功能同核心网络的功能分开。无线接入网向移动终端提供了一个接入平台,该平台使得移动终端能够接入核心网络并且能够利用移动核心网络所提供的业务。

第三代移动通信系统中大部分业务是话音业务和接入互联网的业务。虽然第二代移动通信系统也提供这些业务。但第三代移动通信系统能在更复杂的环境里提供这些业务,且业务的服务质量(QoS)更好。此外,为了在 UMTS 和 IMT-2000 这样的基于 WCDMA 的移动通信网络中提供移动性和软越区切换功能,网络需要能快速建立和拆除连接。这就要求建立一个面向连接的有严格 QoS 控制能力的接入网。目前,最适合这一要求的技术是 AAL2。AAL2 既能满足所承载业务的服务质量要求,又能获得高效的资源利用率。

3) 核心网(CN)

CN 主要包括以下模块:归属位置寄存器(HLR)、移动交换中心/访问位置寄存器(MSC/VLR)、网关 MSC(GMSC)、服务通用分组无线业务支持节点(SGSN)、网关 GPRS 支持节点(GGSN)。

HLR 是存储移动用户信息的数据库,每个移动用户必须在某个 HLR 中登记注册。HLR 存储的用户信息有两类,一类是有关用户参数的信息,一类是有关用户当前位置的信息。MSC/VLR 是在电路交换系统中为 UE 提供服务的交换设备和数据库。MSC 对位于其服务区内的移动台进行交换和控制,同时提供移动网与固定公共电信网互联的接口。VLR 是存储用户位置信息的动态数据库。当漫游用户进入某个 MSC 区域时,必须在与该 MSC 相关的 VLR 上建立相应的用户信息。UMTS PLMN 通过 GMSC 与外部的电路交换网相连。SGSN 的功能和 MSC/VLR 的基本相同,但它适用于分组交换(PS)业务。GGSN 的功能和 GMSC 的基本相同,同样它也适用于分组交换(PS)业务。

CN(核心网)分为两类。一类核心网基于 GSM 系统,它可以和 ISDN、PSDN 等网络互通;另一类核心网基于通用分组无线系统(GPRS),它可以提供分组交换业务,能接入到 Internet 或其他 IP 网络。

**2．UMTS 系统提供的业务种类及典型应用**

和第二代移动通信系统相比，UMTS 系统不但在结构和性能上有了很大改进，更重要的是它能够提供更多的业务类型，给人们的日常生活带来更大的便利。

UMTS 系统能够提供不同服务质量（QoS）等级的业务。根据业务对时延敏感程度的不同，UMTS 系统将所支持的业务分为 4 个等级：会话型业务、流业务、交互型业务、后台型业务。在这 4 种业务等级中，会话型业务对时延最敏感，而后台型业务对时延的要求最低。

1）会话型业务

会话型业务属于实时应用业务，它对业务时延很敏感，要求端到端时延小。在会话型业务中，会话的双方是对称的实体。会话型业务最典型的应用是电路交换的话音业务。此外，一些接入 Internet 的业务和多媒体业务，如用 IP 承载的话音业务以及可视电话业务也属于会话型业务。

在 UMTS 系统中，话音业务通常采用自适应多速率（AMR）技术进行压缩编码。AMR 编码器能够提供 12.2Kbps、10.2Kbps、7.95 Kbps、7.40Kbps、6.70 Kbps、5.90 Kbps、5.15 Kbps 和 4.75Kbps 这 8 种源编码速率。但究竟采用哪种源速率进行编码则由无线接入网决定。AMR 编码器提供的某些编码速率和现有的一些蜂窝系统相同，如 GSM EFR 编码器采用的 12.2Kbps 的速率、US-TDMA 编码器采用的 7.4Kbps 的编码速率和日本的 PDC 编码器采用的 6.7Kbps 的速率。AMR 编码器还可以进行速率转换。无线接入网能根据空中接口的负荷情况和话音连接的质量来控制 AMR 编码的速率。在负荷较重时，采用较低的编码速率能够扩大系统容量，但这将造成话音质量下降。当移动台处于小区边缘时，它的发射功率最大，此时采用较低的编码速率可以扩大小区的覆盖范围。总之，采用 AMR 编码方式能在一定程度上调节网络容量、小区覆盖范围和话音质量，以获得令人满意的效果。

UMTS 系统提供的可视电话业务同话音业务一样对时延非常敏感，由于采用了图像压缩技术，此种业务要求具有很低的比特错误概率和比特丢弃概率。

2）流业务

多媒体数据流作为一种传输数据的技术，可以将数据以稳定、连续的数据流形式进行传输。这种技术被越来越广泛地应用在 Internet 上。当用户下载大容量的多媒体文件时，由于数据传输速率的限制，将整个文件下载完再浏览需要等较长时间。采用流业务技术无须将整个文件下载完，而是在下载文件数据的同时即可通过用户的浏览器或插件显示数据。接收数据的用户端必须能够及时处理下载下来的数据，将其转换成声音或图像。流业务是不对称的，它对时延的敏感程度比会话型业务低得多。

3）交互型业务

当终端用户（一个人或一台机器）要求从远端设备上获取数据时，就需要按照交互型业务方式进行通信。例如：人作为终端用户时，可以上网浏览网页，检索远端数据库中的信息；机器作为终端用户时，可以轮询测量报告，自动查询数据库。

交互型业务是一种典型的数据通信业务，它的一个特征是终端用户采用"要求—应答"的模式进行通信。消息传输往返时延是交互型业务的一个重要参数。交互型业务的另一个特征是分组数据必须以透明的方式进行传输。基于位置的服务是一种典型的交互型业务。例如在基于位置的服务中，可以通过终端查询相关位置信息。在终端上输入一定的信息，就可以找到最近的加油站、医院或学校；外出旅游时，可以事先查询该地的名胜古迹。提供基于位置的服务的终端可以根据需要显示一幅地图，地图上有文字标识。单击地图上的标识，终端就会显示出相关的信息。在不远的将来，基于位置的服务将成为 UMTS 系统的一项主要业务。联网游戏也属于交互型业务，但当网络游戏时延要求较高时，它属于会话型业务。

4）后台型业务

后台型业务对时延的要求最低，接收消息的实体并不要求消息在很短的时间内到达，它的时延可能是几秒、几十秒甚至几分钟。典型应用包括电子邮件（E-mail）、短消息业务（SMS）、下载数据、接收测量报告。目前，一种新兴的后台型业务——电子贺卡正悄然兴起，随着终端采用内置式照相机及大型彩显的小型化，电子贺卡业务的应用将日益广泛。

## 4.4.2　UMTS 安全分析

从某种意义上来讲，通用移动通信系统（UMTS）是全球移动通信系统（GSM）的改进方案。GSM 中的基本接入安全机制正是 UMTS 接入安全的基础。当然，安全体系结构的设计目标并不局限于 GSM 中已有的安全解决方案。

### 1. UMTS 安全机制的主要原则

（1）UMTS 的安全体系将基于第二代系统（2G）的安全体系，即仍将保留现有的 GSM 系统的安全特性。

（2）UMTS 的安全体系将针对 2G 系统中已发现的安全漏洞做出改进，其中包含交互式认证机制和基于 128bit 密钥的强加密机制。

（3）UMTS 安全体系将提供新的安全性能。UMTS 必须保障 3G 环境下的新业务，包括多运营商、多服务提供商交互工作环境下提供的新业务。

此外，研究人员通过对 3G 系统面临的威胁进行分析，定义了对 3G 系统的安全要求。这将用作定义安全体系中所需的安全特性的基础，并基于这些安全特性定义了一套安全机制。

### 2. UMTS 安全体系结构

研究人员在 3G 的技术规范 TS 33.102 中定义了 UMTS 接入安全的安全体系结构。其主要目标可概括为：对用户模块（UE）进行认证，特别是用户服务标识模块（USIM），其中包括确认 UE 是否已接入一个有效的网络；向 UE 和服务网络 SN 提供会话密钥；在会话密钥的保护下在 UE 和 SN 之间建立连接。

当然，安全结构体系还包括其他方面，但是认证、密钥生成以及接入链路的加密和完整性保护是其主要部分。以下将对该体系结构进行更加详细的介绍，这里以认证的基础即实体认证作为开始。

1）认证的实体

进行实体认证的前提条件是该实体已预先定义好一个独一无二的身份标识。在移动网络中，主要的用户身份标识是国际移动用户身份标识号（IMSI），其结构如图 4-9 所示。但 IMSI 并不是用户的电话号码（即所谓的 MSISDN 号）。MSISDN 号是包含完整国家代码的电话号码，并同运营商数据库中的 IMSI 号相对应。MSISDN 号基本上是公共信息，但

IMSI 号是用作系统内部标识和路由之用的,通常是非公开的。

MCC：国家代码(由ITU规定)
MNC：移动网络代码(由国家标准化权威机构规定)
MSIN：移动用户识别号(由网络运行商规定)

图 4-9　IMSI 的结构

认证程序将产生加密中使用的会话密钥。在某些情况下,永久标识 IMSI 可在网络的空中接口处被截取,这使得攻击者可对用户位置进行跟踪。为解决这个问题,SN 可以发布一个本地暂时身份识别码 TMSI(4 字节,16 进制编码)用来进行身份认证。因此,正规的程序是当 UE 首次进入一个新服务区时(如服务 GPRS 支持节点(SGSN)或访问位置寄存器(VLR)),将向基站发送自己的 IMSI 号。随着加密技术的出现,SN 将给 UE 发布一个TMSI 号。TMSI 号是以加密的形式公布的,因此难以对一个特定的用户进行跟踪,因为在IMSI 和 TMSI 之间没有明显的联系。通过使用 TMSI,提供了一种对用户身份和位置进行保密的方法。

除了用 IMSI 对 USIM 进行标识以外,对移动台(MS)也有一个标识号,称之为国际移动台设备标识号(IMEI),这也是一个独一无二的标识号。IMEI 将由设备标识寄存器(EIR)的数据库进行周期性核查。用户可以通过采取合法的措施,将被盗用的手机登记入EIR 的黑名单中,运营商将随后停止对该手机提供服务。

2) 实体认证和会话密钥的产生

在连接建立阶段,UE 将通过 IMSI 或 TMSI 来标识自己的身份,而该公布的标识号将通过网络执行的认证程序对其进行认证。UMTS 的安全体系结构是基于一个交互式程序,该程序是在用户端(USIM)和网络端的 SGSN 和 VLR 之间执行。该程序称为 UMTS 认证和密钥协商(AKA)协议,因为除了提供认证服务以外,该程序还包含会议密钥的生成和在用户端提供机密性和数据完整性的保护。

AKA 程序的执行包含两个步骤,如图 4-10 所示。第一步包含安全证书(认证矢量,AV)的传递,即从归属网络(HE)到服务网络(SN)。HE 主要由本地用户数据库 HLR 和认证中心 AUC 组成;SN 则由核心网络中直接参与连接建立的部分组成。就运营商而言一般都包含 HE 和 SN 节点。

认证矢量中包含类似提问-应答认证数据和加密密钥等敏感数据。因此,在 HLR/AUC和 SGSN/VLR 之间传送认证矢量需要采取安全措施以防止窃听和篡改(如传输的机密性和完整性都必须加以保护)。

AKA 协议的第二个步骤是 SGSN/VLR 执行单向提问-应答程序,用以实现在 UMTS和网络(SN、HE)之间完成交互式实体认证。须注意的一点是在两步的 AKA 协议中,HE具有为 SN 提供安全性保护的责任。因此,在 HE 和 SN 之间必须建立一种相互信任的关系。在 GSM 中,这种信任关系通过漫游协议得以建立,在 UMTS 中也应该采用同样的模式。

图 4-10    简化的 UMTS 结构体系和基本的接入安全体系

在 AKA 程序中应用的加密函数,只在 USIM 和 AUC 中专用。3GPP 采用了 MILENAGE 算法以实现 AKA 功能。虽然标准 MILENAGE 算法只是作为算法集中的一个例子,但实际上它是为实现 AKA 功能而建议采用的算法集。算法是基于对称分组密码体制 Rijndael 之上的。表 4-1 中描述了 UMTS 中采用的安全算法及其应用。

UMTS 中采用的加密函数及其应用。

表 4-1    UMTS 安全算法及其应用

| 算　法 | 用　途 | O:运营商规定的<br>S:完全标准化的 | 位　置 |
|---|---|---|---|
| $f0$ | 随机数生成函数 | O-(MILENAGE) | AUC |
| $f1$ | 网络认证函数 | O-(MILENAGE) | USIM 和 AUC |
| $f1*$ | 消息重同步函数 | O-(MILENAGE) | — |
| $f2$ | 用户随机数认证函数 | O-(MILENAGE) | |
| $f3$ | 密钥生成函数 | O-(MILENAGE) | |
| $f4$ | 完整性密钥生成函数 | O-(MILENAGE) | |
| $f5$ | 用于普通操作的匿名密钥生成函数 | O-(MILENAGE) | |
| $f5*$ | 用于重同步的匿名密钥生成函数 | O-(MILENAGE) | |
| $f6$ | MAP 加密算法 | S | MAP 节点 |
| $f7$ | MAP 完整性算法 | S | — |
| $f8$ | UMTS 加密算法 | S-(KASUMI) | MS 和 RNC |
| $f9$ | UMTS 完整性算法 | S-(KASUMI) | — |

交互式认证使得 USIM 成为一个活跃的实体。在 GSM 中用户不能对网络进行认证,因此 UE 不能拒绝网络。在 UMTS 中,UMTS 将会尝试对网络进行认证,因此 USIM 可能拒绝进入网络。

3) 接入链路的保护

安全保护是通过加密实现的,这些加密密钥是由 AKA 程序产生的。密钥 CK 通常具有 128bit,但可通过配置密钥生成函数 $f3$ 来控制密钥中重要比特长度。由 MILENAGE $f3$ 算法所生成的默认值是长度为 128bit 的机密密钥。

在 GSM 系统中,机密性保护通常是在基站实现的。这符合最初的设计目标,即在无线接口上防止窃听。然而现已发现在基站和控制器之间的大量连接是基于无安全保障的无线链路的,因此,对 UMTS 而言,有必要扩大对链路进行安全加密的范围。

数据完整性的安全保护服务是通过消息认证码(MAC)机制来实现的,该机制为防止恶意篡改提供了消息认证和数据完整性保护功能。完整性密钥通常具有 128bit,但同 CK 类似,在需要的情况下 IK 也可以通过配置而具有较少的重要字节。默认的函数 MILENAGE $f4$ 生成一个具有 128bit 的 IK。UMTS 中的完整性保护和机密性保护一样,具有相同的物理覆盖范围(如完整性保护是应用在 MS 和 RNC 之间的)。但 UMTS 中的机密性保护包含用户相关的系统信令和用户数据,而完整性保护则只包含系统信令。

4) 交互式实体认证和密钥协商协议

在 SGSN/VLR 和 USIM 之间执行的认证过程是一种交互的认证策略。该策略使用一个长期共享的 128bit 的密钥(K),而这个密钥只存储在 UICC/USIM 和 HE 的 AUC 中。UICC 是能够防止篡改的具有身份认证功能模块的智能卡,而 USIM 是运行在 UICC 上的一个模块。为了保证认证的安全性,一个基本要求即是在给定的 UICC/USIM 的使用期内 K 绝不能泄漏或者损坏。

AKA 序列通常是当网络需要对用户身份进行认证时由 VLR/SGSN 初始生成的。如果当网络中出现某用户而 VLR/SGSN 并没有为其生成有效的认证矢量 AV 时,该用户必须从 HLR/AUC 处申请至少一个 AV。AV 是通过运营商规定的认证函数($f0 \sim f5*$)生成并存储在 HE 中的 AUC 节点处的。

这里需提及函数 $f0$,该函数用以产生随机数,而且这个函数是唯一在 AUC 处使用的函数。下面的定义说明 $f0$ 的输出只依赖于内部状态。

$$f0: f(\text{internal-state}) \rightarrow \text{RAND}$$

在 UICC/UISM 的使用期内函数 $f0$ 的输出值是不能重复的,因为攻击者可通过对函数的输出值进行在线监听,对随机数中出现的某个特殊值所对应的内容进行猜测。

SGSN/VLR 通过发送包含随机数 RAND 和认证令牌 AUTH 的轮询消息对本地 AKA 程序进行初始化。网络端的认证是基于随机数的认证(函数 $f1$),由此可见只有知道密钥 K 的实体才能生成可接受的随机数。整个认证过程有两个显著的特点:首先,轮询过程采用令牌环方式,每次轮询只有一个节点通过认证;其次,认证过程扩展了轮询响应的机制,用 MAC 提供交互式的认证过程。

选择单向 AKA 方案经证明对 AKA 的性能有重要影响,因为在连接建立阶段对时间是严格限定的。以下简单讨论基于 MAC 的 AKA 机制。基于 MAC 解决方案有十分优越的计算性能,这种性能对于在 UICC/USIM 上运行的函数 $f1$ 和 $f2$ 是必须具备的。假定认证算法必须在实时约束的条件下执行,故 3GPP 安全工作组(SA3)决定采用基于 MAC 函数的常规方法。而 MAC 函数已经在 GSM/GPRS 系统中得以应用,这无疑也对此决定造成了较大影响。

在接收到随机数后,USIM 将对网络中的实体进行认证。这是通过利用接收到的 RAND,AUTH 执行函数 $f1$ 来完成的。USIM 将把计算得到的 XMAC-A 同接收到的 MAC-A 进行比较。如果 XMAC-A 同包含在 AUTH 中的 MAC-A 参数相等,则通过认证。

$$f1: f(RAND, SQN, AMF) \rightarrow MAC\text{-}A \text{ (or XMAC-A)}$$

随后 USIM 必须验证序列号 SQN 是否在有效的范围内,这将通过一种窗口机制来完成。在通过验证后,窗口的大小将根据可接收的随机数的范围进行调整,而 USIM 必须产生一个应答数(RES)用以回发给网络。

$$f2: f(RAND) \rightarrow RES \text{ ( or XRES)}$$

随后,SGSN/VLR 将对接收到的 RES 值进行验证,以确认其是否和 AV 中的 XRES 值完全相同。

$$f3: f(RAND) \rightarrow CK$$

$$f4: f(RAND) \rightarrow CK$$

AKA 程序也通过函数 $f5$ 生成的一个匿名密钥 AK 来隐藏存储在 SQN 值中的序列的值。隐藏的使用使得位置跟踪更加困难,而隐藏的具体实现是通过将 AK 和 SQN 做异或运算完成的。需要注意的是函数 $f5$ 必须在函数 $f1$ 之前运行用以生成 SQN 参数。

$$f5: f(RAND) \rightarrow CK$$

5) MILENAGE 算法集

加密函数 $f0 \sim f5*$ 在原则上是由运营商定义的,而且这些函数没有必要在漫游的用户之间存在任何协同工作的能力。这些函数都只专用于由 HE 控制的 USIM 和 AUC 中。虽然如此,研究人员还是决定设计一个对销售商和运营商都同样适用的标准函数集。这样做的目的在于保证 UMTS 系统有一个有效而固定的函数集,使得不会因此而延缓对 UMTS 的使用或由于认证函数中存在的漏洞而降低其安全性。

这个标准算法集是欧洲电信标准化组织安全算法专家组(ETSI SAGE)在 SA3 工作组的委任下设计的。该算法集建立在一个普通分组密码的核心之上,而其构架的设计应该具有一定的兼容性,以便运营商可根据其需要更换加密算法的核心部分。该设计的成果即是 MILENAGE 结构框架,它同其他任何以 128 位密钥控制且以 128bit 为分组单位的分组密码都可协同工作。

这种 MILENAGE 结构框架并不包含伪随机数生成函数 $f0$,并且该加密算法的核心是建立在 Rijndael 分组密码算法基础上的。选择 Rijndael 作为 MILENAGE 的算法基础是在 Rijndael 成为高级加密标准 AES 算法之前。ETSI SAGE 选择 Rijndael 的主要目的在于:该算法在具有有限计算能力的平台上表现出良好的性能特性;在 AES 的评选阶段对 Rijndael 做了综合的评估;该算法没有知识产权。其中性能特性十分重要,因为认证函数必须在智能卡上运行而智能卡的资源是有限的。

从上面的分析可以看出,UMTS 中的接入安全结构体系明显优于 2G 的 GSM 系统。在 UMTS 中,通过采用交互式认证机制完全解决了 GSM 中存在的伪基站问题。并且 MILENAGE 中的认证算法集大大优于现在使用于 GSM 中的算法集。

另外,UMTS 中的完整性函数对于 GSM 而言是全新的内容。完整性保障机制是独立于机密性保护的,所以可以不允许加密或在加密无效的环境中提供保护机制。完整性机制对于防止主动攻击也同样非常重要,但在完整性保护机制中一个被忽略的因素是没有对用户数据进行保护,这也是主要需要改进完善的部分。

# 4.5 第三代移动通信系统安全

GSM 和窄带 CDMA 技术是目前第二代数字移动通信技术的主体技术,与前两代系统相比,第三代数字移动通信系统的主要特征是可提供移动多媒体业务,其中高速移动环境支持 144Kbps,步行慢速移动环境支持 384Kbps,室内支持 2Mbps 的数据传输。第三代移动通信的设计目标是为了提供比第二代系统更大的系统容量、更好的通信质量,而且要能在全球范围内更好地实现无缝漫游及为用户提供包括话音、数据及多媒体等在内的多种业务,同时也要考虑与已有第二代系统的良好兼容性。与第一代模拟蜂窝移动通信相比,第二代移动通信系统具有保密性强、频谱利用率高、能提供丰富的业务、标准化程度高等特点,以欧洲的 GSM 系统与北美的窄带 CDMA 系统为代表的 GSM 系统具有标准化程度高、接口开放的特点,真正实现了个人移动性和终端移动性。窄带 CDMA,也称 IS-95 等,它们具有容量大、覆盖好、话音质量好、辐射小等优点。

## 4.5.1 第三代移动通信系统简介

第三代移动通信系统 IMT-2000(国际移动通信-2000),即该系统工作在 2000MHz 频段,最高业务速率可达 2000Kbps。它具有支持多媒体业务的能力,特别是支持 Internet 业务的能力。现有的移动通信系统主要以提供语音业务为主,随着发展一般也仅能提供 100～200Kbps 的数据业务,GSM 演进到最高阶段的速率能力为 384Kbps,而第三代移动通信的业务能力将比第二代有明显的改进,它应能支持语音分组数据及多媒体业务,应能根据需要提供所需带宽。ITU 规定的第三代移动通信无线传输技术的最低要求中,必须满足以下三种环境的要求:快速移动环境,最高速率达 144Kbps;室外到室内或步行环境;最高速率达 384Kbps;室内环境,最高速率达 2Mbps。

### 1. 第三代移动通信系统的主要技术

第三代移动通信系统(IMT-2000)分为 CDMA 和 TDMA 两大类共五种技术,这里主要简述以下两种 CDMA 技术,即 IMT-2000 CDMA-DS(IMT-2000 直接扩频 CDMA)和 IMT-2000CDMA-MC(IMT-2000 多载波 CDMA)。

1) IMT-2000 CDMA-DS

IMT-2000 直接扩频 CDMA,即 WCDMA,它是在一个宽达 5MHz 的频带内直接对信号进行扩频。WCDMA 分为 FDD 和 TDD 方式两种。在 FDD 方式下,WCDMA 的码片速率为 4.096Mchip/s,能与 GSM 同时使用一个时钟,实现 WCDMA 和 GSM 双模手机。另外,使用这个速率容易实现 2Mbps 的数据速率。WCDMA 的每个载波能放入 5MHz 的频谱带宽。如果有 15MHz 的频带,则可支持 3 个载波。为保证与其他载波间有至少 200kHz 以上的间隔,15MHz 内的 3 个载波间隔可在 4.2～5.0MHz 间变动。下行信道是双数据信道结构,双信道二相相移键控(BPSK)调制,是 WCDMA 的重要特征之一。一路做余弦信号调制,相当于四相相移键控(QPSK)调制的 I 路,是专用的物理数据信道(DPDCH),传送信息业务数据。另一路为正弦信号调制,相当于 QPSK 调制的 Q 路,是专用的物理控制信道(DPCCH)传送公共控制命令。WCDMA 的越区切换方法也很具特色,它采用移动台发起的非同步软切换方法。WCDMA 的基站之间不需要同步,不需要特别的同步参考源,为实现软切换,基站要确定在什么时间、在什么位置启动软切换算法。一个 WCDMA 的移动台在同一频率检测其他基站包括本基站的信号,确认它们之间的时间差。检测到的时间信息经由本基站到达新的候选基站,候选基站调整它的新的专用信道的发射时间,也就是在发送信息的时间上进行调整,使不同基站在这个信息比特期间的下行码道上同步。TDD 方式下扩频增益是不变的,可使用多码传输实现高速数据通信。它的最大特点是在上行链路的多用户联合检测技术,这项技术使得在同一时隙同时工作的扩频码被联合检测方法分离开,即使彼此功率有好几分贝之差也行。这正好弥补了在 TDD 方式中信号功率不易高精密控制的不足。同时还使用了智能动态信道分配法。该方法把信道动态分配与快速小区内切换结合起来了。

2) IMT-2000 CDMA-MC

IMT-2000 多载波 CDMA,即 CDMA2000。这是美国提出的技术,是由多个 1.25MHz 的窄带直接扩频系统组成的一个宽带系统。

CDMA 2000 是在原 IS-95 标准的基础上,进一步改进上行链路,增设导频信号实现基站的相干接收,上行链路在极低速率(低于 8Kbps)传输时,不再使用突发方法而采用连续信号发射。下行链路也使用与上行链路相同的功率控制。高速数据传输时,使用 Turbo 纠错编码,下行发射也采用分集方式,支持先进的天线技术和波束成形技术等。CDMA 2000 采用不同射频信道带宽,可实现从 1.2Kbps 到 2Mbps,甚至更高速率的信息数据传输,建议的射频带宽是基本信道带宽 1.25MHz 加上保护频间间隔为 1.7MHz,3 个基本信道合用,为3.75MHz,加上保护频间间隔共为 5MHz。当然,还可以增加为使用 6 个、9 个、12 个基本信道。CDMA 2000 为支持传送不同速率的信息业务,在系统协议的第二层增添了媒体控制层(MAC)。WCDMA 与此相似,为支持 MAC 的运行,在物理层增加了专用控制信道(DCCH)和公共控制信道,并使用可变的信包数据帧方法,帧长为 5ms 和 20ms。CDMA 2000 的重要技术特征之一是下行链路使用多载波方式,实现 5MHz 带宽通信。下行链路采用多载波,被 1.2288Mchip/s 的扩频码调制,每个载波彼此间隔 1.25MHz,3 个载波加上保护频隙构成 5MHz。上行采用直接扩频方式,使用 3.75Mchip/s 的扩频码调制到载波上,正好为 3 个 1.25MHz 频宽,加上保护频隙构成 5MHz 带宽。这种链路设计的最大优点是与 CDMA One 的 IS-95 标准兼容,带宽与 IS-95 相同,多载波信道信号与 IS-95 的信号正交。因此,CDMA2000 可与 IS-95 共存。同时,CDMA 2000 保留了与 IS-95 相同的导频信道、同频信道和寻呼信道,使它的基站能向下兼容,提供 IS-95 的通信服务。CDMA 2000 的上行链路设有连续的导频信号,提供反相信号的相干检测,这样能在低信噪比下工作,降低了功率控制环路的时延,并使功率控制、定时和相位跟踪与传输速率无关。语音和低速率数据使用卷积码,而高速数据准备使用 Turbo 码。

**2. 第三代移动通信的关键技术**

1) 高效信道编译码技术

第三代移动通信的另外一项核心技术是信道编译码技术。在第三代移动通信系统主要提案中(包括 WCDMA 和 CDMA 2000 等),除采用与 IS-95 CDMA 系统相类似的卷积编码技术和交织技术之外,还建议采用 Turbo 编码技术及 RS-卷积级联码技术。

2) 智能天线技术

随着社会信息交流需求的急剧增加、个人移动通信的迅速普及,频谱已成为越来越宝贵的资源。智能天线采用空分复用(SDMA),利用在信号传播方向上的差别,将同频率、同时隙的信号区分开来。它可以成倍地扩展通信容量,并和其他复用技术相结合,最大限度地利用有限的频谱资源。另外在移动通信中,由于复杂的地形、建筑物结构对电波传播的影响,大量用户间的相互影响,产生时延扩散、瑞利衰落、多径、共信道干扰等,使通信质量受到严重影响。采用智能天线可以有效地解决这个问题。

智能天线也叫自适应阵列天线,由天线阵、波束形成网络、波束形成算法三部分组成。它通过满足某种准则的算法去调节各阵元信号的加权幅度和相位,从而调节天线阵列的方向图形状,达到增强所需信号、抑制干扰信号的目的。智能天线技术适宜于 TDD 方式的 CDMA 系统,能够在较大程度上抑制多用户干扰,提高系统容量。但是由于存在多径效应,每个天线均需一个 Rake 接收机,从而使基带处理单元的复杂度明显提高。

3) 初始同步与 Rake 多径分集接收技术

CDMA 通信系统接收机的初始同步包括 PN 码同步、符号同步、帧同步和扰码同步等。CDMA 2000 系统采用与 IS-95 系统相类似的初始同步技术,即通过对导频信道的捕获建立 PN 码同步和符号同步,通过同步(Sync)信道的接收建立帧同步和扰码同步。WCDMA 系统的初始同步则需要通过"三步捕获法"进行,即通过对基本同步信道的捕获建立 PN 码同步和符号同步,通过对辅助同步信道的不同扩频码的非相干接收,确定扰码组号等,最后通过对可能的扰码进行穷举搜索,建立扰码同步。

Rake 多径分集接收技术克服了电波传播所造成的多径衰落现象。在 CDMA 移动通信系统中,由于信号带宽较宽,因而在时间上可以分辨出较细微的多径信号。对分辨出的多径信号分别进行加权调整,使合成之后的信号得以增强。

4) 多用户检测技术

在传统的 CDMA 接收机中,各个用户的接收是相互独立进行的。在多径衰落环境下,由于各个用户之间所用的扩频码通常难以保持正交,因而造成多个用户之间的相互干扰,并限制系统容量的提高。解决此问题的一个有效方法是使用多用户检测技术,通过测量各个用户扩频码之间的非正交性,用矩阵求逆方法或迭代方法消除多用户之间的相互干扰。

从理论上讲,使用多用户检测技术能够在很大程度上改善系统容量,但算法的复杂度较高,把复杂度降低到可接受的程度是多用户检测技术能否应用的关键。

5) 功率控制技术

常见的 CDMA 功率控制技术可分为开环功率控制、闭环功率控制和外环功率控制三种类型。在 CDMA 系统中,由于用户共用相同的频带,且各用户的扩频码之间存在着非理想的相关特性,用户发射功率的大小将直接影响系统的总容量,从而使得功率控制技术成为 CDMA 系统中的最为重要的核心技术之一。

## 4.5.2 第三代移动通信系统安全分析

3G 系统建立在第二代移动通信(2G)系统基础之上,对于 2G 系统中必不可少的和行之有效的安全方法在 3G 系统中将继续被采纳,而对于 2G 系统中存在的安全缺陷,在 3G 系统中将会被抛弃或改进。3G 系统呈现出的新特性,要求提供更加完善的安全服务和安全特征,此外,3G 系统的安全体系也呈现出了新的特点。

3G 移动通信系统的安全网络示意图如图 4-11 所示。

图 4-11　3G 移动通信系统的安全网络示意图

3G 系统提供了一个全新的业务环境,除了对传统的语音与数据业务的支持外,还支持分布式业务与交互式业务。在这种环境下,3G 系统的业务呈现出新的特征,同时也要求系统提供与之相应的安全特性。

上述新业务特征和安全特性主要包括:由于需同时对不同的 SP(服务提供商)提供不同业务的并发支持以及多种新业务,3G 系统的安全特征需要综合考虑多业务条件下被攻击的可能性;3G 系统可以为固定接入提供更优越的服务;使用对方付费方式和预付款方式的用户可能会大大增加;终端的应用能力和用户的服务控制得到显著提升;对于可能会出现的主动攻击,3G 系统中用户须具备相应的抗击能力;对非语音业务的需求可能会超过语音业务,系统需具备更高的安全性;终端可能会成为其他应用或移动商务的平台;可以支持多种智能卡的应用等。

**1. 3G 系统安全体系结构**

3G 系统安全体系结构如图 4-12 所示。该结构中共定义了 3 个不同层面上的五组安全特性,每一组安全特性都针对特定的威胁,并可以完成特定的安全目标。

3 个层面由高到低分别是应用层、归属层/服务层和传输层。五组安全特性所包含的具体内容如下。

1) 网络接入安全

网络接入安全定义了提供接入 3G 服务网的安全机制,以抵御对无线链路的攻击。空中接口的安全性是最重要的,因为无线链路最容易遭到攻击。这部分的功能主要有实体认

图 4-12 3G 系统安全体系结构图

证、用户识别机密性、机密性、移动设备识别和数据完整性。

(1) 实体认证。

实体认证相关的安全特征有:用户认证(user authentication,即服务网认证用户的身份;网络认证(network authentication),即用户认证自己被连接到了一个由自己的 HE 授权并为其提供服务的服务网,并保证此次授权是新的。

为了实现这些目标,假设实体认证应该在用户和网络之间的每一个连接建立时出现。实体认证包含两种机制:一种是使用由用户的 HE 传递给 SN 的认证向量进行认证的机制;另一种是使用在用户和 SN 之间在早先执行认证和密钥建立的过程期间已经建立的完整性密钥的本地认证机制。

(2) 用户识别机密性。

用户识别机密性有关的安全特征有:用户身份机密性,即业务传递到用户的永久用户识别(INSI)不能在无线接入链路上被窃听;用户位置机密性,即用户在某个特定区域内出现或到达不能在无线接入链路上被窃听、被获取;用户的不可追溯性,即入侵者不能在无线接入链路上通过窃听判断出不同的业务是否被传递到相同的用户。

一般通过使用临时识别码识别用户来实现上述目标,被拜访的服务网络通过这个临时识别码识别用户。为了实现用户的不可追溯性,用户不能因长时间使用同样的临时识别码而被识别,这就要求在无线接入链路上对任何可能暴露用户识别码的信令和用户数据都进行加密。

(3) 机密性。

与网络接入链路上的数据机密性相关的安全特征如下:

① 加密算法协商(cipher algorithm agreement):MS 和 SN 能够安全地协商它们之间将要使用的算法。

② 加密密钥协商(cipher key agreement):MS 和 SN 能就它们随后使用的加密密钥达成一致。

③ 用户数据的机密性(confidentiality of user data):在无线接入接口上用户数据不能被窃听。

④ 信令数据的机密性(confidentiality of signaling data)：在无线接入接口上信令数据不能被窃听。

加密密钥协商在执行认证和密钥协商机制的过程中实现,加密算法协商通过用户和网络之间的安全模式协商机制得到实现。

(4) 移动设备识别(mobileequipment identification)。

在某些情况下,SN 会请求 MS 发送终端的移动设备识别。除紧急呼叫外,移动设备识别应在 SN 的认证后发送。IMEI 在网络上的传输是不受保护的,这个识别是不安全的,所以 IMEI 应当被安全地保存在终端中。

(5) 数据完整性(dataintegrity)。

与接入链路的网络上的数据完整性相关的安全特征有：

① 完整性算法协商(integrity algorithm agreement)：MS 和 SN 可以就它们之后将要使用的完整性算法进行安全的协商。

② 完整性密钥协商(integrity key agreement)：MS 和 SN 可以就它们之后将要使用的完整性密钥进行安全地协商并达成一致。

数据完整性和信令数据的信源认证是指接收实体(MS/SN)能够查证信令数据从发送实体发出之后没有被某种未授权方式修改,且与所接收的信令数据的数据源一致。

在认证和密钥协商机制的执行过程中,完整性密钥协商得以实现。完整性算法协商使用用户和网络之间的安全模式下的协商机制得以实现。其中,认证和密钥分配是建立在 HE/AUC 和 USIM 共享秘密信息基础上的相互认证。

2) 网络域安全

网络域安全定义了在运营商节点间数据传输的安全特性,保证网内信令的安全传送并抵御对核心网部分的攻击。网络域安全包括以下 3 个层次：

第一层(密钥建立)：生成的非对称密钥对由密钥管理中心生成并进行存储；保存其他网络所生成的公开密钥；对用于加密信息的对称会话密钥进行产生、存储与分配；接收并分配来自其他网络的对称会话密钥用于加密信息。

第二层(密钥分配)：分配会话密钥给网络中的节点。

第三层(通信安全)：使用对称密钥来实现数据加密、数据源认证和数据完整性保护。

网络域的安全在 GSM 中没有提及,信令和数据在 GSM 网络实体之间通过明文方式传输,网络实体之间的交换信息是不受保护的,网络实体之间主要是通过有线网络互联。依据 3G 系统的安全特性和安全要求,应该对现有的有线网络的安全进行增强,所以在 3G 系统中对网络实体之间的通信进行安全性保护。

在 3G 系统中不同运营商之间通常是互联的,为了实现安全性保护,通常需要对安全域进行一定的划分,一般来说同一个运营商的网络实体统属一个安全域,不同的运营商之间的网络设置安全网关(SEG)。

SEG 用于保护本地基于 IP 的协议以及处理 Za 和 Zb 接口上的通信的位于 IP 安全域边界上的实体,进入或离开安全域之前所有的 NDS/IP 业务都要穿过边界实体 SEG。每个安全域可能会涵盖一个或多个 SEG,每个 SEG 处理所有进/出安全域朝向明确的一组可到达的 IP 安全域的业务。一个安全域内的 SEG 的数目由外部可到达目的地、平衡业务负载和避免单点失败的需要来决定。SEG 应该对网络之间的互操作具有加强的安全方法,这些安全方法包括过滤策略和防火墙等。由于 SEG 负责的是安全敏感的操作,在物理上应当对其进行保护。

在 3G 系统中,网络域之间的通信绝大部分都是基于 IP 方式的,因此在网络域的安全中,IP 网络层的安全是非常重要的一个方面。IPSec 方式是网络层安全的主要实现方式。3G 系统中所使用的 IPSec 是修订后的 IETF 所定义的标准 IPSec,对移动通信网络的特点具有针对性。IPSec 的使用可以用来实现网络实体间的认证,保护所传送数据的完整性和机密性以及对抗重放攻击。

3) 用户域安全

用户域安全定义了安全接入移动站的安全特性,主要保证对移动台的安全接入,包括用户与 USIM 智能卡间的认证、USIM 智能卡与终端间的认证以及链路的保护。

① 用户到 USIM 的认证:用户接入 USIM 前必须经 USIM 认证,以确保接入到 USIM 的用户为合法用户。该特征的性质是:接入 USIM 是受限制的,直到 USIM 认证了用户为止。因此,可确保接入 USIM 能够限制于一个授权的用户或一些授权的用户。为了实现该特征,用户和 USIM 必须共享一个安全地存储在 USIM 中的秘密数据(例如 PIN)。只有用户证明知道该秘密数据,它才能接入 USIM。

② USIM 到终端的连接:确保只有授权的 USIM 才能接入到终端或其他用户环境。最终,USIM 和终端必须共享一个安全地存储在 USIM 和终端中的秘密密钥。如果 USIM 未能证明它知道该秘密密钥,它将被拒绝接入终端。

4) 应用域安全

应用域安全定义了用户应用程序与运营商应用程序安全交换数据的安全特性。USIM 应用程序为操作员或第三方运营商提供了创建驻留应用程序的能力,这就需要确保通过网络向 USIM 应用程序传输信息的安全性。其安全级别可由网络操作员或应用程序提供商根据需要选择。

在 USIM 和网络间的安全通信:USIM 应用工具包将为运营商或第三方提供者提供创建应用的能力,那些应用驻留在 USIM 上(类似于 GSM 中的 SIM 应用工具包)。需要用网络运营商或应用提供者选择的安全等级在网络上安全地将消息传递给 USIM 上的应用。

应用的安全性总是涉及到用户终端的 USIM 卡,需要其支持来提供应用层的安全性。随着应用工具的发展,各种各样的应用业务将会出现。

5) 安全特性的可视性及可配置能力

它定义了用户能够得知操作中是否安全,以及对安全程度自行配置的安全特性,即用户能获知安全特性是否在使用以及服务提供商提供的服务是否需要以安全服务为基础。

虽然安全特征一般对用户是透明的,但对某些事件以及根据用户所关心的问题,应该提供更多安全特征的用户可视性。这产生了一些特征,用以通知用户与安全相关的事件。

**2. 3G 系统的安全功能结构**

3G 系统的安全功能结构如图 4-13 所示。

图 4-13 中竖条表示 3GPP 安全结构中包括的网络单元如下:

(1) 在用户域中:USIM(用户服务识别模块);HE(向用户发放的接入模块);UE(用户设备)。

USIM：用户业务识别模块　　　　RNC：无线网络控制器
EUIC：增强用户身份保密　　　　　VLR：访问位置寄存器
AKA：认证与密钥分配　　　　　　HE：本地环境
UE：用户终端　　　　　　　　　　SGSN：服务GPRS支持节点
UIC：用户与服务网间身份认证　　SN：服务网络
DI：数据完整性　　　　　　　　　HLR：归属位置寄存器
DC：数据加密

图 4-13　3G 系统的安全功能结构图

（2）在服务域（SN）中：RNC（无线网络控制器）；VLR（访问位置寄存器）。

（3）在归属环境（HE）中：HLR/AUC（归属位置寄存器/认证中心）。

水平线表示安全机制，安全措施分为以下 5 类：

（1）增强用户身份保密（EUIC）：通过 HE/AUC（本地环境/认证中心）对 USIM（用户业务识别模块）身份信息进行认证。

（2）用户与服务网间身份认证（UIC）。

（3）认证与密钥分配（AKA）：用于 USIM、VLR/SGSN（访问位置寄存器/服务 GPRS 支持节点）及 HLR（归属位置寄存器）间的双向认证及密钥分配。

（4）数据加密：UE（用户终端）与 RNC（无线网络控制器）间信息的加密。

（5）数据完整性：用于对交互消息的完整性、时效性及源与目的地进行认证。

### 3. 3G 的安全问题

1）3G 系统所面临的安全威胁

3G 系统所面临的安全威胁大致可以分为如下几种：

（1）非法获取敏感数据，攻击系统的保密信息。主要方式有：

① 伪装：攻击者伪装成合法身份，使用户或网络相信其身份是合法的，以此窃取系统的信息。

② 窃听：攻击者未经允许非法窃听通信链路用以获取信息。

③ 业务分析：攻击者分析链路上信息的内容和特点来判断用户所处位置或获取正在进行的重要交易的信息。

④ 泄露：攻击者以合法身份接入进程用以获取敏感信息。

⑤ 浏览：攻击者搜索敏感信息所处的存储位置。

⑥ 试探：攻击者发送信号给系统以观察系统会做出何种反应。

（2）非法访问服务。主要方式有：攻击者伪造成用户实体或网络实体,非法访问系统服务；通过滥用访问权利网络或用户非法得到未授权的服务。

（3）非法操作敏感数据,攻击信息的完整性。主要方式有：攻击者有意篡改、插入、重放或删除信息。

（4）滥用或干扰网络服务而导致的系统服务质量降低或拒绝服务。包括：

① 资源耗尽：服务网络或用户利用特权非法获取未授权信息。

② 服务滥用：攻击者通过滥用某些特定的系统服务获取好处,或导致系统崩溃。

③ 干扰：攻击者通过阻塞用户控制数据、信令或业务使合法用户无法正常使用网络资源。

④ 误用权限：服务网络或用户通过越权使用权限以获取信息或业务。

⑤ 拒绝：网络或用户拒绝做出响应。

（5）否认：网络或用户对曾经发生的动作表示否认。

2）针对 3G 系统的攻击方法

针对 3G 系统的攻击方法主要包含针对系统核心网络的攻击、针对系统无线接口的攻击和针对终端的攻击三种方式。

（1）针对 3G 系统核心网络的攻击包括：

① 非法获取数据。入侵者进入服务网内窃听用户数据、信令数据和控制数据,未经授权访问存储在系统网络单元内的数据,甚至进行主动或被动流量分析。

② 数据完整性攻击。入侵者修改、插入、删除或重放用户控制数据、信令或业务数据,或假冒通信的某一方修改通信数据,或修改网络单元内存储的数据。

③ 拒绝服务攻击。入侵者通过干扰在物理上或协议上的控制数据、信令数据或用户数据在网络中的正确传输,来实现网络中的拒绝服务攻击。或通过假冒某一网络单元来阻止合法用户的业务数据、信令数据或控制数据,使得合法用户无法接受正常的网络服务。

④ 否定。用户否认业务费用、数据来源或接收到的其他用户的数据。网络单元否认发出信令或控制数据,否认收到其他网络单元发出的信令或控制数据。

⑤ 非法访问未授权业务。入侵者模仿合法用户使用网络服务,或假冒服务网以利用合法用户的接入尝试获得网络服务,抑或假冒归属网以获取使他能够假冒某一方用户所需的信息。

（2）针对 3G 系统无线接口的攻击方法主要包括：

① 非法获取非授权数据。入侵者窃听无线链路上的用户数据、信令数据和控制数据,甚至被动或主动进行流量分析。

② 对数据完整性的攻击。入侵者可以修改、插入、重放或者删除无线链路上合法用户的数据和信令数据。

③ 拒绝服务攻击。入侵者通过在物理上或协议上干扰用户数据、信令数据或控制数据在无线链路上的正确传输,来实现无线链路上的拒绝服务攻击。

④ 非法访问业务的攻击。攻击者伪装其他合法用户身份,非法访问网络,或切入用户与网络之间,进行中间攻击。

⑤ 捕获用户身份攻击。攻击者伪装成服务网络,对目标用户发出身份请求,从而捕获用户明文形式的永久身份信息。

⑥ 压制目标用户与攻击者之间的加密流程，使之失效。

（3）针对终端的攻击主要是攻击 USIM 和终端，包括：

① 使用借来的或偷窃的 USIM 或终端；篡改 USIM 或终端中的数据。

② 窃听 USIM 或终端间的通信。

③ 伪装身份以截取 USIM 或终端间交互的信息。

④ 非法获取 USIM 或终端中存储的数据。

与终端安全相关的威胁有：

① 攻击者利用窃取的终端设备访问系统资源。

② 对系统内部工作有足够了解的攻击者可能获取更多的访问权限。

③ 攻击者利用借来的终端超出允许的范围访问系统。

④ 通过修改、插入或删除终端中的数据以破坏终端数据的完整性。

⑤ 通过修改、插入或删除 USIM 卡中的数据以破坏 USIM 卡数据的完整性。

## 4.6　第四代移动通信系统安全展望

目前，移动通信特别是蜂窝移动通信技术是发展速度最快、技术更新最快、市场容量最大的产业。在过去 10 年中，移动电话的增长幅度往往超过预测值。在 20 世纪 90 年代初期，全球的移动通信用户仅仅只有 1000 多户，而 2005 年，移动电话用户数量首次超过固定电话用户数量，成为通信主流。移动通信系统的发展已经历了两代，第一代（1G）移动通信技术是采用模拟技术的语音移动通信，第二代（2G）移动通信技术是采用数字技术的语音移动通信。目前，世界上的移动通信技术处于第二代往第三代的发展中，当然人们在期待第三代移动通信系统带来优质服务的同时，第四代移动通信技术的研究、开发也已在实验室悄然进行。

随着人们的生活空间、活动空间和参与领域的不断扩大，对手机的功能要求已不仅仅是对话和通信，还有许多其他方面的功能需求。要实现这些功能必须要有新型的通信技术来做保证，在这种情况下各种新兴的通信技术就应运而生了。但是，因为各个通信商家的利益得不到很好的协调，这些新兴的通信技术如今已被分化。

然而，统一的呼声在业界仍然留存，希望在未来能够统一被分化的阵营。这种趋势迫使人们考虑新一代的系统，它能在所有的环境和各种移动状态中传输无线多媒体服务，满足用户服务质量（QoS）的要求。目前相互兼容的第四代移动通信标准（亦称为后三代移动通信标准）正在业界萌动。

从移动通信系统数据传输速率的比较来看，第一代模式仅提供语音服务；第二代数字式移动通信系统传输速率也只有 9.6Kbps，最高可达 32Kbps，如 PHS；而第三代移动通信系统数据传输速率可达到 2Mbps；预计，第四代移动通信系统可以达到 10Mbps～20Mbps。虽然第三代移动通信已经比过去的传输速率快上千倍，但是未来仍无法满足多媒体的通信需求，第四代移动通信系统的提出便是希望能满足更大的频宽需求。

### 1. 第四代移动通信（4G）系统

第四代移动通信系统与第三代移动通信系统都是为未来无线通信服务的，将多媒体包括语音、数据、影像等大量信息透过宽频的信道传送出去。可暂且将第四代移动通信系统称为多媒体移动通信(Multi-Mobile Communication),通常也简称为 4G。4G 系统不仅是为了响应用户数的增加,更加重要的是,必须要满足多媒体的传输需求,当然还包括通信品质的要求。总地来说,必须可以容纳庞大的用户数、改善现有通信品质以及达到高速数据传输的要求。4G 系统在业务、功能、频带上都将不同于 3G 系统,4G 的概念也可称为宽带接入和分布式网络,具有非对称的超过 2Mbps/s 的数据传输能力,包括宽带无线固定接入、宽带无线局域网、移动宽带系统和互操作的广播网络(基于地面和卫星系统)。

另外,4G 系统将在不同的固定和无线平台以及跨越不同频带的网络运行中提供无线服务,可以在任何地方宽带接入 Internet,包含卫星通信,能提供信息通信之外的定位、数据采集、远程控制等综合功能。同时,4G 系统将是多功能集成的宽带移动通信系统,是宽带接入IP 系统。

4G 技术目前还只是一个基本概念,就是无线互联网技术,但可以肯定的是,随着Internet 的高速发展,4G 技术也会继续高速发展;计算机日趋小型化、简便化,最终将所有技术整合为一个类似 PDA 的产品;卫星通信和空间技术会成为常用技术,而移动通信应用的相关技术,如更高频宽的应用、智能信号处理技术、业务功能综合能力、网络技术及卫星技术等亦将急速发展。

4G 技术与 3G 技术相比,除了通信速度大为提高之外,还可以借助 IP 进行通话。4G技术的国际标准化作业将由国际电联的无线部门负责实施。

**2. 4G 技术的特点**

与 2001 年内推出的 3G 移动通信服务相比,4G 技术更为复杂,并且有许多超越之处。4G 技术的主要特点有:

(1) 高速率。4G 移动通信技术的信息传输速率要比 3G 高一个等级,要超过 UMTS,即从 2Mbps 提高到 10Mbps,其最大的传输速度将是目前 i-mode 服务的 10 000 倍。

(2) 技术发展以数字宽带技术为主。在蜂窝通信中,信号以毫米波为主要传输波段,蜂窝小区也会相应小很多,这会大大提高用户容量,但同时也将引起一系列技术上的难题。

(3) 灵活性较强。虽然 3G 的速率已有很大的提高,但仍不能很好地动态分配资源,大流量时系统利用率仍比较低。而 4G 系统拟采用智能技术使其能自适应地进行资源分配,能够调整系统对通信过程中变化的业务流大小进行相应处理而满足通信要求,采用智能信号处理技术对信道条件不同的各种复杂环境都能进行信号的正常发送与接收,有很强的智能性、适应性和灵活性。

(4) 兼容性好。3G 的初衷是希望统一全球纷杂的移动通信技术,但是,因为各个商家的利益得不到很好的协调而分化成如今三大阵营。目前 ITU 承认的,在全球已有相当规模的移动通信标准共有 GSM、CDMA 和 TDMA 三大分支,每个分支都在抢占市场。这三大分支,取消哪个也不可能,看来只有通过第四代移动通信标准的制定来解决兼容问题。

(5) 用户共存性。4G 中的移动通信技术能根据网络的状况和变化的信道条件进行自适应处理,使低速与高速的用户和各种各样的用户设备能够并存与互通,从而满足系统多类型用户的需求。

(6) 业务的多样性。在未来的全球通信中,人们所需的是多媒体通信、个人通信、信息系统、广播和娱乐等各行业将会结合成一个整体,提供给用户比以往更广泛的服务与应用;

系统的使用会更加安全、方便与更加照顾用户的个性。4G 技术能提供各种标准的通信业务,从而满足宽带和综合多种业务需求。

（7）较好的技术基础。4G 技术将以几项突破性技术为基础,例如 OFDM 技术、无线接入技术、光纤通信技术、软件无线电技术等,能大幅提高无线频率的使用效率和系统可实现性。

（8）随时随地的移动接入。在 4G 系统中利用先进的无线接入技术,提供语音、高速信息业务、广播以及娱乐等多媒体业务接入方式,让用户可在任何时间、任何地点接入到系统中。

（9）自治的网络结构。4G 系统的网络将是个完全自治、自适应的网络,它可以自动管理、动态改变自己的结构以满足系统变化和发展的要求。

### 3.4G 系统网络体系结构

在 4G 系统中,各种针对不同业务的接入系统通过多媒体接入系统连接到基于 IP 的核心网中,形成一个公共的、灵活的、可扩展的平台,其网络体系结构如图 4-14 所示。

图 4-14　4G 系统网络体系结构

从图 4-14 中可看出,基于 IP 技术的网络结构使得用户在 3G、4G、WLAN、固定网之间无缝漫游可以实现。可将 4G 系统网络体系结构分为 3 层,如图 4-15 所示。

从图 4-15 可看出,上层是应用层,中间是网络业务执行技术层,下层是物理层。物理层提供接入和选路功能,中间层作为桥接层提供 QoS 映射、地址转换、即插即用、安全管理、有源网络。物理层与中间层提供开放式 IP 接口,应用层与中间层之间也可提供开放式接口,用于第三方开发和提供新业务。

### 4.4G 系统的展望

从 4G 系统的发展前景来看,其技术的研究在未来几年内将取得很大进展。4G 技术除4G OFDM 和智能天线等核心技术之外还包含一些相关技术。

1）交互干扰抑制和多用户识别

待开发的交互干扰抑制和多用户识别技术应成为 4G 系统的组成部分,它们以交互干

图 4-15　4G 系统的网络体系分层

扰抑制的方式被引入到基站和移动电话系统,用来消除不必要的邻近和共信道用户的交互干扰,确保接收机的高质量接收信号。这种组合将满足更大用户容量的需求,还能增加覆盖范围。交互干扰抑制和多用户识别技术的结合将大大减少网络基础设施的部署,确保业务质量的改善。

2) 可重构性/自愈网络

在 4G 无线网络中将采用智能处理器,它们将能够处理节点故障或基站超载。网络各部分采用基于知识解答的装置,安装在无线网络控制器上,能够纠正网络故障。

3) 微无线电接收器

微无线电接收器将是未来 4G 系统中要研究的另一个重点,它们是嵌入式无线电,例如蓝牙,在智能和功耗方面都得到改善。无线电装在一个单片上,采用这种技术,功耗是采用现有技术的 $1/10 \sim 1/100$。

4) 无线接入网(RAN)

4G 系统不仅高速度而且大容量、低比特成本,能够支持 2015 年后的业务,这些要求将使得 4G RAN 不同于目前的 RAN,在结构上必然是革命性的。4G 蜂窝系统的无线接入网络技术的发展趋势是电路交换向基于 IP 分组交换发展,宏小区向微小区发展,设备分集向网络分集发展。基于 IP 分组业务不仅影响无线电传输协议,还影响 RAN 的选路和切换策略。这种基于 IP 技术的网络架构使得在 3G、4G、WLAN、固定网之间漫游得以实现,并支持下一代 Internet,包括 IPv6 和组播业务。

从 4G 的核心技术 OFDM 来看,其面临很好的机遇,因为 OFDM 已经获得了许多通信业界巨头的一致支持,其中包括朗讯、思科、飞利浦半导体和诺基亚,而且在这些公司最近的宣传中,都列举了 OFDM 优越于 CDMA 的种种特点,并显示了他们对 OFDM 成为第四代移动通信最终标准的强烈信心。

在欧洲地区,无线本地环路与数字音讯广播已针对其室内应用而进行了相关的研发,测试项目包括 10Mbps 与 MPEG 影像传输应用,而 4G 通信技术则将会是现有两项研发技术的延伸,先从室内技术开始,再逐渐扩展到室外的移动通信网路。目前第四代移动通信的频段还是以高频段频谱为主,另外也将会使用到微波相关的技术与频段。

也有不少业内人士认为,尽管 4G 通信技术有着比 3G 更强的优越性,可要是把 4G 投入到实际应用,需要对现有的移动通信基础设施进行更新改造,这将会引发一系列的资金、观念等问题,从而在一定程度上会减缓 4G 正式进入市场的速度。相信在不久的将来,4G 在业务、功能、频宽上均有别于 3G,应该会将所有无线服务综合在一起,能在任何地方接入 Internet,包括定位定时、数据收集、远程控制等功能。移动无线 Internet 的覆盖范围将会是无边无际的。所以,4G 系统将会是多功能集成的宽带移动通信系统,是宽带接入 IP 的系统,是新一代的移动通信系统。

## 4.7　本章小结

本章从第二代移动通信系统开始,先详细介绍了 GSM 系统,包括 GSM 系统的构成、主要特点及其安全特性,并且对 GSM 系统的安全机制进行了详细分析,介绍了 GSM 系统中可能出现的安全问题,主要包括,在 GSM 系统中的用户鉴权是单向的,只有网络对用户的认证,而没有用户对网络的认证以及 SM 系统只是在接入网中进行了加密,在核心网中没有采取加密等安全措施,因此在核心网络的网元间,信令消息和数据都采用明文传输,容易被窃听等。之后,详细讲解了通用分组无线业务(GPRS),它是在 GSM 网络基础上构建的满足分组业务服务需求的无线通信网络。GPRS 是叠加在 GSM 网络之上的移动通信增值服务网络,其网络通信的数据安全性首先依赖于移动网络自身的安全机制。GPRS 通过综合用户鉴权、数据加密、信息容灾以及合理设置防火墙等可靠性与安全技术手段,确保移动用户安全有效的数据业务传输。在保证 GPRS 网络性能的前提下,实施基于通信协议不同层次的全方位访问控制、数据保密与信息备份策略。

随后介绍了 UMTS,它是由 GSM 扩展改进而来的,正因为如此,GSM 中的基本接入安全机制正是 UMTS 接入安全的基础。当然,UMTS 的安全体系结构的设计目标并不局限于 GSM 中已有的安全解决方案,对 GSM 的安全机制做了多项改进。还介绍了目前广泛应的第三代移动通信系统以及它的安全特点,第三代移动通信系统在原有的基础上添加了很多安全机制以确保网络的安全,但是依旧面临多种威胁。最后介绍了包括 4G 在内的未来移动通信系统的概况及可能的发展方向,相信在不久的将来,4G 在业务、功能、频宽上均有别于 3G,应该会将所有无线服务综合在一起,能在任何地方接入 Internet,包括定位定时、数据收集、远程控制等功能。移动无线 Internet 的覆盖范围将会是无边无际的。所以,4G 将会是多功能集成的宽带移动通信系统,是宽带接入 IP 的系统,是新一代的移动通信系统。

# 思考题

1. GSM 系统的主要特点有哪些？
2. 如何保障 GSM 系统的安全保密性能？
3. 请简要介绍 GPRS 的安全防火墙技术。
4. UMTS 的安全机制的主要原则是什么？
5. 简要介绍第三代移动通信的主要技术。

# 参考文献

[1]  宁涛. UMTS 系统接入安全机制的研究[硕士学位论文]. 武汉：中国地质大学,2008.
[2]  邓智华. 移动通信网络的安全与策略[硕士学位论文]. 北京：北京邮电大学,2007.
[3]  牛静媛. 移动通信安全性分析[硕士学位论文]. 北京：北京邮电大学,2008.
[4]  毛光灿. 移动通信安全研究[硕士学位论文]. 成都：西南交通大学,2003.
[5]  朱红儒,肖国镇. 基于整个网络的 3G 安全体质的设计与分析. 通信学报,2002,23(4).
[6]  赵丽萍. GPRS 移动通信网络安全策略研究. 微计算机信息,2004,8.
[7]  韩斌杰. GPRS 原理及其网络优化. 北京：机械工业出版社.2003.
[8]  Xavier Lagrange 著. GSM 网络与 GPRS. 顾肇基译. 北京：电子工业出版社,2002.
[9]  吴文,李旭. GSM 和 UMTS 网络安全性的比较研究. 现代通信技术,2005.
[10]  张梁,卢军. UMTS 接入的安全性研究. 通信技术,2005.
[11]  谢军伟,李小文. UMTS 系统接入安全技术的研究. 重庆邮电学院学报：自然科学版,2006,18.
[12]  余海燕. 第三代移动通信系统全网安全的研究与策略[D]. 青岛：中国海洋大学,2009.
[13]  鲜鹏. 第三代移动通信系统信息安全机制研究. 重庆邮电学院学报：自然科学版,2008.
[14]  卢军. 移动通信发展的现状及未来趋势. 技术论坛,2005.
[15]  彭艺,查光明. 第四代移动通信系统及展望. 电信科学,2005.
[16]  苏锐. 第四代移动通信系统(4G)关键技术综述. 科技资讯,2005,25.
[17]  尤肖虎. 未来移动通信技术发展趋势与展望. 电信计算,2003,6.
[18]  李维科,李方伟. UMTS 的接入安全研究. 江西通信科技,2004,(4).
[19]  彭艺,查光明. 第四代移动通信系统及展望. 电信科学,2002,18(6).
[20]  刘颖,杨家玮. UMTS 系统体系结构及应用. 电子科技,2002,(3).
[21]  钟杏梅,蔡国权,牛思霞. 第三代移动通信的系统组成与主要技术. 无线通信技术,2000,9(4).
[22]  张堃. 移动通信网络安全策略研究[D]. 武汉：华中科技大学,2006.
[23]  张媛. 第三代移动通信系统安全技术研究[D]. 大庆：大庆石油学院,2005.
[24]  刘建华. 4G 移动通信特点和技术发展综述. 电脑知识与技术,2004,(10).
[25]  钱芳. 移动通信系统的安全性研究. 计算机安全,2012,(4).
[26]  夏坚. 通信安全性试验的现状、问题和对策. 硅谷,2011,(20).

# 第5章

# 移动用户的安全和隐私

移动通信系统从最初的模拟系统发展到现在的第三代移动通信系统,移动用户一直都受到安全问题的困扰。无线信道的开放和不稳定的物理特性,以及移动安全协议本身存在的诸多漏洞,使得移动通信系统更容易受到攻击。近年来,随着诸如短消息、WAP 应用、GPRS 业务等移动增值服务的迅速发展,这些数据业务比语音业务更容易受到来自安全方面的威胁。本章主要介绍了现在移动系统中,移动用户面临的几个主要的问题,以及移动系统中常见的几种认证机制、信任机制以及当前对与位置隐私问题的主流处理方式。

## 5.1 移动用户面临安全问题概述

当前社会,手机已经是一个无处不在的辅助工具,而且手机除了提供语音通话以及常用的短信功能之外,也经常可以连接到多种不同的网络中,使用各种各样的网络服务。无线电频率识别(Radio Frequency Identification,RFID)即将进入我们的生活,在日常应用中扮演越来越重要的角色。各种各样的电子数据设备在日常生活中越来越重要,它们不再像以前那样仅仅被某些社会的精英阶层所使用,现在已经走入寻常百姓家中,发展成为网络的一个重要部分。我们可以通过移动无线网络随时随地地访问相应的网络资源或者网络服务。工程师在设计应用程序的时候,也会开始考虑无线网络的移动性等特点。根据这些设备和应用的发展趋势,我们有理由对移动无线网络的明天有更大的期望。

然而,智能手机和移动互联网的快速增长提供了一个更加开放的平台,同时也引发了各种安全隐患。为了解决多种安全问题,各种各样的一些解决方案如:加密、虚拟专用网络、创建数字认证等被陆续提出,但这些都几乎不能解决我们面临的所有安全问题。几年前,也许是因为一些意外或者愚蠢的行为,当时允许计算机随意地进入一个网络环境中,而不需要过多的验证,导致了"冲击波"蠕虫病毒能顺利地穿越防火墙。最近发现了以 PC 的蠕虫病毒为蓝本的针对智能手机的蠕虫病毒。谁知道在这样一个资源丰富、功能强大的无线网络之中,还会发生什么令人不愉快的意外呢?

由于无线网络部署的增加,出现了一些有别于传统网络的新的安全挑战,如为了抵抗拒绝服务攻击,要求无线用户不能再使用和有线网络相同的控制接口。为了更好地抵抗安全威胁,需要设计适用于无线环境的安全机制。在无线环境下,用户隐私问题也会变得越来越重要。屡见不鲜的身份盗窃报道,说明隐私威胁已经渗透到了普通用户。

身份认证也是无线网络安全中一个极为重要的内容。用户在使用无线网络进行交互和通信的时候,有时候需要对对方的身份进行确认,由于无线网络的特殊性,我们无法直接面对面地来确认用户的身份,在这种情况下,必须有一种方式可以使得用户放心地进行交流。最为常见的情况就是用户在网上购物的时候,我们只有在确认卖家身份真实可靠的情况下才会进行付款。此时,我们需要一种健全的认证机制来验证对方的合法身份。

在这一章中,我们主要针对移动用户的身份认证和位置隐私两大方面加以阐述。

## 5.2　实体认证机制

认证指的是验证和确认通信方的身份,目的在于建立真实的通信,防止非法用户的接入和访问。认证可以分为数据源认证和实体认证;数据源认证是验证通信数据的来源;实体认证目的在于证明用户、系统或应用所声明的身份,确保保密通信双方是彼此想要通信的实体,而不是攻击者。另外,为了保证后续通信的消息的机密性,认证通信需要双方进行会话密钥的协商,在实体间安全地分配后续通信的会话密钥、确认发送或接收消息的机密性、完整性和不可否认性。

在移动环境中,为保护通信双方的合法性和真实性,认证尤为重要,它是其他安全策略的基础。传统的认证机制大部分是基于静态网络和封闭系统的,通常都有一个信任授权中心,系统中通信双方是假设事先登记注册的,认证是以用户身份为中心的。移动环境的开放性、跨域性、移动性使通信双方预先登记注册的方式不能正常工作,而且用户身份可能是匿名的、经常变化的。因此,无法预先定义安全连接,需要建立动态的认证机制。在移动环境下隐私和安全是两个很重要但又相互矛盾的主体,服务提供者希望用户提供尽可能多的信息对其进行身份认证,但用户在享用服务的同时希望其隐私、身份信息尽可能地得到保护,不希望提交一些敏感信息,也不希望被监听到他们所在的位置、所做的事情。

### 5.2.1　域内认证机制

一个典型的普适环境的域内应用场景如图 5-1 所示,该系统包含 3 个实体:服务使用者,即移动用户(User,U)、服务提供者(Service Provider,SP)、后台认证服务器(Authentication Server,AS)。U 向 SP 提出服务请求,SP 需要对 U 进行认证;SP 转发对 U 的认证请求给 AS,同时递交自己的认证信息;AS 对 SP 和 U 认证通过后,双方进行密钥协商,保证 U 和 SP 后续通信的机密性。

**1. 域内实体认证协议的目标**

针对图 5-1 所示的应用场景,可以看出域内实体认证协议的目标如下:

(1) 匿名双向认证:移动用户和服务提供者在没有泄露自己真实身份信息的基础上,向彼此证明自己的合法性。

(2) 不可关联性:同一个用户与不同的服务提供者之间的多个通信会话没有任何关联性。服务提供者和攻击者都不能把某个会话和某个用户关联上;服务提供者和攻击者不能把两个不同会话关联到同一个用户上。

(3) 安全密钥协商:用户和服务提供者之间协商建立起会话密钥,保证后续通信的机密性、完整性、不可否认性,抵抗重放攻击、在线和离线攻击。

(4) 上下文隐私:实现 MAC 地址隐藏,保证数据链路层的匿名通信,令攻击者无法确定通信双方的真实身份,无法对用户进行跟踪,保护用户上下文信息的隐私,能更好地抵抗攻击者的被动攻击和 DoS 攻击。

(5) 轻量型:考虑普适设备的资源有限性,协议应该是轻量型的,计算量、存储量和通信量应该较小。

图 5-1    域内应用场景

针对以上域内认证协议目标,以下先介绍利用 MAC 地址隐藏技术实现双方在数据链路层的匿名通信;之后详细介绍一个域内认证协议,整个协议具有抗攻击性强、计算量小、处理速度快、带宽要求较低的优点,适合移动环境下的资源有限的特点。

### 2. MAC 地址隐藏

MAC(Media Access Control)地址也叫硬件地址或者网卡的物理地址,是在媒体接入层使用的地址。由 48bit 长(6 字节)的十六进制的数字组成,烧录在网卡的 EPROM 里,其中,0~23bit 是生产厂家向 IEEE 申请的厂商地址,代表厂商号,第 24~47 位是由厂家分配的设备号,自行定义。在网络底层的物理传输过程中,通过物理地址来识别主机的身份,MAC 地址就如同人类的身份证号码,具有全球唯一性。通信双方的 MAC 地址填充在数据链路层帧头部信息里,作为数据链路层的寻址方式。无论对称加密方式还是非对称加密方式,只是对帧里封装的应用层数据进行加密,帧的头部信息以明文形式进行传送。攻击者无法获得密钥时,不能解密应用层的数据,但 MAC 实名通信无法抵抗被动攻击。攻击者根据 MAC 帧的头部信息对用户进行跟踪,就可以快速掌握网络流量的实时状况,网内应用及不同业务在不同的时间段的使用情况。例如,攻击者对用户频繁访问的站点发起拒绝服务(DoS)攻击,从而破坏用户的正常通信。

MAC 地址的更换是无线网络中保护位置隐私的一个重要研究领域,目前为了保护通信双方的位置隐私,MAC 地址采取了动态更换的解决方法。用户或服务提供者去注册后,注册服务器会给其分配一个随机的未被使用过的 MAC 地址作为初始地址。当收到地址解析请求包时,用该 MAC 地址作为应答。当双向认证通过后,通信双方在派生后续通信的会话密钥时,也会协商出后续通信用的 MAC 地址。当一个用户与多个不同服务提供者同时通信时,该用户将同时采用多个不同 MAC 地址,这样攻击者就无法对用户进行跟踪掌握其通信状况,因此 MAC 地址的更换更好地保护了用户的位置隐私等上下文信息。

**3. 域内匿名认证与密钥派生协议流程**

这里介绍的域内匿名认证与密钥派生协议包含注册阶段和匿名认证与密钥派生阶段。在用户注册阶段,利用生物加密算法生成生物密文,实现生物特征和密钥的绑定。在认证和密钥派生阶段,利用生物密文和用户的生物特征对密钥加以释放,从而验证用户的身份。然后,基于 AMP(Authentication and Key Agreement via Memorable Password)协议派生了后续通信用的会话密钥和后续通信用的 MAC 地址。在整个认证和密钥派生阶段,用户均采用虚假 MAC 地址进行通信,实现了真正的数据链路层匿名机制。域内匿名认证与密钥派生协议描述中所用的参数如表 5-1 所示。

表 5-1　域内匿名认证与密钥派生协议的参数定义

| 符　号 | 意　义 |
| --- | --- |
| $ID_x$ | 实体 X 的标识 |
| $Bioscrypt_x$ | 实体 X 的生物密文 |
| $face_x$ | 实体 X 的脸部特征向量 |
| $num_x$ | 实体 X 注册时,认证服务器生成的对应整数 |
| $ID_x$ | 实体 X 的标识 |
| $Key_x$ | 实体 X 的生物密文对应的密钥 |
| $K_A, K_A^{-1}$ | 实体 A 的公钥和私钥 |
| $\{m\}K$ | 消息 m 被密钥 K 加密 |
| $h()$ | 单向哈希函数 |
| $rand_{x(n)}$ | 实体 X 第 $n$ 次产生的随机数 |
| G | 椭圆曲线的基点 |
| $X \rightarrow Y: \{m\}$ | 实体 X 给实体 Y 发消息 m |

1) 注册阶段

注册阶段,认证服务器给用户生成如下信息:

(1) 对应的公钥和私钥对。

(2) 标识 $ID_u$。

(3) 使用生物加密算法,给每一个前来注册的移动用户生成生物密文 $Bioscrypt_u$,生物密文作为认证服务器颁发给用户的证书,不同证书可以对应不同的访问控制策略。认证服务器存储的是生成生物密文所用的密钥哈希值,不会出现生物模板泄露的问题,生物特征隐私被保护的同时,又减轻了认证服务器的存储负担。

(4) 随机生成一个以前未必使用过的 MAC 地址作为首次通信的硬件地址。

当服务提供者由移动用户充当时,注册信息如上所述。当服务提供者由固定设备充当时,注册时获得如下信息:

(1) 对应的公钥和私钥对。

(2) 标识 $ID_{sp}$。

（3）认证服务器将会给他分配独一无二的随机数 $num_{sp}$，$num_{sp}$ 由服务提供者安全保管，认证服务器存储 $h(num_{sp})$。

（4）随机生成一个以前未必使用过的 MAC 地址作为首次通信的硬件地址。

2）匿名认证与密钥派生阶段

该阶段可以细分为两个子阶段：双向匿名认证阶段和密钥派生阶段。以下步骤①～⑨，描述了域内匿名认证和密钥派生协议的整个流程，其中步骤①～④属于双向匿名认证阶段，步骤⑤～⑨属于密钥派生阶段。在匿名认证阶段，生物加密算法保护了生物模板的隐私；在密钥派生阶段，基于 AMP 协议产生后续通信会话密钥，并在步骤⑧和⑨派生出后续通信的 MAC 地址，真正实现了数据链路层匿名。

（1）双向匿名认证。

当服务提供者不是由移动用户而是由一些固定移动设备（如打印机）充当时，双向匿名认证阶段流程如图 5-2 所示。具体步骤如下：

步骤① U→SP：$h(ID_u) \| \{Bioscrypt_u, face_u, ID_u, rand_{u(1)}\} K_{AS}$。

图 5-2　域内双向匿名认证流程

步骤② SP→AS：$h(ID_u) \| \{Bioscrypt_u, face_u, ID_u, rand_{u(1)}\} K_{AS} \| h(ID_{sp}) \| \{ID_{sp}, num_{sp}, rand_{sp(1)}\} K_{AS}$。

SP 从步骤①收到消息之后，同时附加自己的认证信息，转发给 AS。

步骤③ 首先，AS 对消息 $\{ID_{sp}, num_{sp}, rand_{sp(1)}\} K_{AS}$ 解密得到 $num_{sp}$，根据 $ID_{sp}$ 如果能找到匹配的 $h(num_{sp})$，则 SP 被 AS 证明是合法的。然后，AS 对消息 $\{Bioscrypt_u, face_u, ID_u, rand_{u(1)}\} K_{AS}$ 解密得到 $Bioscrypt_u$ 和 $face_u$，运用生物加密算法得到 $Key'_u$，如果 $h(Key'_u) = h(Key_u)$，则 U 被 AS 证明是合法的。

由于光照和姿势的不同,每次用户采样得到的脸部特征向量都不尽相同,因此脸部识别精度无法达到100%。当生物认证失败时,为了提高对移动用户认证的可靠性,进行如下三步措施进行补救:

第一,AS→U:$h(ID_u)\|\{C, rand_{u(1)}\}K_U$,其中 $rand_{as}$ 为 AS 产生的随机数,$C=$Bioscrypt$_u \oplus rand_{as}$。

第二,如果 U 解密得到的 $rand_{u(1)}$ 正确,则证明 AS 合法。U 计算 $rand'_{as}=C \oplus$ Bioscrypt$_u$,然后发送如下消息:U→AS:$h(h(ID_u) \oplus ID_u)\|\{C, rand'_{as}\}K_{AS}$。

第三,AS 接收到上个步骤的消息,如果 $rand'_{as}$ 等于 $rand_{as}$,并且 $h(C, rand'_{as})$ 等于 $h(C, rand_{as})$,则 U 被证明是合法的。

步骤④ 在步骤①~③中,AS 完成了对 U 和 SP 合法身份的认证,为了抵抗重放攻击和拒绝服务攻击,AS 将 $h(num_{sp})$ 替换成 $h(h(num_{sp}))$。然后发送如下消息:AS→U:$h(h(ID_u) \oplus ID_u)\|\{rand_{u(1)}, rand_{sp(1)}\}K_U$。

AS→SP:$h(ID_{sp})\|\{rand_{u(1)}, rand_{sp(1)}\}K_{SP}$。

在双向匿名认证过程中,AS 协助 SP 完成了对 U 的认证,减少了 SP 的工作负担。当 SP 由移动用户充当时,SP 需要提交生物特征等信息进行认证,AS 对 SP 的认证与上述流程中对 U 的认证方法相同。

(2)密钥派生。

当 U 和 SP 收到步骤④的信息时,分别对随机数 $rand_{u(1)}$ 和 $rand_{sp(1)}$ 验证,验证通过则进入密钥派生阶段,处理流程如图 5-3 所示。

图 5-3 密钥派生阶段流程

步骤⑤ SP 用 $h(\mathrm{num}_{sp})$ 代替 $\mathrm{num}_{sp}$，计算 $S = \mathrm{rand}_{u(1)} \times \mathrm{rand}_{sp(1)}$，$V = S \times G$，$Q_{sp} = G \times r_{sp}$，其中 $r_{sp}$ 为一随机数，然后发送：

SP→U：$h(S) \| \{Q_{sp}, \mathrm{rand}_{sp(2)}\}V$。

步骤⑥ U 计算 $S = \mathrm{rand}_{u(1)} \times \mathrm{rand}_{sp(1)}$，$V = S \times G$。解密消息⑤得到 $Q_{sp}$，计算 $e_1 = h(Q_{sp})$ 和 $Q_u = (Q_{sp} \times e_1 + V) \times \mathrm{rand}_{u(2)}$，发消息：U→SP：$h(S) \| \{Q_u, \mathrm{rand}_{u(2)}\}V$。

步骤⑦ SP 计算出 $e_2 = h(Q_{sp}, Q_u)$，$\omega = (\mathrm{rand}_{sp(2)} \times e_1 + S)^{-1}(\mathrm{rand}_{sp(2)} + e_2)$，$K = h(Q_u, \omega)$，$M_1 = h(Q_{sp}, K)$，发送：SP→U：$h(h(S) \oplus S) \| \{M_1, \mathrm{rand}_{u(2)}\}V$。

步骤⑧ U 计算 $e_2 = h(Q_{sp}, Q_u)$，$K' = h((Q_{sp} + G \times e_2) \times \mathrm{rand}_{u(2)})$，$M'_1 = h(Q_{sp}, K')$。如果 $M'_1 = M_1$，则用户知道 $K' = K$，并计算 $M_2 = h(Q_u, K')$ 发送给 SP：U→SP：$h(h(S) \oplus S) \| M_2$。同时计算 $\mathrm{Link} = h(\mathrm{rand}_u \| \mathrm{rand}_u \| K)$，其中后面 48bit 作为 U 后续通信的 MAC 地址。

步骤⑨ SP 收到后计算 $M'_2 = h(Q_u, K)$，如果 $M'_2 = M_2$，则 SP 知道 $K' = K$。计算 $\mathrm{Link} = h(\mathrm{rand}_u \| \mathrm{rand}_u \| K)$，其中前 48bit 作为自身后续通信的 MAC 地址。

## 5.2.2　域间认证机制

移动环境下，移动用户经常从一个区域移动到另外一个区域。假定每个用户只能去一台认证服务器注册自己的身份，则该服务器所在的区域可以看成用户的本域。来源于不同本域的两个用户之间的认证属于域间认证。

假定每个医院可以看作一个认证区域，内部员工需要在自己所属单位进行注册。医生 A 工作在医院 X，要去医院 Y 和医生 B 讨论一些技术问题。他正在去往医院 Y 的路上，他们想事先交换一些临床数据，这样可以节省后续讨论时间。A 和 B 从未见过面，互相不清楚对方身份，需要相互认证才能进行通信。该场景对应图 5-4 所示，该系统包含 4 个实体：实体 A 是先在区域 1 内注册过的，SA 是 A 的认证服务器，区域 1 称为 A 的本域；B 是先在区域 2 内注册过的，SB 是 B 的认证服务器。移动用户 A 向服务提供者 B 提出服务请求，服务提供者 B 向 SB 请求认证 A，并提交自己的认证信息。SB 根据 A 的本域，向 SA 请求对 A 的认证，如果 SA 对 A 成功认证，意味着 B 相信了 A 的合法性。A 和 B 双向认证完成后，继续协商会话密钥以保证后续通信的机密性。

### 1. 域间实体认证协议的主要目标

针对图 5-4 的应用场景，可以看出域间实体认证协议的主要目标如下：

（1）匿名双向认证：首先需要完成域内实体间认证，然后完成域间注册服务器间的认证、服务提供者之间的认证。需要保证在没有泄露自己真实身份信息的基础上，向彼此证明自己的合法性。

（2）不可关联性：同一个用户与不同的服务提供者之间的多个通信会话没有任何关联性。服务提供者和攻击者都不能把某个会话和某个用户关联上；服务提供者和攻击者不能把两个不同会话关联到同一个用户上。

（3）安全密钥协商：移动用户和不在同一域内的服务提供者 B 之间协商建立起会话密钥，保证后续通信的机密性、完整性、不可否认性，抵抗重放攻击、在线和离线攻击。

（4）上下文隐私：实现 MAC 地址隐藏,保证数据链路层的匿名通信,令攻击者无法确定通信双方的真实身份,无法对用户进行跟踪,保护用户上下文信息的隐私,能更好地抵抗攻击者的多种攻击。

（5）轻量型和低时延：考虑普适设备的资源有限性,协议应该是轻量型的,计算量、存储量和通信量应该较小。跨域认证参与的实体比较多,双方认证服务器均可能参与认证,消息流数目相比域内多,因此需要尽量降低实体与其注册服务器的交互,降低延迟。

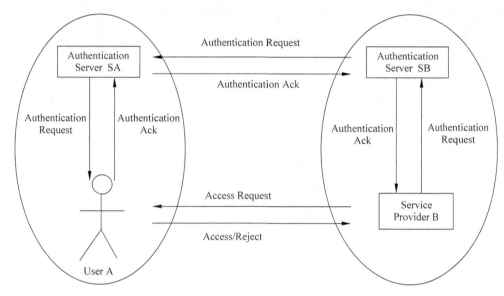

图 5-4　域间应用场景

为了实现上述要求,域间认证首先可以使用上节介绍的域内认证的方法分别完成各自域内实体的认证,同样采用生物加密技术进行实体认证,然后进行域间的实体认证。为了减轻移动设备的计算量,把大部分认证工作转移到认证服务器执行,增加两个区域的认证服务器的交互。设计 MAC 地址隐藏技术实现双方在数据链路层的匿名通信,使用签密技术派生出后续通信的会话密钥。签密技术可以在一个逻辑步骤内同时完成加密和数字签名二者的功能,它所花费的代价（计算量、存储量）要小于先签名后加密或先加密后签名方案,是实现既保密又认证的传输及存储信息的较为理想的方法,派生出的后续通信的会话密钥保证后续消息的机密性、完整性和不可否认性。

### 2. 域间匿名认证与密钥派生协议流程

这节介绍域间匿名认证与密钥派生协议,包含用户注册阶段和匿名认证与密钥派生阶段。在用户注册阶段,利用生物加密算法生成生物密文,实现生物特征和密钥的绑定。在认证和密钥派生阶段,在 SA 和 SB 的帮助下,A 和 B 完成双向认证。然后,基于签密技术派生出后续通信用的会话密钥和后续通信用的 MAC 地址。在整个认证和密钥派生阶段,用户均采用虚假 MAC 地址进行通信,实现了真正的数据链路层匿名机制。域间匿名认证与密钥派生协议描述中所用的参数和域内认证时所用参数的意义相同,具体参见表 6-1。

　　域间认证的注册阶段和域内认证的相似，都分为用户向服务器注册以及服务器由移动用户充当时两种情况，具体的注册过程可以参考前面的域内认证的注册阶段。

### 3. 匿名认证与密钥派生阶段

　　该阶段可以细分为两个子阶段：双向匿名认证阶段和密钥派生阶段。以下步骤①～⑩描述了域间匿名认证和密钥派生协议的整个流程，其中步骤①～⑧属于匿名认证阶段，步骤⑨和⑩属于密钥派生阶段。在匿名认证阶段，生物加密算法保护了生物模板的隐私；在密钥派生阶段，基于签密技术产生后续通信会话密钥，并在步骤⑨和⑩派生出后续通信的MAC 地址，真正实现了数据链路层匿名。

#### 1) 匿名认证阶段

　　(1) 实体 A 和 B 认证，需要双方服务器 SA 和 SB 的协助，A 和 B 的认证以 A 和 SA 的成功认证、SA 和 SB 的成功认证、B 和 SB 的成功认证为基础，如图 5-5 所示。

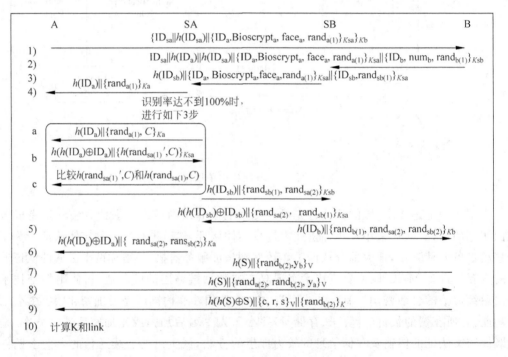

图 5-5　域间匿名认证与密钥派生协议流程 I

　　(2) SB 对 B 的认证。

　　步骤①　A→B：$ID_{sa}||h(ID_{sa})||h(ID_a)||\{ID_a, Bioscrypt_a, face_a, rand_{a(1)}\}K_{SA}$。

　　A 向 B 发起访问请求，包括 SA 的标识符、标识符的哈希值、请求 SA 认证的消息。

　　步骤②　B→SB：$ID_{sa}||h(ID_{sa})||h(ID_a)||\{ID_a, Bioscrypt_a, face_a, rand_{a(1)}\}K_{SA}||h(ID_b)||\{ID_b, num_b, rand_{b(1)}\}K_{SB}$。

　　B 转发从 A 收到的消息，并附加自己的认证请求消息给 SB。

　　步骤③　SB 收到消息②后，如果 $ID_{sa}$ 的哈希值等于 $h(ID_{sa})$，并且 $h(ID_{sa})$ 与 $h(ID_{sb})$ 一致，则说明 A 和 B 同属于一个认证服务器，执行域内认证。

　　否则，执行域间认证。SB 对消息 $\{ID_b, num_b, rand_{b(1)}\}K_{SB}$ 解密得到 $ID_b$ 和 $num_b$，$ID_b$ 的

哈希值等于收到消息中的 $h(ID_b)$，则消息传输中没有被篡改。如果 $h(num_b)$ 等于用户 B 在注册时产生的哈希值，则 SB 对 B 认证通过。发送消息：

$$SB \rightarrow SA: h(ID_{sb}) || \{ID_{sb}, rand_{sb(1)}\} K_{SA} || \{ID_a, Bioscrypt_a, face_a, rand_{a(1)}\} K_{SA}$$

如果 B 不合法，则协议结束。

（3）SA 对 A 的认证。

步骤④ SA 对消息 $\{ID_{sb}, rand_{sb(1)}\} K_{SA}$ 进行解密，得到随机数 $rand_{sb(1)}$ 和 $ID_{sb}$，利用 $ID_{sb}$ 的哈希值判断消息是否被篡改，然后产生 $rand_{sa(2)}$。

$$SA \rightarrow SB: h(ID_{sb}) || \{rand_{sa(2)}, rand_{sb(1)}\} K_{SB}$$

SA 对消息 $\{ID_a, Bioscrypt_a, face_a, rand_{a(1)}\} K_{SA}$ 进行解密得到，判定得到 $Bioscrypt_a$ 和 $face_a$，利用生物加密技术对用户 A 进行认证。

（4）SA 和 SB 之间的双向认证。

步骤⑤ 如果 SB 解密得到的 $rand_{sb(1)}$ 正确，则说明 SA 合法，然后：

$$SB \rightarrow SA: h(h(ID_{sb}) \oplus ID_{sb}) \{rand_{sa(2)}, rand_{sb(1)}\} K_{SA}$$

$$SB \rightarrow B: h(ID_b) || \{rand_{b(1)}, rand_{sa(2)}, rand_{sb(2)}\} K_B$$

步骤⑥ 如果 SA 解密得到的 $rand_{sa(2)}$ 正确，则说明 SB 身份合法，然后：

$$SA \rightarrow A: h(h(ID_a) \oplus ID_a) || \{rand_{sa(2)}, rand_{sb(2)}\} K_A$$

（5）B 对 SB 的认证。

步骤⑦ B 收到步骤⑤的消息后，如果解密得到 $rand_{b(1)}$ 正确，则 SB 合法。B 计算 $s = rand_{sa(2)} \times rand_{sb(2)}$，$V = s \times g$。选择随机数 $x_b$，计算 $y_b = g^{x_b}$，发送给 A：

$$B \rightarrow A: h(S) || \{rand_{b(2)}, y_b\} V$$

（6）A 对 SA 的认证。

步骤⑧ A 收到步骤④的消息，验证 $rand_{a(1)}$，如果正确则解密步骤⑥的消息，计算 $s = rand_{sa(2)} \times rand_{sb(2)}$，$V = s \times g$，选择随机数 $x_a$，计算 $y_a = g^{x_a}$，发送：

$$A \rightarrow B: h(S) || \{rand_{a(2)}, rand_{b(2)}, y_a\} V$$

2）密钥派生阶段

步骤⑨ $B \rightarrow A: h(h(S) \oplus S) || \{c, r, s\} V || \{rand_{a(2)}\} K$。

B 收到步骤⑧中 A 的消息后，首先验证 $rand_{b(2)}$。然后随机选择一个长度为 $L$ 的未曾使用过的随机数 $m$ 作为消息，同时从 $[1, \cdots, p-1]$ 中随机选择一个整数 $x$，计算 $(k1, k2) = h(y_a^x \bmod p)$，$r = h(k_2, m)$，$c = E_{k1}(key)$，$s = \frac{x}{(r+xa)} \bmod q$。同时派生会话密钥 $K = h(m, rand_{a(2)} * rand_{b(2)})$，计算 $Link = h(rand_{a(2)} || rand_{b(2)} || K)$，前 48bit 作为后续通信的硬件地址。

步骤⑩ A 收到消息⑨后，用 $V$ 进行解密，然后计算 $(k1, k2) = h((y_b \cdot g^r)^{(s \cdot xa)} \bmod p)$，及 $m' = D_{k1}(c)$，并判断 $h(k_2, m')$ 是否等于 $r$，如果相等则计算 $K = h(m, rand_{a(2)} * rand_{b(2)})$。对消息 $\{rand_{a(2)}\} K$ 进行解密，如果 $rand_{a(2)}$ 正确，则双向密钥派生结束。计算 $Link = h(rand_{a(2)} || rand_{b(2)} || K)$，后 48bit 作为后续通信的硬件地址。

当服务提供者由移动用户充当时，域间认证与密钥派生协议的流程与图 5-5 类似，如图 5-6 所示，此时 B 需要提交与 A 类似的生物认证信息。

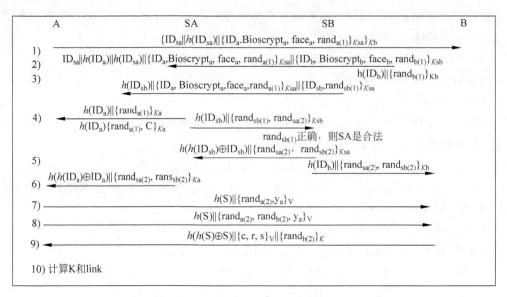

图 5-6    域间匿名认证与密钥派生协议流程Ⅱ

## 5.2.3    组播认证机制

在移动环境中,组播业务也得到了广泛应用,例如网络视频会议、网络音频/视频点播、股市行情发布、多媒体远程教育等。组播是在一个发送者与多个接收者之间实现点对多点的数据传输,属于一对多的通信。即使一个发送者同时给多个接收者发送相同的数据,只需复制一份相同的数据包。因此与单播相比,组播能有效地节省服务器资源和网络带宽,提高数据传输效率,减少传输拥塞的可能性。

组播中用组播地址来标识不同的组,用户只要获知特定业务使用的组播地址就可以申请加入该组,使用该组播提供的服务。采用明文传输的组播报文在网络上很容易被偷听、冒充和篡改,因此保护组播数据机密性、保证组播成员的可靠性,从而建立安全的组播通信系统,是安全组播研究的主要目标。与端到端的单播情形相比,组播通信的安全问题更加复杂,将现有单播安全技术直接移植到组播应用上往往不可行或是低效的。

为了保证在移动环境下组播通信的安全,第一必须对加入到组播组里的成员进行认证。移动环境的开放性和跨域性决定了服务提供者与组成员之间的认证包括域内认证和域间认证两种。第二,必须保证消息的机密性,防止攻击者对消息的破解。对组播消息加密的密钥称为组密钥,该密钥只有通过身份认证的组成员才可以知道。普适环境的移动性造成了组的高度变化,不断有新成员的加入或旧成员的离开,伴随着成员的加入或者离开,组密钥应该不断更新。确保新加入的成员不能获得旧的组播密钥,从而无法解密以前的组播消息,离开的旧用户不能获得新的组播密钥,从而无法解密他离开之后的组播消息。第三,在设计移动环境下的组播密钥管理协议时,还需要考虑移动设备的资源有效性。

根据上面的场景分析,可以看到组播群实体认证和密钥协商协议的目标如下。

(1) **密钥树结构**    根据普适环境下不同移动用户可能属于不同本域的实际情况,设计高效组密钥管理结构。

（2）**安全密钥协商**　组成员之间协商建立起会话密钥,密钥具有独立性,能保证前向和后向安全性,能抵抗合谋攻击和猜测攻击,保证后续通信的机密性、完整性、不可否认性。

（3）**密钥树平衡**　组成员加入或离开,可以完成密钥的动态更新,密钥树不平衡时,密钥更新能保证系统性能。

（4）**轻量型和低时延**　协议应该是轻量型的,计算量、存储量和通信量应该较小。密钥更新过程传输的消息要尽量少,涉及的实体要尽量少,避免更新报文占用过多的网络带宽。密钥更新时要使所有组成员都能及时地获得新的密钥。

考虑到移动环境下不同移动用户可能属于不同本域的实际情况,对组播成员采用分层分组的密钥管理方式。

### 1. 极大最小距离分组码

以下介绍的组播密钥管理协议中,当用户离开或者加入组播组时,密钥的更新操作采用了极大最小距离分组码的机制,避免了移动设备的加密和解密操作,从而减少了移动设备的计算量和通信量,以适应普适设备资源的有限性。这里先简单介绍一下极大最小距离分组码的机制。

纠错码是指在传输过程中发生错误后在收端能自行发现或纠正的码。仅用来发现错误的码一般常称为检错码,纠错码既能检错又能纠错。令一种码具有检错或纠错能力,需对原码字增加多余的码元,以扩大码字之间的差别。即把原码字按某种规则变成有一定剩余度的码字,并使每个码字的码之间有一定的关系,关系的建立称为编码。码字到达收端后,根据编码规则是否满足以判定有无错误。当不能满足时,按一定规则确定错误所在位置并予以纠正,纠错并恢复原码字的过程称为译码。在构造纠错码时,将输入信息分成 $k$ 位一组以进行编码。若编出的校验位仅与本组的信息位有关,则称这样的码为分组码。若不仅与本组的 $k$ 个信息位有关,而且与前若干组的信息位有关,则称为格码。

分组码是一类重要的纠错码,它把信源待发的信息序列按固定的 $k$ 位一组划分成消息组,再将每一消息组独立变换成长为 $n(n>k)$ 的二进制数字组,称为码字。如果消息组的数目为 $M$,由此所获得的 $M$ 个码字的全体便称为码长为 $n$、信息数目为 $M$ 的分组码,记为[$n$,$M$]。分组码就其构成方式可分为线性分组码与非线性分组码。

线性分组码是指分组码中的 $M$ 个码字之间具有一定的线性约束关系,即这些码字总体构成了 $n$ 维线性空间的一个 $K$ 维子空间,称此 $K$ 维子空间为($n$,$k$)线性分组码,$n$ 为码长,$k$ 为信息位,此处 $M=2k$。线性格码在运算时为卷积运算,所以叫卷积码。非线性分组码是指 $M$ 个码字之间不存在线性约束关系的分组码。

对定义在伽罗华域 $GF(q)$ 上的($n$,$k$)线性分组码 $V$,如果其最小距离 $d(V)$ 满足不等式 $d(V) \leqslant n-k+1$,则称该分组码为满足新格尔顿限,称最小距离达到新格尔顿上限的分组码为极大最小距离(Maximum Distance Separable)分组码。最小距离直接反映了分组码的纠错能力,RS(Reed-Solomon)码是具有极大最小距离的码,属于非二进制的 MDS 码。$q=2$ 的 MDS 码,即二进制 MDS 码是不存在的。

对于($n$, $k$)MDS 码,存在编码函数 $E(\ )$,能够实现有限域 $GF(q)^k$ 到 $GF(q)^n$ 的映射: $E(m)=c$。

其中,$m=m_1 m_2 m_3 \cdots m_k$ 是原始消息块,$c=c_1 c_2 c_3 \cdots c_n$ 是编码后的消息块,$k \leqslant n$。

如果解码函数 $D(\ )$ 存在，则

$$D(c_{i_1}c_{i_2}\cdots c_{i_k},i_1,i_2,\cdots i_k)=m,1\leqslant i_j\leqslant n,1\leqslant j\leqslant k$$

从解码函数可以看出，根据收到的任意 $k$ 个码字，运用该函数可以得到原始的 $k$ 个源码。通常 $q=2^m$。

### 2. 组播密钥管理结构

组播密钥管理结构如图 5-7 所示。组播源为服务提供者 SP，本域为 Domain 1（简写成 $D_1$），该域的认证服务器为 $S_1$。用户 $U_1$、$U_2$、$\cdots$、$U_n$ 为组播用户，需要使用 SP 提供的组播服务。$U_1$ 到 $U_8$ 在域 Domain 2（简写成 $D_2$），其认证服务器为 $S_2$。其他情况类似，每个用户分别在各自的本域内。组中最后一个子树中的用户 $U_{n-3}$、$U_{n-2}$、$U_{n-1}$、$U_n$ 和服务提供者 SP 在同一个区域 $D_1$ 内。采用分层分组的方式来进行组播密钥的管理。SP 的认证服务器 $S_1$ 充当组播组的树根，其他各自域的认证服务器充当子组的组长，被 $S_1$ 所管理。所有的认证服务器构成了密钥管理框架的第 I 层（Layer I），组播成员 $U_1$、$U_2$、$\cdots$、$U_n$ 构成了密钥管理框架的第 II 层（Layer II）。在第 I 层最后一个元素为 $T_4$，它作为用户 $U_{n-3}$、$U_{n-2}$、$U_{n-1}$、$U_n$ 的组长。$U_{n-3}$、$U_{n-2}$、$U_{n-1}$、$U_n$ 和 SP 均在 $D_1$ 里，所以可以由 $S_1$ 充当组长对该树进行管理，管理方法同其他区域类似。$T_4$ 的真实身份为 $S_1$，这里 $T_4$ 只是一个逻辑节点而已。当本域不属于 $D_1$ 的用户想使用组播服务之前需进行域间认证。域间认证成功后，该域的认证服务器会加入到第 I 层中，第 I 层的成员关系变化较小。第 II 层中，组成员可能随时地加入或者离开该组，成员的关系变化频繁，因此维护子树的平衡，减少密钥更新时的通信量，从而减轻移动设备的计算负担显得尤为重要。两层实体共同构成一棵不规则的树，第 II 层中的成员，按照 2-3 树的方式组织。当用户离开或者加入组播组时，密钥的更新操作采用极大最小距离分组码的机制，可以避免移动设备的加密和解密操作，从而减少了移动设备的计算量和通信量。协议中涉及到域内和域间认证的处理分别采用前两节提出的协议完成认证。

图 5-7　组播密钥协议管理结构

### 3. 组的初始化

用户在享用组播服务之前，需要和组播服务提供者 SP 进行认证，认证采用了前面两节介绍的域内和域间实体认证协议。双向认证通过后，认证服务器为自己本域内的用户 $U_i$ 分配一个随机数 $j_i$，对于同一个域内两个用户 $U_i$ 和 $U_k$，满足 $j_i\neq j_k$。$s_i$ 是一个随机的哈希值，对于移动用户 $U_i$，$s_i=h(\text{key}_i)$。$(j_i,s_i)$ 可以看作用户 $U_i$ 的密钥种子，记作 $\text{Seed}_i$，被认证服务器安全保管,并通过安全通道告诉域内用户。SP 的认证服务器也会为 $S_2$、$\cdots$、$S_n$ 分配密钥种子,$U_{n-3}$、$U_{n-2}$、$U_{n-1}$、$U_n$ 与 SP 均属于同一个区域,因此由 $S_1$ 分配密钥种子给 $U_9$ 到 $U_{13}$。如图 6-7 所示,$S_2$ 维护一个深度为 3 的 2-3 树,其中叶子节点 $U_1 \sim U_8$ 为组播用户,中间节点 $T_1$、$T_2$、$T_3$ 为构造这棵树而生成的逻辑节点,$S_2$ 需要为逻辑树上的每个节点分配一个不同的位置号,$j_i$ 可以理解成用户 $U_i$ 在这棵树上的位置号。整个这棵逻辑树的密钥采取底层到上层的方法进行计算,通过 $S_2$ 依次计算出 $K_{T_1}$、$K_{T_2}$、$K_{T_3}$ 和 $K_{S_2}$,其他区域采用相同方法计算各个节点的密钥,最后再由 $S_1$ 计算出 $K_{S_1}$,即整个组播组的密钥。

$S_2$ 计算 $K_{T_1}$ 的方法如图 5-8 所示,$T_1$ 下面叶子节点用 $n$ 表示,$n$ 等于 2 或者 3,计算步骤如下:

(1) $S_2$ 随机选择一个未被使用过的有限域内元素 $r$。

(2) $S_2$ 为每一个叶子节点进行如下计算: $GF(q)$: $c_{j_i} = H(s_i \| r)$,$i = 1$、$2$、$\cdots$、$n$。

(3) 利用步骤(2)计算出来的 $n$ 个 $c_{j_i}$,构造 $(L, n)$ MDS 码,令码字的第 $j_i$ 个符号为 $c_{j_i}$。构造的 $(L, n)$ MDS 码其对应的源码由 MDS 码的 $n$ 个元素决定,因此找到恰当的解码函数,可以计算出相应的 $n$ 个消息 $m_1$、$m_2$、$m_3$、$\cdots$、$m_n$。

(4) $S_2$ 令消息 $m_1$ 为该组的组密钥,即 $K_{T_1}$。

(5) $S_2$ 组播 $r$ 和 $m_2$、$m_3$、$\cdots$、$m_n$。如果最初用户没有初始的组密钥,则 $S_2$ 单播 $r$ 和 $m_2$、$m_3$、$\cdots$、$m_n$ 给每一个成员。

当用户 $U_i$ 接收到 $r$ 和 $m_2$、$m_3$、$\cdots$、$m_n$ 时,每个用户进行如下操作,得到对应的子组密钥,如图 5-9 所示。

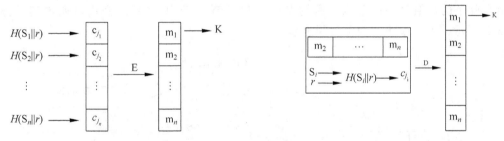

图 5-8　GC 分发组密钥流程　　　　　　图 5-9　组成员计算组密钥流程

(1) 利用种子密钥 $(j_i, s_i)$,计算 $c_{j_i} = H(s_i \| r)$。

(2) 利用 $c_{j_i}$ 和 $m_2$、$m_3$、$\ldots$、$m_n$ 计算出 $m_1$,从而计算出 $K_{T_1}$。运算过程中采用基于 Reed-solomon 码的范得蒙矩阵,如式(5-1)所示。

$$
\begin{bmatrix}
1 & j_1 & \cdots & (j_1)^{n-1} \\
1 & j_2 & \cdots & (j_2)^{n-1} \\
\vdots & \vdots & \vdots & \vdots \\
1 & j_n & \cdots & (j_n)^{n-1}
\end{bmatrix}
\begin{bmatrix}
m_1 \\
m_2 \\
\vdots \\
m_n
\end{bmatrix}
=
\begin{bmatrix}
c_{j_1} \\
c_{j_2} \\
\vdots \\
c_{j_n}
\end{bmatrix}
\tag{5-1}
$$

通过上述方法,利用用户 $U_3 \sim U_8$ 的种子密钥,$S_2$ 计算出 $K_{T_2}$ 和 $K_{T_3}$。为了节省存储量,$S_2$ 不给中间节点分配种子密钥,中间某个节点的 $s_T$ 可以定义成以该节点为根的所有用户 $s_i$ 的异或值,如 $s_{T_1} = s_1 \oplus s_2$ 和 $s_{T_2} = s_3 \oplus s_4 \oplus s_5$。$S_2$ 把自己看作根,中间节点 $T_1$、$T_2$ 和 $T_3$ 看作叶子节点,按照同样过程计算出 $K_{S_2}$。同理,$S_1$ 把 $S_2$、$\cdots$、$S_n$、$T_4$ 看成叶子,$S_1$ 计算出

$K_{S_1}$,即组密钥。组密钥计算后,自顶向下,经过中间节点把组密钥传给组播成员。例如在图 6-7 所示的 D2 内,$\{K_{S_1}\}K_{S_2}$ 被传给 $T_1$、$T_2$ 和 $T_3$,$\{K_{S_1}\}K_{S_2}$ 表示 $K_{S_1}$ 被 $K_{S_2}$ 加密传输。中间节点解密得到组密钥后,分别发送 $\{K_{S_1}\}K_{T_1}$、$\{K_{S_1}\}K_{T_2}$ 和 $\{K_{S_1}\}K_{T_3}$ 给叶子节点,叶子节点解密后得到组密钥 $K_{S_1}$。$S_1$ 传送 $\{K_{S_1}\}K_{SP}$ 给组播业务提供者,至此整个组初始化过程结束。

当组播成员发生变化时,树的结构会发生变化,需要调整其平衡性。论述之前进行如下定义:节点 $i$ 的权值 $w_i$ 定义为从节点 $i$ 到树根路径上所有节点的度的和;对于树根 $r$ 其权值 $w_r=0$,当 $i\neq r$ 时,令 $p$ 为 $i$ 的父亲(父节点),$\deg(p)$ 为节点 $p$ 的度,则 $w_r=w_p+\deg(p)$;节点 $i$ 的权值 $w_r$ 代表当节点 $i$ 被移动时,从树上消失的边数。为了衡量改变树结构时的通信代价,树的权值 $W(T)$ 定义为该树中具有最大权值的某个节点的权值,例如 $T_1$ 作为树根时,$W(T_1)=2$,类似地,$W(T_2)=W(T_3)=3$,$W(S_2)=6$,$W(U_1)=W(U_2)=0$。本文中节点的权值定义为以该节点为根的树的权值,当其左右子树的权值差超过 1 时,该树变得不平衡需要重新调节。

### 4. 单个用户加入后的密钥更新

当某个用户想使用组播业务时,如果与服务提供者属于同一本域,则进行域内实体认证。如果位于不同区域内,则进行域间实体认证。在第Ⅱ层(如图 5-7 所示的 Layer Ⅱ)采用树状结构,为了满足后向安全性,从加入节点到根 $S_1$ 的路径上所有节点的密钥均要发生改变。为了减少通信量并维护树的平衡性,令密钥树的性能达到最优,把单个加入的用户插入到非叶子的权值最小的节点。密钥发生变化的节点,均要将新的密钥值通告其子孙如图 5-10 所示。下面说明密钥更新的过程。

图 5-10　单个用户加入后的组播密钥协议管理结构

(1) $W_{T_1}=2$ 是权值最小的树,因此 $S_2$ 把新加入用户 $U_9$ 插入到分支 $T_1$ 下,并为其分配密钥种子。$U_9$ 所在树的路径上的一串节点密钥均需要更新。

(2) 利用前面介绍的方法,$S_2$ 为 $U_1$、$U_2$ 和 $U_9$ 重新生成子组密钥 $K'_{T_1}$。

(3) $S_2$ 为 $T_1$、$T_2$ 和 $T_3$ 重新生成 $K'_{S_2}$。

(4) $S_1$ 为 $S_2$、$\cdots$、$S_n$、$T_4$ 计算出新的组密钥 $K'_{S_1}$。

(5) $\{K'_{S_1}\}K_{S_1}$,代表新的 $K'_{S_1}$ 被旧的组密钥 $K_{S_1}$ 加密,发送给树中所有成员。

(6) $\{K'_{S_2}\}K_{S_2}$,代表新的 $K'_{S_1}$ 被旧的组密钥 $K_{S_1}$ 加密,发送给 D2 中所有成员。

（7）用 $U_9$ 公钥加密 $\{K'_{S_1}, K'_{S_2}\}'$ 发送给 $U_9$。

因为插入一个节点时，需要选择一棵具有最小树权值的子树作为插入位置，即该子树和以他兄弟节点为根的子树的权值之差不超过1。经过对于单个用户的插入树归纳总结，可以看到根的权值只增加1，不会导致整棵树的不平衡现象。比如，对于某个区域只有一个组播成员时加入一个成员，则直接将该成员连接到根节点上，作为根节点的子节点，树的权值加1。对于复杂点的情况如图5-11所示，一样只需要在根节点添加一个成员来解决这样的情况，保证树的平衡。有时候也会在某个区域中添加一些伪节点，这是为了当树结构发生变化时，为了减少调节代价而令树满足平衡性而临时加入一些虚拟节点（伪节点），当用户离开时会导致树的不平衡，这时伪节点才会起作用。

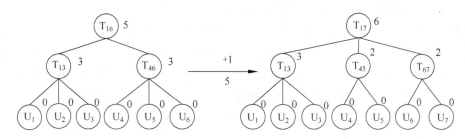

图 5-11　单个用户加入时调整实例

### 5. 单个用户离开后的密钥更新

在组播通信过程中，如果某个域内有用户要离开，就需要把该用户对应的节点从树上删除。当该节点被删除之后，树可能变得不平衡。不平衡的树结构会导致后续的加入或者删除操作消耗更多的代价，因此需要调整树结构，令左右子树权值差不超过1。树结构平衡后，为了满足前向安全性，从变动节点到根的路径上所有节点密钥均需要更新。在节点删除操作时，引入了大量的虚拟节点，目的在于确保树结构尽可能地不发生大的变化，从而减少需要改变的密钥并降低代价。对于单个节点删除的位置，主要存在如图5-12所示的3种情况。

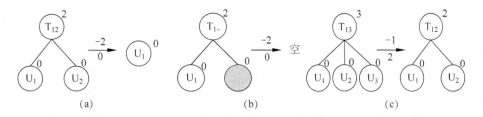

图 5-12　单个用户删除的情况

单个节点的删除会导致树的不平衡。以往调节树平衡时，通过旋转、调整节点位置等操作进行树的调整，这些操作使树结构改变较大，需要更新较多的密钥，带来较高的计算复杂度。这里当发生不平衡现象时，在树的叶子位置引入了虚拟节点，即伪节点。伪节点的引入可以令树结构尽可能少地改变，从而尽量减少需要更新的密钥，从而降低了删除操作对应的复杂度。树结构的平衡调整分为两部分：底层调整和中间层调整。伪节点只能在底层调整中出现。对于底层的调整,只需要保证树的平衡,当存在不平衡的时候,适当加入伪节点即可,这很容易理解,这里不做过多讨论。对于中间层调整,主要应该注意对有多个子节点的节点进行分裂,或者子节点迁移的情况,如图 5-13 所示,可以直接将中间有两个子树的节点删除,将其子节点添加到根节点上。其中箭头左边代表某个用户离开后对应的树结构,箭头右边代表调整后的树结构,箭头上方表示树权值的变化,箭头下方表示改变密钥所对应的通信量。

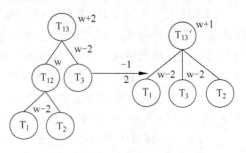

图 5-13    单个删除的中间层调整

下面举例说明以上规则的使用及其密钥的更新过程。如图 5-14 所示,当删除用户 $U_4$ 时,可以引入伪节点,此时 $W(T_1)$ 保持不变,因此不需要对 $S_2$ 为根的树进行中间层调整。$U_4$ 的离开导致节点 $T_1$、$S_2$ 和 $S_1$ 对应密钥均发生改变。因为 $U_3$ 的兄弟是伪节点,其父亲 $T_{12}$ 只有 $U_3$ 一个真实的孩子,因此认为节点 $T_1$ 直接对 $U_3$ 进行管理,不考虑节点 $T_{12}$ 的密钥更新。整个密钥更新过程如下:

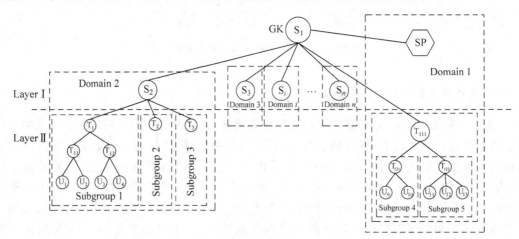

图 5-14    引入伪节点的组播密钥协议管理结构

(1)因为 $S_2$ 利用上文中介绍的组的初始化的方法为 $U_1$、$U_2$ 和 $U_3$ 生成 $m_1$、$m_2$、$m_3$,令消息 $m_1$ 为节点 $T_1$ 的新密钥 $K'_{T_1}$。

(2)$S_2$ 利用上文中介绍的方法计算出 $S_2$ 节点所对应的新的密钥 $K'_{S_2}$。

(3)$S_1$ 利用上文中介绍的方法计算出 $S_1$ 节点所对应的新的密钥 $K'_{S_1}$。

(4)在 $S_2$ 所在域内分别采用 $K'_{T_1}$、$K_{T_2}$ 和 $K_{T_3}$ 对 $K'_{S_2}$ 和 $K'_{S_1}$ 加密传输,因此该域内所有用户均可以获得改变的密钥。

(5)在其他域内,为了满足前向安全性,分别采用节点 $S_3$、$S_4$、$\cdots$、$S_n$ 对应的密钥加密 $K'_{S_1}$,并组播给各个域内用户。

### 6. 多个用户加入后的密钥更新

类似单个用户的加入,当多个用户想使用组播业务时,需要与服务提供者进行域内或者域间认证。服务器 $S_i$ 将该区域内将要加入的多个用户组织成一棵具有小权值的 2～3 树。如果多个新加入用户组成的树权值小于 $S_i$ 原来的成员组成的旧树的权值,则这棵新树加入到旧树中,反之则旧树加入到新树中。即让权值较小的树加入到权值较大的树中,在权值大的子树中能找到一个节点,该节点权值与权值较小的子树的权值其差不超过 3。在树的调整过程中,可能导致上层节点权值不平衡,这时可以采用上文中介绍的方法进行调整。

树结构的变化会导致某些节点的密钥发生变化,密钥的更新原理与单个用户加入或者离开时密钥更新的过程类似,多个用户加入会引起较多节点发生变化,因此复杂度较高。在某些特殊情况,如若干个用户在很短时间内陆续加入时,可以设置一个时间阈值,把在该时间段内请求加入的用户构建成一棵树集体进行加入,从而实现密钥更新过程的批处理。

### 7. 多个用户删除后的密钥更新

当某个域内同时有多个用户需要离开组时,该域的服务器 $S_i$ 依据单个用户删除的原则逐一删除节点。全部节点删除完后,再调整树的结构,并更新密钥。树的平衡调节从下向上,直到整棵树中所有的子树都平衡。当以某个节点为根的树其左右孩子权值之差小于 3 时,对于底层调节,一部分情况按照单个用户删除时候的规则进行调整,主要也是分为底层调整和中间层调整。对于中间层调整,稍微注意当以某个节点为根的树其左右孩子权值之差大于 3 时,此时按照多个用户加入的规则进行调整,把左右子树看作原子树和新加入的子树,再按照上文中介绍的方法进行调整。密钥更新原理和前文中所说的相同。

### 8. 服务器的加入和删除后的密钥更新

服务器层采用集中式的管理机制,由 $S_1$ 对全组进行管理。当非第一个区域内成员想享受组播服务时,需要域间认证,从而该区域的认证服务器 $S_i$ 加入到该组播组,$i \neq 1$。$S_1$ 也会对 $S_i$ 分配一个密钥种子 $(j_i, s_i)$,密钥种子可以采取公钥机制进行传输。此时,由于新成员加入,组播密钥发生改变,密钥生成采用上面介绍的方法,所有成员均需要更新组播密钥。当单个用户或者多个用户离开某个区域时,会导致某个区域不再有组播成员,此时对应服务器 $S_i$ 将离开该组,$i \neq 1$,组密钥重新更新。当服务器加入或删除时,由于服务器的数量相对较少,则 $S_1$ 采用单播方式将种子密钥发送给其他服务器。

### 9. 安全性和隐私分析

每次组成员加入,均会采取域内或域间匿名认证机制与组播源进行认证,因此具有如下安全特性:可靠的双向认证;多重的/可撤销的标识符;数据的机密性和完整性;可以抵抗重放攻击、在线攻击、离线攻击、DoS 攻击。这些安全特性已经在前面的章节中进行了详细论述,这里主要针对组密钥的管理工作进行额外的安全分析。

1) 猜测攻击

如前所述,组密钥通过服务器生成的随机数 $r$ 和 $n$ 个成员的密钥种子而计算出来,随机数 $r$ 和 $n-1$ 条消息以明文形式传输给所有组员。明文传输的信息可以被攻击者截获,会话

密钥的安全性依赖于合法用户 $U_i$ 所计算的 $c_{j_i}$。$c_{j_i}$ 的安全性依赖于密钥种子,因为等式 $GF(q):c_{j_i}=H(s_i\|r)$ 成立。攻击者只能通过下面 3 种途径获得密钥:

(1) 暴力攻击。需要花费的时间更长一些,穷举所有数字的组合从而获得密钥。

(2) 猜测到某个用户的 $c_{j_i}$。

(3) 猜测到某个用户的密钥种子。

攻击者猜测到密钥的复杂度依赖于有限域 $GF(2^m)$ 的大小,$t$、$l_r$ 和 $l$ 越长,越难猜测到 $s_i$ 和 $c_{j_i}$,则该机制越安全。当 $m=t=l_r=l$ 时,攻击者猜测出密钥的难度不少于余力攻击的难度。针对上述 3 种途径:

(1) 随机组密钥 $k$ 包含的信息熵为 $H(k)=\log_2 k=l$。

(2) $c_{j_i}$ 的熵为 $H(c_{j_i})=\log_2 2^m=m=l$。如果攻击者选择猜测 $c_{j_i}$ 从而获得密钥,那么攻击者首先必须知道对应的位置信息 $j_i$ 才能进一步猜测到对应的 $c_{j_i}$。本文中构造的为 $(L,n)$ MDS 码,因此 $n\leq j_i\leq L$。

(3) $s_i$ 的熵为 $H(s_j)=\log_2 2^t=t=m=l$。密钥种子 $S_i$ 由 $s_i$ 和 $j_i$ 组成,因此 $H(S_i)=H(s_i)+H(j_i)=l+\log_2 L$。攻击者在已知 $r$ 和 $c_{j_i}$ 的前提下推知 $s_i$,此时 $H(s_i|r,c_{j_i})=H(s_i)=l$。

通过以上分析可知,当 $m=t=l_r=l$ 时,攻击者想通过上述 3 种途径获得密钥 $k$ 的代价不少于穷举攻击的代价。

2) 密钥独立性

组密钥的新鲜性依赖于随机数 $r$,所以新旧组密钥相互独立,没有任何相关性。$l_r$ 决定了随机数 $r$ 可以支持的会话次数,即 $2^{l_r}$ 次。

3) 前向安全性

组密钥的生成与随机数 $r$ 有关,当用户离开时随机数 $r$ 会发生变化,因此前后组密钥相互独立。当成员离开时,离开成员已分配的密钥种子没有参与到组密钥的更新中,因此离开的成员无法获知更新后的组密钥,从而无法对后续的组播消息进行解密,保证了前向安全性。

4) 后向安全性

当有新成员加入组时,组密钥会立刻得到更新,前后组密钥相互独立,因此新加入的成员无法解密之前的组播消息,保证了后向安全性。

5) 抗合谋攻击

合谋攻击是指多个离开的成员互相合作从而破解出当前的组密钥。一个可能的破解方法是通过旧的密钥计算出当前某个成员的密钥种子。根据旧的组密钥和公式,攻击者很容易计算出现存某个用户的 $c_{j_i}$,但从计算角度来讲,根据 $c_{j_i}=H(s_i\|r)$ 从而推算出 $s_i$ 是不可行的,因此本节中提出的组密钥管理协议可以更好地抵抗住合谋攻击。当前成员推测其他组成员的密钥种子的情况和上面类似。

6) 匿名性和隐私性

组成员采取域内认证或者域间认证的机制、MAC 地址的保护机制和生物特征隐私保护机制方式。因此 MAC 的隐私性分析和前面所讲的相同。

## 5.3　信任管理机制

### 5.3.1　信任和信任管理

信任是人类生活过程中极为重要的一个自然属性,它有着极为悠久的历史,同时它的概念也已经渗入到了包括计算机科学在内的多个学科中。尽管信任的概念已经体现在我们日常生活的方方面面,但是,实际上人们依旧没有办法通过宏观且定量的手段来衡量信任这一概念。不同的人因为其自身的教育背景、个人经历、学识程度以及分析问题的角度等不同而对信任这一概念产生不同的理解。但通常情况下,信任可以被理解成是对另外一个实体行为在主观上的期望。

2000 年版的 X.509 标准中,信任被定义为"如果一个实体认为另外一个实体会绝对的按照自己所设想的方式去行动,那么就可以说这个实体信任另外一个实体"。从这个定义中可以看出,信任是两个实体间的一种关系,而且这个关系也只是一种主观上的概念。

在无线网络这一领域中,对于信任这一概念,依旧没有一个准确的且可以被广泛接受和认可的定义。但是,很大一部分的学者都倾向于认为信任是一种主观上的感觉,是非理性的。它不仅拥有具体的内容而且还应该有不同层次的划分。例如,相比网站 $W_1$,用户 A 更加信任网站 $W_2$ 的内容。这个例子说明了用户 A 对于网站 $W_2$ 的信任程度更深。

在本书中,我们将信任这一概念划分成两个重要部分:第一,证书与相应的用户身份信息进行绑定,证书用来代表用户的身份信息。通过验证证书合法性从而判断用户身份的合法性,这样的信任模式被称为身份信任;第二,根据过去一段时间内实体在各个方面的表现,来综合判断实体的可靠性,这种信任方式被称为行为信任。身份信任和行为信任虽然规定的内容不同,但是二者是相辅相成的,身份信任保证了行为信任的各种安全性以及评估准确度,与此同时,行为信任也反过来为身份信任关系的更新提供了根本的安全保障,如图 5-15 所示。

图 5-15　安全与信任的关系

简单地来说,信任关系主要包含两个实体,信任关系发起方和被信任的实体。信任关系包括的主要属性,内容如下:

(1) 相对性。这个属性主要表明信任关系并不是绝对的,它和信任发起时所处于的时间、地点以及当时的环境等都有很大的关系,可能在这种情况下 A 信任 B,但是在另外一种情况下,A 和 B 之间却不存在这样的信任关系。

(2) 信任的可度量。信任的这一属性表明,两个实体间的关系除了可以分为信任和不信任,还可以使用在一定范围之内的数据来表示信任程度。例如用区间[0,100]来表示信任程度,A 对 B 的信任程度是 90,而 A 对 C 的信任程度是 91,那么,在这种情况下,我们可以认为,相对于 B 来说,A 更加信任 C。

(3) 易受多方影响性。信任这个属性表明,信任关系受到多种关系的影响,而不仅仅是某一方面来对信任程度产生影响的。

(4) 单向性。这是信任关系中很重要的一个属性,它很好理解,A 信任 B,但是 B 并不一定信任 A。

（5）信任关系的动态性。这一属性说明信任关系不是一成不变的，随着时间或者实体行为等因素的改变，那么最终这个实体的信任关系也会发生改变。当对一个实体进行信任度评价时，我们应该详细分析这个实体当前的信任情况。

由于信任是一种主观上的期望，所以很难被明确地定义，为了后文说明方便，这里我们将可能涉及的概念详细的介绍一下，方便读者在后面的阅读中理解这部分概念。

信任证书（Credential）：一段信息被特定的用户打上自己的标签之后所形成的文件被称为是信任证书也可以称为凭证。信任证书可以简单地使用＜Key-info，Policies，Signature，Validity-time＞这样一个四元组来表示。其中 Key-info 表示的是实体的公钥信息，Policies 是策略信息，Signature 是颁发者的实体签名，而 Validity-time 很好理解，表示的是证书的有效时间。由于信任证书表示一个实体对另外一个实体的证明关系，所以信任证书必须具有可证实性以及不可伪造性。根据证书使用用途的不同，可以将证书简单地划分成为对于身份的信任证书以及对实体属性的信任证书两个种类。身份信任证书主要用来证明一个用户身份的可信任性，它主要用于对安全级别要求比较高的信任系统中，如机密的电子邮件系统。其中基于 PKI 身份认证的 X.509 认证体系是身份认证证书最为主要的代表。属性信任证书则主要对系统的用户体验进行扩展，使得系统操作更加方便，更易于用户使用。比如说最常见的就是在用户信息管理系统这样的管理系统中，这一类信任证书的主要代表有 SPKI/SDSI。

满足性检查算法（Compliance Checking Algorithm，CCA）是信任管理系统中的核心部分之一，主要用于统一的授权决策引擎，信任管理系统的授权模型语义由 CCA 实现。怎么样构造一个高效率的 CCA 算法以及如何在 CCA 计算的复杂程度和完善的语言表达能力之间寻找到最佳的平衡点应该是信任管理系统需要考虑处理的核心问题。

授权（authorization）就是根据用户所持有的证书或者信任凭证，为用户分配相应的访问网络资源和服务权限。用户在网络中使用的所有资源以及所享受的所有服务都体现了一个授权的过程。在根据身份认证的信任管理系统中，对一个用户进行授权的过程实际上就是为用户赋予相应的资源和服务访问权限的过程。UNIX 系统就是这一类授权的代表。在 UNIX 操作系统中，用户的 Uid 以及 Gid 都直接对应了用户所有拥有的权限，Root 用户具有最高的权限，在系统中可以进行任何操作。而对于基于属性的认证信任管理系统来说，对于用户的授权过程则仅仅是将用户所在系统中的角色激活，例如，在 Oracle 数据库系统中，每一个用户都对应相应的角色，每当一个用户连接数据库的时候，Oracle 数据库系统都会根据其属性来激活相应的角色，然后赋予一定的权限。

委托（delegation）实际上是一种安全策略。在信息系统中的委托过程和实际生活中的委托过程完全一样，就是某个在系统中的实体主动地将自己的权限赋予另外一个实体，使得后者可以以前者的身份来完成一些工作，对系统进行一些操作。当然，委托不是长久的，它是一种临时性的操作过程，简单来说，就是被委托的用户只能在一定的时间内使用委托人的身份来进行操作，一旦超过了有效的时间，那么这个委托关系将不再存在。在处理委托的相关问题的时候，最为关键也是最为复杂的一个问题是，委托过程中的权限传播问题。为了方便系统管理且同时保证系统的安全性能，对这样的权限传播必须进行必要的限制。

访问控制策略（access control policy）主要用来保证非法的用户是不能访问一些特定的

合法资源的。这样的访问控制策略，决定了在自动信任协商中暴露哪些证书以及这些证书的先后顺序。根据描述的复杂程度，访问控制策略可分为简单策略（元策略）与复合策略。简单策略是组成复合策略的基本元素，它们的关系类似于元数据与数据的关系。

信任协商模型（trust negotiation model）是协商双方在建立信任关系中所采取的暴露证书和访问控制策略的方式。信任协商模型的选择，决定了协商双方将采用什么样的方式来释放证书和访问控制策略信息，对敏感信息以及个人隐私保护具有极大的影响。

信任管理问题是网络安全中一个极为重要的组成部分。信任管理包括了公式化安全策略以及安全凭证这两个主要方面，决定一个特定的凭证集合是否满足相关的安全策略，以及对第三方的信任验证。1996 年，M. Blaze 等人在提出信任管理概念的同时，还同时提出了一种基于信任管理引擎构建的信任管理系统，整个系统的架构如图 5-16 所示。

图 5-16　M. Blaze 等人提出的信任管理模型

可以看到，在图 5-16 所示的信任管理模型中，整个系统的核心部分应该是信任管理引擎，在信任管理引擎中主要实现了一种具有通用性且可以独立使用的身份证明算法。根据图中信息，我们可以知道，实际上，信任管理系统所需要做的处理就是依靠证书集合 C 来判断身份证明请求 P 是不是符合当前策略集合 P 的要求。在信任管理系统的设计中，主要应该解决的问题包括了两个方面的内容，第一个是证书的收集，这个主要用于完善系统的证书集合 C；另外一个方面是如何制定用户的信任决策。信任模型是信任管理的基础，信任管理所解决的问题是在一定的信任模型基础上，以评估和决策制定为目的，对网络应用中信任关系的完整性、安全性或者可靠性等相关证据进行收集、编码、分析和表示的行为。

对于一个信任管理方法的设计，主要基于的是以下几个原则的。

统一的机制：策略、凭证以及信任关系在一种“安全”的程序设计语言中体现为一种程序（或者程序的一部分）。当前存在的系统都是将这些概念分开之后分别处理的。我们为策略、凭证以及信任关系提供一种共同的语言，通过这种方式，使得网络应用可以以一种全面的，持续的以及透明的方式来处理安全问题。

**灵活性**：我们的系统丰富的内容完全足够支持复杂的信任关系，这主要是为了支持当前开发的大规模网络应用。同时，简单且标准的策略、凭证以及信任关系也可以被简洁全面地支持。特别地，对于 PGP 和 X. 509 认证，只需要做一些简单的修改就可以应用在我们的架构中。

**控制位置**：网络的每一个部分都可以决定在各种情况下是否接受来自第二方或者第三方授予的凭证。通过支持信任关系的本地控制，我们可以不再需要全球统一的知名认证机构。这样的层次结构在规模上没有超过单个的"communities of interest"，在这种结构中，信任可以被无条件地从上往下定义。

**策略的分离机制**：验证凭据的机制不依赖于自己的凭据或使用它们的应用程序语义。这使得许多有着很大不同策略需求的不同应用可以共享一个单一的证书验证基础设施。

目前的信任管理研究主要有两方面：(1)基于策略和信任证书的信任管理，它对应的是理性信任或者客观信任关系的管理；(2)基于信誉的信任管理，对应的是一种主观或感性信任关系的管理。下面两小节将分别介绍这两种信任管理技术的相关情况。在详细介绍信任模型之前，我们先介绍两个最有名的证书系统 PGP 和 X.509，因为在后面介绍的信任模型中或多或少地都使用到了这两个证书系统所提供的认证证书。

在 PGP 系统中，一个用户产生一个(公钥，私钥)对，这个(公钥，私钥)对关联着他自己唯一的 ID；通常情况下，ID 的形式为(名字，Email 地址)。密钥被保存在密钥记录中。公共(或私有)密钥记录包含一个 ID，一个公共(或私有)密钥以及密钥对创建的时间戳。公钥存储在公钥环中而私钥存储在私钥环中。每个用户都必须存储和管理一对密钥圈。

如果用户 A 有用户 B 的一个公钥记录副本，比如说，

一个他很确信在 B 生成之后就没有被修改过的副本(不管什么原因))。接着 A 为这个副本签名)，并将其传递给 C。那么 A 就相当于将 B 介绍给 C。A 签署(sign)的密钥记录(由 A 签名的密钥记录)被称为一个密钥验证，我们有时也用验证来替代签署这个词。每一个用户必须通知 PGP 系统他的介绍人，并且通过介绍人的私钥来验证介绍人的公钥记录。此外，一个用户的介绍人必须为该用户指定其相应的信任等级，包括未知的、不可信的、轻微可信的以及完全可信的。

每个用户将他的信任信息存储在它的密钥环上并且使其和 PGP 系统保持一致，这使得 PGP 可以分配一个有效的分数给每一个在密钥环上的验证，只有当这个分数在一定范围之内才可以使用密钥。例如，一个持怀疑态度的用户可能需要两个完全受信任签名的公钥记录来判断它的有效性，而少数怀疑用户可能只需要一个完全信任的签名或两个轻微信任的签名来证明其有效性。重要的是我们要注意到，PGP 系统中有一个隐含的假设——只有安全策略的概念，安全策略需要支持验证消息发送者的 ID。密钥环以及信任程度允许每一个用户设计他们自己的策略，尽管这种策略非常有限。这种狭隘的策略定义非常适合 PGP 系统，PGP 系统是专门被设计来为个人提供安全电子邮件的。但是，对于目前正在被设计和实施的更加广泛的网络服务来说，这种方式是不够的。

应该注意到，在 B 的公钥记录上的 A 的签名并不应该被解释成 A 相信 B 的个人诚信，而正确的解释应该是 A 相信在记录中和 B 身份绑定的密钥是正确的。另外，应该注意到，信任是不可以被传递的。事实上，A 充分相信 B 作为一个介绍人，并且 B 充分相信 C，但这并不意味着，A 会完全相信 C。

由于 PGP 已经越来越流行，一个分散的"信任网"已经出现。每一个个体有责任获取他们需要的公钥验证，并且为他们的介绍人分配信任程度。相似地，每一个个体也应该创建他们自己的密钥对然后对外宣告他们自己的公钥。这种类似于"草根"的方式拒绝使用官方的验证机构来验证个人(或者其他相关验证机构)的公钥以及作为对这些密钥使用者的信任服

务器。因而,为了这些密钥使用者,只能自己扮演信任服务器的角色。

X.509 验证架构和 PGP 的介绍人机制相同,都是为了解决需要找到通信对方一个合适的,可信赖的公钥副本的问题。在 PGP 和 X.509 证书签署的记录和用户的 ID 以及他们的加密密钥是相关联的。X.509 证书包含的信息比 PGP 证书包含的信息要更多。例如,用于创建它们签名方案的名称以及它们有效的时间范围,但是它们的基本目的都是简单地将用户信息和密钥绑定。然而,X.509 和 PGP 显著的不同主要表现在它们的信息集中程度上。在 PGP 系统中,虽然任何人都可以签署公钥记录,并作为介绍人,但是在 X.509 架构中是假设每个人都会从一个官方的认证机构(CA)中获得证书。当用户 A 创建一个(公钥,私钥)对时,他需要有由一个或多个 CA 验证的需求信息并且注册有一个官方证书目录服务。之后,如果 A 想要和 B 安全地通信,他需要从目录服务器中获得 B 的证书。如果 A 和 B 是通过同一个 CA 验证的,那么目录服务器只需要直接将 B 的证书发给 A,A 可以通过他们公有的 CA 来验证公钥的有效性。如果 A 和 B 没有被同一个 CA 直接认证,那么目录服务必须创建一条从 A 到 B 的验证路径。验证路径的形式为 $CA_1, cert_1, CA_2, cert_2, \cdots, CA_n,$ $cert_n$,其中,$cert_i (1 \leqslant i \leqslant n)$,是 $CA_{i+1}$ 的证书,它由 $CA_i$ 签署,$cert_n$ 是 B 的证书。为了通过这条路径来获得 B 的公钥,A 必须首先知道 $CA_1$ 的公钥。

因此,X.509 框架建立在这样一个假设之上,假设 CA 被组织成一个包含所有证书的"权威验证树",且所有具有"共同利益"的用户都拥一种类似的密钥,这些密钥都曾经被树中具有相同祖先的 CA 签名过。

## 5.3.2 基于身份策略的信任管理

基于策略的信任管理技术主要依赖的是当前已经存在的安全性机制来保证整个信任管理系统的安全性,最为常见的情况就是依靠签名证书,因为签名证书是由第三方的权威机构所颁发的,依赖签名证书也就是间接地依赖于第三方权威机构的安全性保障。这种信任管理技术的前提必须拥有完善的语义定义机制,并通过这种完善的机制来为认证证书的使用、访问、决策提供强有力的验证和分析支持。

在本书的内容中,我们主要讨论了 PolicyMaker/KeyNote、SPKI/SDSI 以及 REFEREE 三种基于身份策略的信任管理模型。

(1) PolicyMaker/KeyNote

PolicyMaker 的出现是很有意义的事情,因为它是世界上第一个基于策略的信任管理系统,它是由信任管理概念的提出者 M.Blaze 等人依据自己提出的概念理论进行分析设计的,这个信任管理系统从侧面反映了这几个人信任管理的思想。

PolicyMaker 架构最为核心的部分为授权查询引擎,也就是我们在图 5-16 中表示的信任管理引擎。这一授权查询引擎的输入是采用固定的三元组输入,三元组输入的模式主要为<O,P,C>。其中 O 是用户申请进行的相应操作,P 表示的是相应的安全策略,最后 C 表示的是用户所持有的安全信任证书。对于用户提交的这样一个查询问题,PolicyMaker 信任管理系统可以简单地返回一个信任/不信任这样的结果,当然也可以根据用户提交的身份认证信息来返回一个更加详细的授权内容。根据 M.Blaze 等人的定义,PolicyMaker 信任管理系统的查询语法的主要形式如下所示:

```
(Issuer, Subject, Authority, Delegation, ValidityDates)
(Issuer, Name, Subject, ValidityDates)
key₁ , key₂ , …, keyₙ REQUESTS ActionString
```

其中，提交的字段 ActionString 主要是用来表示用户所期望进行的相关操作。$key_1$，$key_2$，…，$key_n$是操作申请用户所持有的公共密钥序列。PolicyMaker 的策略和凭证主要是通过断言来描绘的，断言是一种数据结构，它主要描述了各个实体间授权委派所需要的一些数据内容，断言具体的形式如下所示：

```
Source ASSERTS AuthorityStruct WHERE Filter
```

其中 Source 是断言的权威源。Source 的值主要分为两种情况。一种情况是，当 Source 的值是 POLICY(关键字)时，表示此时的断言是一种策略；另外一种情况是，当 Source 是公共密钥的时候，表示此时的断言所表示的是一种凭证。信任管理引擎在本地保存了相应的安全策略，当然，相应的安全策略也可以采用分布式的存储形式来保存。AuthorityStruct 字段主要存储了需要被授权的实体序列，这个实体可以是一个公共密钥也可以是一种门限结构。Filter 主要确定的是进行这些用户申请操作所必须要满足的一些条件，这一部分可以使用如 Java 这样的解释执行的程序语言来编写。

KeyNote 语言是以 PolicyMaker 为基础发展而来的。它在 1999 年的时候正式被 IEEE 编入 RFC 2704 标准。KeyNote 所采用的断言语法，不论是策略断言还是凭证断言，都更加简洁明了。我们举一个 KeyNote 安全策略的例子来说明，我们想要使得 Alice 用户拥有 Library 域中所有的权限内容，那么可以使用下面的语句：

```
Comment:Library delegates all the rights of Library to Alice
Authorizer:POLICY
Licensees:"DSA:5601EF88" # Alice's key
Conditions:app - domain = "Library"
```

其中，Authorizer 字段和 Licensees 字段同 PolicyMaker 中的 Source 和 AuthorityStruct 功能相似，主要用来描述断言的权威源以及存储的需要被授权的实体序列。而在 KeyNote 中，Conditions 字段和 PolicyMaker 中的 Filter 相比，则做了很大一部分简化工作，KeyNote 中的 Conditions 字段使用了一种更加简洁的语言来描述所申请的操作的相关属性。KeyNote 使用的证书中的 Authorizer 字段包含的是公钥，另外在 KeyNote 中还增加了 Signature 字段，主要用来保存 Authorizer 对当前断言情况的签名：

```
KeyNote - Version:"2"
Local - Constants:Bob = "DSA:4401FF92" # Bob's key
Carol = "RSA:d1234f" # Carol's key
Comment: Alice delegates the read action on computer articles to Bob and Carol
Authorizer: "DSA:5601ef88" # Alice's key
Licensees:Bob||Carol
Conditions:app - domain = = "Library"&&action = = "read"&&cat = = "Computer"
Signature:< signature of the private key of Alice >
```

KeyNote 的查询主要包括了操作申请者的公共密钥、操作的必要属性、满足性值以及策略与凭证集合这样 4 个基本内容。满足性值主要为应用程序提供参考，应用程序将根据满足性值的内容来进行相应的授权决策。KeyNote 的查询评价语义主要对 PolicyMaker 的查询评价语义进行了相应的一些精简,递归地定义了查询满足性值的计算原理,基本思想是寻找一条从 Policy 到请求方公钥的委派链。

(2) SPKI/SDSI

SPKI(Simple Public Key Infrastructure)和 SDSI(Simple Distributed Security Infrastructure)最初是两个独立的研究项目,两者的初衷分别是构建不依赖于 X.509 全局命名体系的授权和认证设施,两者的互补性使之合并为 IETF 的 RFC 标准,一般称为 SPKI 或 SPKI/SDSI。

SPKI 继承了 SDSI 的局部名字,局部名字由主体和标识符序列组成,SPKI 的主体表示为公钥。例如,局部名字"KeyAlice's Bob"是指公钥 KeyAlice 定义的名字空间中的 Bob,而"KeyAlice's Bob's friend"表示该 Bob 定义的名字空间中的 friend。局部名字不依赖于全局命名体系,通过各局部命名空间的信任关系实现更大范围内的命名体系,具有很大的灵活性和可伸缩性。

SPKI 证书包括授权证书(authorization certificate)和名字证书(name certificate),授权证书可以表示为五元组:

```
(Issuer, Subject, Authority, Delegation, ValidityDates)
```

表示 Issuer 将 Authority 字段描述的特权委派给 Subject,Delegation 决定是否允许 Subject 将 Authority 进一步委派给其他主体,ValidityDates 是证书的有效时段。SPKI 的名字证书表示为四元组:

```
(Issuer, Name, Subject, ValidityDates)
```

名字证书表达了一种名字的蕴涵机制:Subject 代表的所有公钥都具有 Issuer 定义的名字 Name,ValidityDates 是证书的有效时段。根据名字证书定义的"名字链",可以判定一个公钥是否具有一个局部名字,或者一个局部名字可以解析为哪些公钥。

(3) REFEREE

REFEREE 是为了解决 Web 浏览安全问题而开发的信任管理系统,也是基于策略和凭证的信任模型。

REFEREE 采用了与 PolicyMaker 类似的完全可编程的方式描述安全策略和安全凭证。在 REFEREE 系统中,安全策略和安全凭证均被表达为一段程序,但程序必须采用 REFEREE 约定的格式来描述。REFEREE 的一致性证明验证过程比较复杂,整个验证过程由安全策略或安全凭证程序之间的调用完成,程序甚至能根据具体需求自主地收集、验证和调用相关的安全凭证。另外,REFEREE 能够验证非单调的安全策略和安全凭证,即能够处理一些否定安全凭证。REFEREE 灵活的一致性证明验证机制一方面使其具有较强的处理能力,另一方面也导致其实现代价较高。而允许安全策略和安全凭证程序间的自主调用则存在较大的安全隐患。

另外,必须看到 REFEREE 的验证结果可能会出现未知的情况。REFEREE 相比 PolicyMaker 和 KeyNote 更加灵活,尤其是其处理一致性证明验证的能力较强,程序可以自动收集并验证安全凭证的可靠性,这大大减轻了应用程序的压力,有利于该信任管理系统的使用,但是也要注意到它的实现代价较高。而且允许安全策略和安全凭证程序间的自主调用,也可能造成安全隐患。

### 5.3.3　基于行为信誉的信任管理

基于信誉的信任管理依赖于"软安全(soft security)"方法来解决信任问题。在这种情况下,信任通常基于自身经验和网络中其他实体提供的反馈(该实体使用过提供者提供的服务)。

信誉与行为信任相对应,它与信任并不等价。信任是一个个性化的主观信念,它取决于很多因素或证据,而信誉只是其中一种因素。信任与信誉之间的关系可以看成是:利用建立在社群基础之上的关于实体以往行为的反馈,信誉系统提供了一种通过社会控制方式创建信任的途径,从而有助于对事务的质量和可靠性进行推荐和判断。

下面我们先介绍信任的信息收集技术,详细介绍信誉的数学模型。

为了实现信任评价,节点需要收集被评价节点的信任信息,也就是有关被评价节点的信誉推荐(反馈)。推荐信息的创建涉及把存储的经验信息以标准的形式提交给推荐请求节点。推荐信息可以包含所有的经验信息或者一个聚合的观点。著名的信誉系统 PeerTrust、ManagingTrust、FuzzyTrust 使用前一种方法,而 NICE、REGRET、EigenTrust 使用后一种方法。采用聚合观点的方法节约带宽,具有更好的可扩展性,但是会以减少透明性为代价。

现有信誉系统的信任信息收集方式通常可以分为两类,一些信誉系统假设每个实体都可以访问到所有的事务或者观点信息,换句话说,信任评价基于完整的信任信息图。这类信誉系统可被称为基于全局信誉信息的信誉系统。在基于全局信誉信息的信誉系统中,同一时刻系统中所有节点获取相同的信誉信息,即完整的信誉信息。采用这种信誉信息收集方式的信誉系统通常对系统中节点的信誉信息的存储方式有较高的要求,需要能够让所有节点安全高效地获得所需要的信誉信息。

另外一些信誉系统使用局部化的信任信息查找过程。它假设每个节点具有几个邻居节点,如果节点 A 希望对节点 B 进行信任评价,那么节点 A 就会向其邻居发送信任信息查询请求,并规定查询转发的深度 TTL。收到查询请求的节点根据自身的经验数据库进行如下处理:(1)如果有关于节点 B 的信任信息,那么产生关于节点 B 的推荐信息传输给节点 A;(2)检查 TTL,如果 TTL 大于 0 那么则把请求转发给邻居节点,并且 TTL 减 1,如果等于 0 则不作处理。我们可以发现,采用局部化查找方法的信誉系统,其信任评价是基于信任信息图的子图。因此,这类信誉系统可被称为基于局部信任信息的信誉系统。基于局部信任信息的信誉系统通常对系统中节点的信任信息存储方式没有特别的要求。

通过上面的介绍,我们可以发现两种信任信息收集方法都有其优缺点。基于局部信任信息的信誉系统具有更好的可扩展性。然而,基于全局信任信息的信誉系统能够访问到完整的信任信息图,可以在网络中建立一致的全局信任信息视图,因此准确性、客观性比较高,还可以避免绝大多数攻击手段造成的危害。通信负载过大是全局计算方式面临的最大问题,这可能导致模型的可用性降低。

(1)基于局部信任信息的信任模型

它是指节点根据局部信任信息实现的信誉评价,信息来源包括直接交互经验和其他节点提供的推荐信息。总体而言,局部信誉模型相对简单,需要的信息量较少,信誉计算的代价因此也较小。然而由于信誉信息来源较少,其信誉评价的准确性较差,并且在识别欺骗行为的能力上也存在一定的不足。典型的基于局部信任信息的信任模型有 P2PRep、DevelopTrust,Limited Reputation 等。

P2PRep 是针对 Gnutella 提出的一个信誉共享协议,每个节点跟踪和共享其他节点的信誉。使用提供者信誉和资源信誉相结合的方法来减少在下载使用资源过程中潜在的风险,提出了一个分布式的投票算法来管理信誉。该方法假设系统中大多数节点都是诚实推荐节点,这种假设在开放的环境中并不总是成立,在某些情况下推荐可能很少,并且大多数的推荐是不诚实的,并且,提供不诚实的恶意节点通过提交大量的不诚实推荐成为主流观点,产生不正确的信任评价。

DevelopTrust 是一个基于社会网络的模型,定义了信任信息收集算法,每个节点维护一个熟人集合,和节点发生过交互的节点称为熟人,为每个熟人维护一个熟人模型,包含熟人的服务可信度和推荐可信度,基于此节点选择一部分可信的熟人节点作为邻居节点,此外,节点可以基于上述评价自适应更新邻居节点,通常是相隔一定的时间间隔。DevelopTrust 还定义了一个信任信息收集算法,通过邻居节点相互引荐(referral)的方法来发现证人节点(见证节点(witness)指和目标评价节点发生过直接交互的节点),进而获得见证节点的推荐,使用指数均值信任计算方法增强信任模型的动态适应能力,有效处理节点的行为改变,并且讨论了不同的欺骗模型,提出了权重大多数技术 WMA(Weighted Majority Algorithm)来应对不诚实节点的不诚实反馈。WMA 算法的思想是对不同推荐者的推荐分配不同的权重,根据权重来聚合相应的推荐,并根据交互的结果来动态地调整相应权重,但这种方法面临这样一个问题:如果节点的推荐只是基于少量的交互或者(并且)服务的质量变化很大,那么诚实的推荐节点可能被错误地划分为不诚实节点。

LimitedReputation 是针对 P2P 文件共享提出的信誉机制,每个节点维护一定数量的具有较高信任度的朋友节点,信任信息的收集采用朋友节点之间信任信息的交换来实现,采用推荐信任度等同于服务信任的方法来进行信任信息的聚合,具有和 EgienTrust 同样的问题。

(2) 基于全部信任信息的信任模型

全局信誉模型依靠所有节点之间的相互推荐构造基于全局信息的信誉评价,在此基础上建立全局一致的信誉视图。eBay 采用集中信誉信息存储的方法,它采用最简单的信誉值计算方法:分别对正面的事务评价和负面的事务评价进行简单相加,然后正面的评价减去负面的评价作为整个的信誉评价。该方法比较原始,不能有效地刻画节点的信誉。Epinions、Amazon 采用轻微改进的算法,对所有的事务评价取平均值。

EigenTrust、PeerTrust 和 ManagingTrust 采用分布存储设施进行信任信息的存储和收集。这种存储方法使用分布哈希表(DHT)来为系统中的每个节点分配一个信任信息监管节点来存储系统中其他节点对它的评价,使用不同的哈希函数可以实现信誉信息的备份。EigenTrust 是一个由 Stanford 大学针对 P2P 文件共享提出的信誉管理系统,用来抑制非法有害文件的传播。每个节点对应一个全局信任值,该信任值反映了网络中所有节点对该节点的评价。每次交易都会导致在全网络范围内的迭代,因此,该模型在大规模网络环境中缺乏工程上的可行性。采用预信任节点和推荐可信度等同于服务信任度的方法来处理合伙欺骗的不诚实推荐行为,具有一定的局限性,不能有效处理既提供良好的服务也提供不诚实推荐的恶意节点。

PeerTrust 是一个基于信任的信任支持框架,该框架包含一个自适应的信任模型来度量和比较节点的信任度。为了计算节点的信任度,定义了 3 个基本的参数和两个自适应的信任因子,即从其他节点接受的反馈、节点完成的事务总数、反馈源的可信度,事务上下文因子和社群上下文因子。事务上下文因子基于大小、类别和时间戳来区分事务,社群上下文因子帮助缓解反馈激励问题,并提出了基于自适应时间窗口的动态信任计算方法来处理恶意节点的动态策略性行为改变,但提出的方法不能有效地检测和惩罚反复建立信任然后进行攻击的摇摆行为节点。PeerTrust 使用个人相似度度量的方法来计算节点的推荐可信度,处理不诚实推荐,基于反馈相似度的方法会面临公共交互节点集合很小的问题,影响信任评价的准确性。

TrustGuard 在 PeerTrust 的基础上进行了更深入的研究,并借鉴了控制系统中 PID 控制器思想,提出了一个可靠的动态信任计算模型,但该方法仍然未能有效地检测和惩罚反复建立信任然后进行攻击的摇摆行为节点。ManagingTrust 假设网络中的节点在大多数情况下是诚实的,系统中的信誉使用抱怨来表达,节点获得的抱怨越多,越不可信。ManagingTrust 使用 P. Grid 完成分布的信任信息管理。另外,信任模型依赖于节点提供的信任信息的数量和质量。而理性自私的节点由于以下原因不愿意积极提供诚实的信任信息:提供反馈会增加被评价节点的信誉,而此节点能会成为潜在的竞争者;节点担心提供诚实的负面反馈会遭到报复;提供诚实反馈只对其他节点有利。

相对于局部信誉模型,全局信誉能够更加全面地反映系统整体对节点行为的看法,因此其准确性、客观性比较高,有利于节点不良行为的识别。从基于信誉实现激励的角度,全局信誉作为与节点绑定的唯一信誉评价,相对于局部信誉,它更有利于利用网络拓扑的不对称性和节点能力的差异提供全局一致的激励。全局信誉模型的主要问题在于,由于使用了全局的信任信息,全局信誉的计算通常会产生较高的网络计算代价。信誉全局迭代产生的消息负载是全局信誉计算面临的最大问题,例如,EigenRep 模型中所采用的全局迭代的信誉求解算法,其复杂度高达 $O(n^2)$($n$ 为系统的规模),这在很大程度上限制了模型的可行性。另一方面,通常情况下,全局信誉模型的求解算法收敛速度也较局部信誉模型更慢。

# 5.4　位置隐私

基于位置的服务(Location-Based Service,LBS)是指通过无线通信和定位技术获得移动终端的位置信息(如经纬度的坐标数据),将此信息提供给移动用户本人或他人或系统,以实现各种与当前用户位置相关的服务。

人们享受各种位置服务的同时,移动对象个人信息泄露的隐私威胁也渐渐成为一个严重的问题。曾经有报道,某人利用 GPS 跟踪前女友、公司利用带有 GPS 的手机追踪监视本公司雇员行踪等案例。越来越多的事实说明了移动对象在移动环境下使用位置服务可能导致自己随时随地被人跟踪,被人获知曾经去过哪里、做过什么或者即将去哪里、正在做什么,换句话说,人们的隐私和安全受到了威胁。

位置隐私是一种特殊的信息隐私。信息隐私是由个人、组织或机构定义的何时、何地、用何种方式与他人共享信息,以及共享信息的内容。而位置隐私则指的是防止其他人以任何方式获知对象过去、现在的位置。在基于位置的服务中,敏感数据可以是有关用户的时空信息、查询请求内容中涉及医疗或金融的信息、推断出的用户的运动模式(如经常走的道路以及经过频率)、用户的兴趣爱好(如喜欢去哪个商店、哪种俱乐部、哪个诊所等)等个人隐私信息。而位置隐私威胁是指攻击者在未经授权的情况下,通过定位位置传输设备、窃听位置信息传输通道等方式访问到原始的位置数据,并计算、推理获取的与位置信息相关的个人隐私信息。例如,通过获取的位置信息向用户散播恶意广告,获知用户的医疗条件、生活方式或是政治观点等。

位置隐私泄露的途径有 3 种:

(1) 直接交流(Direct Communication)。这是指攻击者从位置设备或者从位置服务器中直接获取用户的位置信息。

(2) 观察(Observation)。这是指攻击者通过观察被攻击者的行为直接获取位置信息。

(3) 连接泄露(Link Attack)。这是指攻击者可以通过位置连接外部的数据源(或者背景知识)从而确定在该位置或者发送该消息的用户。

在移动环境中,由于位置信息的特殊性及移动对象对高质量的位置服务的需求,位置隐私保护技术面临以下主要挑战:

(1) 保护位置隐私与享受服务彼此相矛盾。移动环境下用户使用基于位置的服务时,需要发送自己的当前位置信息,位置信息越精确,服务质量越高,隐私度却越低,位置隐私和服务质量之间的平衡是一个很难处理却又必须考虑的问题。这里考虑的服务质量包含响应时间、通信代价等,与具体的环境有关。

(2) 位置信息的多维性特点。在移动环境下,移动对象的位置信息是多维的,每一维之间互相影响,无法单独处理。这时采用的隐私保护技术必须把位置信息看作一个整体,在一个多维的空间中,处理每一个位置信息。其中的处理包括存储、索引、查询处理等技术。

(3) 位置匿名的即时性特点。在移动环境下,通常处理器面临着大量移动对象连续的服务请求以及连续改变的位置信息,这使得匿名处理的数据量巨大而且频繁的变化。在这种在线(Online)的环境下,处理器的性能即匿名处理的效率是一个重要的影响因素,响应时间也是用户满意度的一个重要衡量标准。另外,位置隐私还要考虑对用户的连续位置保护的问题,或者说对用户的轨迹提供保护,而不仅仅处理当前的单一位置信息,因为攻击者有可能积累用户的历史信息来分析用户的隐私。

(4) 基于位置匿名的查询处理。在移动环境中,用户提出基于位置的服务请求。每一个移动对象不但关注个人位置隐私是否受到保护,同时还关心服务请求的查询响应质量。服务提供商根据用户提供的位置信息进行查询处理并把结果返回给用户。经过匿名处理的位置信息,通常是对精确的位置点进行模糊化处理后的位置区域。这样的位置信息传输给服务提供商进行查询处理时,得到的查询结果跟精确的位置点的查询结果是不一样的。如何找到合适的查询结果集,使得真实的查询结果被包含在里面,同时也没有浪费通信代价和计算代价是匿名成功之后需要处理的主要问题。

(5) 位置隐私需求个性化。隐私保护的程度问题并不是一个技术问题,而属于个人事件。不同的用户具有不同的隐私需求,即使相同的用户在不同的时间和地点隐私需求也不同。例如,用户在休闲娱乐时(例如逛街)隐私度要求比较低,但是在看病或参与政治金融相关的活动时隐私度比较高。所以,技术不能迫使社会大众共同接受一个最小的隐私标准。

## 5.4.1　基于位置服务的位置隐私

在位置隐私保护中主要有两方面的工作：

(1) 位置匿名(Location Anonymization)。匿名指的是一种状态，这种状态下很多对象组成一个集合，从集合外向集合里看，组成集合的各个对象无法区别，这个集合称为匿名集。位置匿名是指系统能够保证无法将某一个位置信息通过推理攻击的方式与确切的个人、组织、机构相匹配。在 LBS 中的位置匿名处理要求经过某种手段处理用户的位置，这使得个体位置无法识别从而起到保护用户位置的目的。

(2) 查询处理。在感知位置隐私的 LBS 系统中，位置信息经过匿名处理后不再是用户的真实位置，可能是多个位置的集合也可能是一个模糊化(Obfuscation)的位置。所以，在位置服务器端，查询处理器的处理无法继续采用传统移动对象数据库中的查询处理方式，因为后者的技术均以确切的位置信息为基础。可以在原有技术的基础上进行改进和修改，从而使其适应新的查询处理要求。

### 1. 系统结构

在对移动对象的基于位置的服务请求进行响应时，必须首先确定所采用的系统结构。位置匿名系统的结构有三种：独立结构(Non-cooperative Architecture)、中心服务器结构(Centralized Architecture)和分布式的点对点结构(Peer-to-peer Architecture)。独立结构中用户仅利用自己的知识、由客户端自身完成位置匿名的工作，从而达到保护位置隐私的目的；中心服务器结构在独立结构的基础上，增加了一个第三方可信中间件，由可信的中间件负责收集位置信息，对位置更新做出响应，并负责为每个用户提供位置匿名保护；分布式点对点系统结构是移动用户与位置服务器的两端结构，移动用户之间需要相互信任协作从而寻找合适的匿名空间。现在大部分的工作集中在中心服务器结构和分布式点对点结构。

#### 1) 独立结构

独立结构是仅有客户端(或者移动用户)与位置数据库服务器的 C/S 结构。该系统结构假设移动用户拥有能够自定位并具有强大的计算能力和存储能力的设备(例如 PDA)。移动用户根据自身的隐私需求，利用自己的位置完成位置匿名。

在此结构中，一个查询请求的处理流程是：将匿名后的位置连带查询一起发送给位置数据库服务器；位置数据库服务器根据匿名的位置进行查询处理，给出候选结果集返回给用户；用户知道自身的真实位置，所以可以根据真实位置挑选出真正的结果，换句话说，由用户自身完成查询结果的求精。总之，客户端需要自己完成位置匿名和查询结果求精的工作。

独立结构的优点是简单且容易与其他技术结合。但它的缺点是对客户端的要求比较高；并且它只利用自身的知识进行匿名，无法利用周边环境中其他用户的位置等信息，所以比较容易受到攻击者的攻击。例如，客户端降低空间粒度，生成了一个满足用户需求的匿名框，但是不幸的是，如果在此匿名框中只有移动用户自身，那么任何从此匿名框处提出的查询都可以推断是由此移动用户提出的，查询内容与用户标识容易实现匹配，引起查询隐私泄露。

2) 中心服务器结构

中心服务器结构除包含用户、基于位置的数据库服务器外,在二者之间还加入了第三方可信中间件,称为位置匿名服务器。位置匿名服务器的作用是:

(1) 接收位置信息:收集移动用户确切的位置信息,并响应每一个移动用户的位置更新。

(2) 匿名处理:将确切的位置信息转换为匿名区域。

(3) 查询结果求精:从位置数据库服务器返回的候选结果中选择正确的查询结果返回给相应的移动用户。

之所以在用户与位置服务器之间加入第三方可信中间件,是因为无法确定位置数据库服务器是可信的,所以可以称其为半可信的。不可信是因为会有一些不负责任的服务提供商出于商业目的将他所收集的位置记录卖给第三方,这样,攻击者可以锁定一些攻击对象,通过买来的数据获取这些对象历史所到之处,并推断未来的位置。而半可信是指,位置服务器会按照匿名框或者用户的真实位置确切无误地计算出查询结果。

在中心服务器结构中,一个查询请求的处理过程如下:

(1) 发送请求:用户发送包含精确位置的查询请求给位置匿名服务器。

(2) 匿名:位置匿名服务器使用某种匿名算法完成位置匿名后,将匿名后的请求发送给提供位置服务的数据库服务器。

(3) 查询:基于位置的数据库服务器根据匿名区域进行查询处理,并将查询结果的候选集返回给位置匿名服务器。

(4) 求精:位置匿名服务器从候选结果集中挑出真正的结果返回给移动用户。

中心服务器结构的优点在于降低了客户端的负担,在保证高质量服务的情况下提供符合用户隐私需求的匿名服务。但是其缺点也很明显,主要表现在以下两个方面:

(1) 位置匿名服务器是系统的处理瓶颈。移动用户位置频繁地发生变化,位置匿名服务器需要负责所有用户的位置收集、匿名处理以及查询结果求精。所以它的处理速度将直接影响到整个系统。如果位置匿名服务器出了问题,则将会导致整个系统瘫痪。

(2) 当位置匿名服务器也变得不再可信的时候,如受到攻击者的攻击,由于它掌握了移动用户的所有知识,所以将会导致极其严重的隐私泄露。

3) 分布式点对点结构

分布式点对点系统结构由两部分组成:移动用户和位置数据库服务器。每个移动用户都具有计算能力和存储能力,它们之间相互信任合作。位置数据库服务器与其他两种系统结构中的作用一样,都是提供基于位置的服务。

分布式点对点结构与中心服务器结构的区别在于中心服务器结构中的第三方可信中间件需要负责位置匿名和查询结果求精等工作,而分布式点对点结构中每个节点都可以完成该工作,节点之间具有平等性。所以这将避免中心服务器结构中位置匿名服务器是处理瓶颈和易受攻击等缺点。与独立结构相比,表面上看二者都是两端结构,但是不同点在于独立结构中,移动用户仅利用自己的位置做匿名,并不考虑其他移动用户的信息。在分布式结构中,移动用户根据匿名算法找到其他一些移动用户组成一个匿名组(Group),利用组中的成员位置进行位置匿名。匿名处理过程可以由提出查询的用户本身完成,也可以由从组中选出的头节点完成。查询结果返回给头节点,头节点可以选择出真实结果发送给提出查询的用户,也可以将查询结果的候选集发送给用户,由用户自己挑选出真实的结果。所以在分布式点对点结构中,除与其他两种结构相同的位置匿名处理和查询处理任务外,另一个重要任务就是选择头节点(Head),平衡网络负载。

### 2. 位置匿名模型

在所有的系统结构下,位置隐私保护技术都需要定义一个合适的位置匿名模型,使得该模型既能够保证用户的隐私需求,又能够最好地响应用户的服务请求。

迄今为止,在位置匿名处理中使用最多的模型是位置 $k$-匿名模型(Location K-Anonymity Model)。$k$-匿名模型由美国 Carnegie Mellon 大学的 Latanya Sweeney 提出,最早使用在关系数据库的数据发布隐私保护中,它是指一条数据表示的个人信息和至少其他 $k-1$ 条数据不能区分。其主要目的是为了解决如何在保证数据可用的前提下,发布带有隐私信息的数据,使得每一条记录无法与确定的个人匹配。

Marco Gruteser 最先将 $k$-匿名的概念应用到位置隐私上来,提出位置 $k$-匿名(Location K-Anonymity):当一个移动用户的位置无法与其他 $(k-1)$ 个用户的位置相区别时,称此位置满足位置 $k$-匿名。通常采用的技术是把用户的真实位置点扩大为一个模糊的位置范围,使得该范围覆盖了 $k$ 个用户的位置,从而隐藏了真实用户的位置。形式化来说,每一个用户的位置以一个三元组表示($[x_1, x_2]$, $[y_1, y_2]$, $[t_1, t_2]$),其中($[x_1, x_2]$, $[y_1, y_2]$)描述了对象所在的二维空间区域,$[t_1, t_2]$ 表示一个时间段。($[x_1, x_2]$, $[y_1, y_2]$, $[t_1, t_2]$)表示用户在这个时间段的某一个时间点出现在($[x_1, x_2]$, $[y_1, y_2]$)所表示的二维空间中的某一点。除此用户外,还有其他至少 $(k-1)$ 个用户也在此时间段内的某个时间出现在($[x_1, x_2]$, $[y_1, y_2]$)的二维空间的某一点,这样的用户集合满足位置 $k$-匿名。如图 5-17 所示为一个 $k=4$ 的位置 $k$-匿名的例子(为了叙述的方便,这里省掉了时间域)。

A、B、C 和 D 在经过位置匿名后,均用($[X_{bl}, X_{ur}]$, $[Y_{bl}, Y_{ur}]$)表示,如表 5-2 所示,其中($X_{bl}, Y_{bl}$)是匿名矩形框的左下角坐标,($X_{ur}, Y_{ur}$)是匿名矩形框的右上角坐标。这样,攻击者只知道在此区域中有4 个用户,具体哪个用户在哪个位置他无法确定,因为用户在匿名框中任何一个位置出现的概率相同,所以在位置 $k$-匿名模型中,匿名集由在一个匿名框中出现的所有用户组成,所以图 5-17 的匿名集为 {A、B、C、D}。一般情况下,$k$ 值越大,匿名度越高。所以,以匿名集的大小表示匿名度。

图 5-17　位置匿名

表 5-2　位置匿名

| 用户 | 真实位置 | 匿名后的位置 |
| --- | --- | --- |
| A | $(X_A, Y_A)$ | $([X_{bl}, X_{ur}], [Y_{bl}, Y_{ur}])$ |
| B | $(X_B, Y_B)$ | $([X_{bl}, X_{ur}], [Y_{bl}, Y_{ur}])$ |
| C | $(X_C, Y_C)$ | $([X_{bl}, X_{ur}], [Y_{bl}, Y_{ur}])$ |
| D | $(X_D, Y_D)$ | $([X_{bl}, X_{ur}], [Y_{bl}, Y_{ur}])$ |

一般情况下,$k$ 值越大,匿名框也越大,但是这也与用户提出服务的所在位置的周围环境有关。假设提出查询请求的用户要求 $k=100$ 的匿名度,如果此时用户正在一个招聘会

上,一个很小的空间即可满足用户的需求,但如果用户此时在沙漠中,则返回的匿名空间可能非常大。

这里的 $k$ 和匿名框的大小都是衡量隐私保护性能的参数,也是用户用于表达自己对隐私保护和服务质量的要求。通常,移动对象的位置隐私需求可以用 4 个参数来表示:

(1) $k$: 即 $k$-匿名,用户要求返回的匿名集中至少包含的用户数。

(2) $A_{\min}$: 匿名空间的最小值,即返回的匿名空间必须要超过此值,可以是面积或半径等。$A_{\min}$ 的作用是为了防止在用户密集区,很小的空间区域即可满足用户 $k$ 值的需求。极端情况下,在一个位置 $L$ 上有 $k$ 个用户,虽然满足 $k$ 值的需求,但是位置还是暴露了。

(3) $A_{\max}$: 匿名空间的最大值,即返回的匿名空间必须不能超过此值,也可以是面积或半径等。

(4) $T_{\max}$: 可容忍的最长匿名延迟时间。即从用户提出请求的时刻起需要在 $T_{\max}$ 的时间范围内完成用户的匿名。

$k$ 和 $A_{\min}$ 是用户的位置匿名限制(Location Anonymization Constraints),反映的是匿名质量的最小值;$A_{\max}$ 和 $T_{\max}$ 是位置服务质量限制(Location Service Quality Constraints),反映的是最差服务质量。

### 3. 位置匿名技术

在位置隐私保护模型下,需要找到一个高效的位置匿名算法,使得既满足用户隐私需求又保证服务质量。首先,位置服务中的查询请求可以形式化为(id,loc,query)。

其中,id 表示提出位置服务请求的用户标识,loc 表示提出位置服务时用户所在的位置坐标 $(x,y)$,query 表示查询内容。举例而言,张某利用自己带有 GPS 的手机提出"寻找距离我现在所在位置最近的中国银行",则 id="张某",loc="某中国银行地址",query="距离我最近的中国银行"。

位置隐私保护的主要目的是防止或减少在服务提供系统中位置信息的可识别性。最早的方法是使用假名,即将此查询先提交给一个匿名服务器,将真实的唯一标识用户的 id 隐藏,换成假名 id'。这样攻击者即无法知道在此位置上的用户是谁,此查询是由谁提出的。此时查询三元组变为(id', loc, query),其中 id' 是用户的假名。

然而,不幸的是即使使用假名技术,位置信息 loc 也有可能导致位置隐私泄露。众所周知,Web 服务器会记录请求服务的 URL 和提出请求的 IP 地址。与 Web 服务器类似,位置服务器也以日志的形式记录自己收集到的所有服务请求。所以,在日志中包含的位置信息为攻击者提供了一扇方便之门。这里将以位置作为媒介实现消息内容与用户匹配的隐私威胁分为两类:第一类是受限空间识别(Restricted Space Identification),第二类是观察识别(Observation Identification)。例如,一个对象发送消息 M,其中包含了位置 L。攻击者 A 得到了此条消息,则他可以通过位置信息 L 确定消息 M 的发送者。受限空间识别是指如果攻击者 A 知道地点 L 是专属于用户 S 的,则任何从 L 发送的查询一定是由 S 发出的。比如,某别墅的主人在其家中发送了某条消息,可以通过消息中确切的位置 $(x,y)$ 利用外部知识从而确定此别墅的主人。这样,攻击者即可确定这个用户发送了哪些查询。观察识别是通过一些外部观察知识实现用户标识和查询内容的匹配。如攻击者 A 之前被告知(或通过观察获知)时刻 $t$ 对象 S 在位置 L 上,而攻击者又发现在时刻 $t$ 从位置 L 发出的查询都来自同一人,则可以认为任何从 L 发送的消息 M 都是由 A 发出的。例如,一个对象在上一个消息中揭示了其标识与位置,那么在同一个位置上即使匿名了后面的消息,攻击者仍然可以通过消息中的位置识别出后来消息的来源。

由此可见,仅仅隐藏用户标识是不够的,需要将用户的位置也做一定的匿名处理,从而保护位置隐私,这正是近年来位置匿名研究的焦点。随着对位置匿名研究的逐渐深入,出现了一系列新的具有代表性的方法。迄今为止,广泛使用的位置匿名基本思想有以下 3 种:

(1) 发布假位置,即不发布真实服务请求的位置,而是发布假位置,即哑元(Dummy)。如图 5-18 所示,圆点是查询点,方块是被查询对象。其中黑色的点是真实的位置点,为了保护用户的位置,发送给位置数据库服务器的是白色的假位置。由此可见,位置隐私就通过报告假位置而获得了保护,攻击者并不知道用户的真实位置。隐私保护程度和服务质量与假位置和真实位置的距离有关。假位置距离真实位置越远,服务的质量越差,但隐私保护程度越高;相反地,距离越近,服务的质量就比较好,但是隐私保护程度则比较低。

(2) 空间匿名(Spatial Cloaking)。本质上是降低对象的空间粒度,即用一个空间区域来表示用户的真实的精确位置。区域的形状不限,可以是任意形状的凸多边形,现在普遍使用的是圆和矩形,称这个匿名的区域为匿名框,如图 5-19 所示。

图 5-18　假位置数据示意图

图 5-19　空间匿名示意图

用户 q 的真实位置点的坐标是 $(x, y)$,空间匿名的思想是将此点扩充为一个区域如图 5-19 中的虚线圆 $r_q$,即用这个区域表示一个位置,并且用户在此区域内每一个位置出现的概率相同。这样攻击者仅能知道用户在这个空间区域内,但是却无法确定是在整个区域内的哪个具体位置。

(3) 时空匿名(Spatio-Temporal Cloaking)。在空间匿名的基础上,增加一个时间轴。在扩大位置区域的同时,延迟响应时间,如图 5-20 所示。通过延迟响应时间,可以在这段时间中出现更多的用户、提出更多的查询,隐私匿名度更高。与空间匿名相同,在时空匿名区域中,对象在任何位置出现的概率相同。

注意,无论是空间匿名还是时空匿名,匿名框的大小从一个侧面表示了匿名程度。匿名框越大则可能覆盖的用户数就越多,匿名的效果就可能越好,但是查询处理代价增加的同时服务质量却降低了;相反地,匿名框越小,匿名的程度就可能越低,服务质量就比较高,极端情况下匿名框缩小为一个确切的点,则位置隐私泄露。以空间匿名为例,如图 5-19 所示,用户查询"距离我最近的点",传统的最近邻查询使用真实的位置点 q,返回给用户真实的查询结果 b。但是,在匿名的情况下,位置服务

图 5-20　时空匿名示意图

器只能返回距离此查询区域 $r_q$ 最近的对象集合{b、c、d}。此集合是查询结果的候选集,也就是说,位置服务器在不知道用户真实位置的情况下,此集合中的任何一个对象都有可能成为真实的查询结果,它们是距离此匿名区域中某一个点最近的对象。因此,此后需要根据用户的真实位置对候选结果集求精,这个工作可以由用户完成,也可以由匿名服务器完成,这取决于系统结构。但是可以确定的是,匿名区域越大,候选集就越大,求精处理和传输代价就越高。因此,匿名区域的建立需要在隐私保护与服务质量之间寻求一个平衡点。所以空间/时空匿名算法最大的挑战就是在满足用户隐私需求的前提下,如何高效地寻找最优的空间/时空匿名框。

## 5.4.2 位置隐私保护举例

本节将介绍一个基于簇结构的位置隐私保护算法,该算法简称为 ClusterProtection 算法。

### 1. ClusterProtection 算法概述

该算法首先选出响应时间两两有交集的用户群,按照用户指定的 $k$ 值,通过递归建立簇结构的方法将移动用户所在整个区域划分成若干个小区域,在区域之中选择包含 $k$ 个用户的簇,并不断地调整簇中心。但是响应时间不能无限延长,因为用户所能容忍的时间范围有限。当用户加入或者离开时,簇需要重新调整,可能被拆分、合并或保持原状态。ClusterProtection 算法用到的参数如表 5-3 所示。

表 5-3 ClusterProtection 算法的参数列表

| 符号 | 意　　义 |
|---|---|
| S | 用户发送的消息集 |
| T | TTP 发送的消息集 |
| $m_s$ | S 集合中的一条消息 |
| $m_t$ | T 集合中的一条消息 |
| $u_{id}$ | 用户 ID |
| $m_{id}$ | 消息 ID |
| K | 匿名级别 |
| $cx,cy$ | 每个簇中心点坐标 |
| $x_i,y_j$ | 单个用户 $j$ 的坐标 |
| $t_s,t_e$ | 每个簇的开始和结束时间 |
| $t$ | 单个用户发出请求的时间 |
| $dt$ | 单个用户请求的容忍时间 |
| MBR | 匿名处理后的最小边界矩形 |
| $X,Y$ | MBR 的坐标矩形 |
| $H_{MBR}$ | MBR 的高度 |
| $W_{MBR}$ | MBR 的宽度 |
| C | 消息的内容 |

当移动用户请求 LBS 时,会发送消息 $m_s$ 给 TTP

$$m_s \in S:\{u_{id},m_{id},(x,y,t),k,dt,C\} \tag{5-2}$$

$(u_{id}, m_{id})$用来唯一确定 $S$ 中的一个消息,相同用户发出的消息有相同的用户 ID,但是它们的消息 ID 是不同的。$(x,y,t)$ 表示三维时空坐标点,$(x,y)$ 是指移动用户在二维空间中的位置,$t$ 是指移动用户出现在$(x,y)$位置上发送消息的那个时间。$dt$ 表示用户指定的时间容忍长度,即最后生成的匿名框在 $t$ 轴上的映射应该与 $t$ 的距离不超过 $dt$。同时,$dt$ 也定义了该用户的截止时间,即应该在$(m_{s.t}, m_{s.t} + m_{s.dt})$时间内完成匿名。如果超时,则表示匿名失败,放弃该消息的处理。

一旦接收到消息 $m_s$,TTP 运行 ClusterProtection 算法,将其加入到消息队列 $Q_m$ 中,找到与其有时间交集的用户群,将这个区域分成若干个簇。$m_s$ 中的精确位置信息$(x,y)$被用户所在簇的时空匿名框所代替,以实现 $k$-匿名。之后,TTP 发送消息 $m_t$ 到 LBS 服务器。令 $\varphi(t,s) = [t-s, t+s]$,设 $t$ 为数值变量,$s$ 为一个范围,那么 $m_t$ 定义如下:

$$m_t \in T : \left\{ u_{id}, n_{id}, X : \phi\left(cx, \frac{1}{2}W_{MBR}\right), Y : \phi\left(cy, \frac{1}{2}H_{MBR}\right), I(t_s, t_e), C \right\} \tag{5-3}$$

### 2. 簇结构的建立

建立簇结构之前,进行如下定义:

(1) 簇域:是以簇中心为圆心,以簇中距其最远的点到簇中心的距离为半径的一个圆。

(2) 邻居簇:是指两个簇之间相切或相割。

(3) $P_{built}$:表示在当前簇中任意去掉一个点而导致簇被重建的概率。

(4) $N_{ex}$:表示簇内去掉多余节点仍能够保证鲁棒性。

簇域和邻居域在簇的融合中使用,$P_{built}$ 和 $N_{ex}$ 用于判断簇是否需要划分。当 $P_{built}$ 等于 0 或者 $N_{ex} \geqslant 1$ 时簇不需要被划分。

初始中心的选择对于簇结构建立的复杂度有很大影响,这里介绍 4 种方法。

(1) 方法 1:选择 MBR 中水平或竖直方向上最近的点。

(2) 方法 2:一个点随机选择,另一个选择距其最近的点。

(3) 方法 3:两个点均随机选择。

(4) 方法 4:所有的点在水平方向分成两个集合,分别在每个集合中随机选择一点作为各自的中心。

选择好簇中心后,接下来进行分簇。根据每个点到其各簇中心的距离,将其分配到距其最近的簇中。然后,重新计算每个簇的中心,重新分配各点到距离其最近的簇中。上述过程不断重复,直到每个点到簇中心的距离总和(Cluster Distance Sum,CDS)不再改变。簇 $C_i$ 中心点$(cx, cy)$的计算方法如式(5-4)和式(5-5)所示,CDS 的计算式(5-6)所示,其中 $\| C_i \|$ 表示该簇中节点的个数。

$$cx = \frac{1}{\| C_i \|} \sum_{j \in C_i} x_j \tag{5-4}$$

$$cy = \frac{1}{\| C_i \|} \sum_{j \in C_i} y_j \tag{5-5}$$

$$CDS = \sum_{j \in C_i} \sqrt{(x_i - cx)^2 + (y_i - cy)^2} \tag{5-6}$$

簇的建立过程如下所述,其中用到的数据结构定义如下:

(1) $C_m$：记录每个簇的信息，包括簇编号、簇内节点编号、簇的大小(节点个数)、簇的中心、簇内最远节点距离、CDS、MBR、$P_{built}$、$N_{ex}$、$t$-needs、divided。divided 为局部布尔型变量，值与 $P_{built}$ 和 $N_{ex}$ 有关。当 $P_{built}$ 等于 0 或者 $N_{ex} \geqslant 1$ 时簇不需要被划分，divided 值取 1。否则，当 divided 值为 0 时簇需要划分。

(2) $Q_m$：一个先进先出(First In First Out)队列，收集移动用户发来的消息，按照收到消息的顺序排序。

算法主要分成以下 4 步：

(1) 队列 $Q_m$ 初始化。TTP 按照用户发送消息的时间顺序排序，形成 $Q_m$。

(2) 簇的初始化。初始化每个簇时，必须满足如下两个条件：一个条件是簇中节点个数满足簇内用户的最大 $k$ 需求；另一个条件是除了第一个用户，$k$ 个用户的最小的截止时间要大于等于 $k$ 个用户的最大开始时间，以保证簇内用户时间两两相交。

簇的初始化过程如下：

① 定义链表 $c_{temp}$ 用来存储用户信息，从 $Q_m$ 中弹出第一个元素 $e_1$，将其加入到 $c_{temp}$ 中，并在 $Q_m$ 中删除。

② 按序遍历 $Q_m$ 中剩余所有元素，如果 $\min\{c_{temp.\ t+d_t}\} \geqslant \max\{c_{temp.\ t}\}$ 成立，则将该用户加入到 $c_{temp}$ 中。

③ 遍历到最后一个元素时，如果用户个数大于等于该链表中元素的最大 $k$ 值需求，此时簇 $c_0$ 建立。否则，按照上述步骤从队列 $Q_m$ 中弹出第一个元素(即原队列中的第二个元素)重新建立簇。

(3) 每个簇建立后，分别按照前面介绍的 4 种方法选取簇的中心点，利用下面介绍的方法进行分簇。

分簇的方法主要依据每个点到其各簇中心的距离，被分配到距其最近的簇中。然后，重新计算每个簇的中心，各点重新分到距离其最近的簇中。上述过程不断重复，直到每个点到簇中心的距离总和 CDS 不再改变。

(4) 递归地调用上述算法进行分簇，成功后，$C_m$ 会进行调整。此时无须再检查是否满足时间要求，因为每两个用户之间都是时间相交的。这样，簇结构建立完成。

### 3. 簇结构调整

在移动通信环境中，移动用户会从一个区域移动到另一个区域，当簇不能满足用户的 $k$-匿名需求时，簇结构需要调整。当用户从一个区域到另一个区域，如果还在原来的簇内，则簇不需要调整。若用户离开原始簇，则会被分派到距其最近的簇中。当一个或者多个用户加入到一个新簇，则将其加入到距其最近的簇中，并试图对一个簇分解成两个簇。

1) 单用户加入

当一个或者多个用户加入到一个新簇，则将新用户加入到距其最近的簇中，并试图将其加入的这个簇分解成两个簇。若两个簇都不能满足 $k$-匿名的要求，簇调整就会失败。此时，只有 $P_{need}$ 和 $N_{ex}$ 被重新计算，用户可以获得更高的隐私级别，因为新用户加入使得该簇节点数大于用户的 $k$-匿名的要求。最后，对整个 $C_m$ 进行更新。多个用户的加入，可以看成多个单用户同时加入，依次按上述步骤执行即可。

2) 单用户离开

用户的离开,会导致其原始簇无法满足其他用户的 $k$-匿名级别,则原始簇会与距其最近的簇合并,并重新分配其中两个簇中的元素。因此,簇被重建的唯一原因就是无法满足用户的 $k$-匿名要求。假定某个簇 $C$ 中有 $m$ 个节点,将它们的 $k$ 值按照升序排列为 $k_1$、$k_2$、$\cdots$、$k_m$,$k_m$ 定义为最大的匿名级别。当一个用户离开其原始簇的时候,会产生下述 4 种情况:

(1) 若 $m>k_m$,则说明在簇内部即使去掉一个点,那么仍然能够保证 $(m-1)>k_m$,即该簇具有鲁棒性,此时 $P_{need}$ 和 $N_{ex}$ 被重新计算,簇结构无须重建。

(2) 当 $m=k_m$ 且 $k_m>k_{m-1}$ 时,当离开的节点其匿名级别是 $k_m$ 时,此时簇内部节点的个数为 $(m-1)$,由于 $k_1 \leqslant k_2 \leqslant \cdots \leqslant k_{m-1} \leqslant (m-1)$。因此簇内部每个节点的匿名级别均能够得到保障,因此无须重新建簇。

(3) 当 $m=k_m$,且去掉的节点匿名级别为 $k_i$,且 $k_i \neq k_m$。节点个数为 $(m-1)$,$(m-1)<k_m$,此时需要对簇进行合并,可以使用下面介绍的方法。由(2)、(3)可得 $P_{need}=\dfrac{m-1}{m}$。

(4) 若 $m=k_m$ 且 $k_m=k_{m-1}$,在簇中随机去掉一个节点,簇中的节点个数为 $m-1$。此时 $k_m$ 或 $k_{m-1}$ 不能被满足,也需要根据下面介绍的方法对簇进行合并重建,得到结论 $P_{need}=1$。

3) 簇合并

当单用户的退出,$k$-匿名级别不能满足时,该簇会和其 MBR 最小的邻居簇合并。首先,TTP 查找 $c_i$ 的 MBR 最小的邻居簇 $c_j$。$c_i$ 中的所有节点会添加到其邻居簇 $c_j$ 中,之后 $c_i$ 会在 $C_m$ 中删除。最后,使用上面介绍的建立簇的方法,将 $c_j$ 拆分成更小的簇。

# 5.5　本章小结

本章首先介绍了移动用户所面临的各种安全问题,主要包括针对无线通信系统接口的攻击、针对系统核心网的攻击以及针对终端和用户智能卡的攻击这三大类,每一类中都有多种攻击方式。在介绍这些安全威胁之后详细讲解了关于在移动通信系统中的实体认证机制,包括域内认证、域间认证以及组播认证。域内认证包含 3 个实体:服务使用者,即移动用户(User,U);服务提供者(Service Provider,SP);后台认证服务器(Authentication Server,AS)。U 向 SP 提出服务请求,SP 需要对 U 进行认证;SP 转发对 U 的认证请求给 AS,同时递交自己的认证信息;AS 对 SP 和 U 认证通过后,双方进行密钥协商阶段,保证 U 和 SP 后续通信的机密性。域间认证是移动用户从一个区域移动到另外一个区域,假定每个用户只能去一台认证服务器注册自己的身份,该服务器所在的区域可以看成用户的本域,来源于不同本域的两个用户之间的认证属于域间认证。组播认证则是用户为了获得某个组提供的特殊的网络服务而加入特定的组需要进行的认证机制。

而后,讲解了移动通信中常见的两种信任管理机制,即基于身份的信任管理机制和基于声誉的信任管理机制。在基于身份的信任管理机制介绍了基于 PKI 的信任管理机制和基于 TMK 的信任管理机制中的几种常见模型;在基于声誉的信任管理中讲解了 Beth 模型和 RFSN 模型。在信任管理机制一节,最后介绍了移动网络信任管理模型设计原理,设计信任管理模型时必须要满足简单性、健壮性、分布式、自主性、上下文感知性等需求。

最后介绍了当前比较常见的移动用户的位置隐私问题。现今,人们在享受各种位置服务的同时,移动对象个人信息泄露的隐私威胁也渐渐成为一个严重的问题。介绍了几种常见的基于位置隐私的算法,之后详细讲解了一种基于簇结构的位置隐私保护算法。

通过这一章的学习,读者可以了解并掌握在移动通信系统中常见的认证和信任机制以及关于位置隐私问题的常见处理方法。

# 参考文献

[1] Lin Yao, Lei Wang, Xiang-wei Kong, Guowei Wu, Feng Xia. An inter-domain authentication scheme for pervasive computing environment. Computers and Mathematics with Applications. 2010,60(2): 234-244.

[2] Lin Yao, Xiang-wei Kong, Guowei Wu, Chi Lin, Qingna Fan. Tree-Based Multicast Key Management in Ubiquitous Computing Environment.

[3] Lin Yao, Xiang-wei Kong, Qingna Fan. A Privacy-Preserving Authentication Scheme Using Biometrics for Pervasive Computing Environments.

[4] Lin Yao, Xiang-wei Kong, Zichuan Xu. A Task-Role Based Access Control Model With Multi-constraints. Fourth International Conference on Networked Computing and Advanced Information Management, 2008: 137-143.

[5] LinYao,Bing Liu,Kai Yao,Guowei Wu,Jia Wang. An ECG-Based Signal Key Establishment Protocol in Body Area Networks. The 1st IEEE International Workshop on Mobile Cyber-Physical Systems, 2010: 233-238.

[6] 姚琳,范庆娜,孔祥维.基于生物加密的认证机制.计算机应用研究,2010,27(1): 268-270.

[7] 姚琳,范庆娜,孔祥维. 普适环境下基于生物加密的认证机制.计算机工程与应用,2010,46(32): 108-111.

[8] 姚琳,范庆娜,孔祥维.普适环境下的一种跨域认证机制.计算机工程与应用.主办单位:华东计算技术研究所.

[9] 范庆娜,姚琳,吴国伟.普适计算中的跨域认证与密钥建立协议.计算机工程.主办单位:华东计算技术研究所,上海市计算机学会. 2010,36(11): 137-139.

[10] Lin Yao, Chi Lin, Xiang-wei Kong, Feng Xia, Guowei Wu. A Clustering-based Location Privacy Protection Scheme for Pervasive Computing. The 2010 IEEE/ACM International Conference on Cyber, Physical and Social Computing (CPSCom-2010), 719-726.

[11] 张矼.移动通信网络安全策略研究[D].武汉:华中科技大学,2006.

[12] 林德敬,林柏钢,林德清.GSM 及 GPRS 系统安全性分析.重庆工业高等专科学校学报,2003,9.

[13] 马彬.普适计算安全中的访问控制和信任模型研究.移动通信网络安全策略研究[D].重庆:重庆邮电大学,2007.

[14] 曾帅.普适计算环境下的信任管理研究[D].北京:北京邮电大学,2011.

[15] 王衡军,王亚弟,张琦.移动 Ad Hoc 网络信任管理综述.计算机应用,2009(5).

[16] 徐文拴,辛运帏,卢桂章,等.普适环境下信任管理模型的研究.计算机科学,2009(2).

[17] 朱锡海,王益涵,曹奇英.普适计算环境中基于上下文的访问控制研究.计算机科学.2005.

[18] 张国平,樊兴,唐明,等.面向 LBS 应用的隐私保护模型.华中科技大学学报:自然科学版.2010, (9).

[19] 彭志宇,李善平.移动环境下 LBS 位置隐私保护.电子与信息学报,2011,(5).

[20] 潘晓,肖珍,孟小峰.移动环境下的位置隐私.计算机科学与探索,2007,10.

[21] 庄致,李建伟.加强位置隐私保护的策略.计算机工程与设计,2010,31(5).

[22] 何泾沙,徐菲,徐晶.基于位置的服务中用户隐私保护方法.北京工业大学学报,2010,36(8).

[23] 林欣,李善平,杨朝晖.LBS 中连续查询攻击算法及匿名性度量.软件学报,2009,10(4).

［24］　潘晓，肖珍，孟小峰. 位置隐私研究综述[J]. 计算机科学与探索，2007，1(3)：268-281.

［25］　李世群. 普适计算中的安全问题研究[D]. 上海：上海交通大学，2007.

［26］　顾宝军. 虚拟计算环境下的信任管理研究[D]. 上海：上海交通大学，2008.

［27］　陈涛. 混沌在 3G 安全认证中的应用研究[D]. 广东：华南理工大学，2008.

［28］　刘锋. 第三代移动通信系统中认证和密钥协商协议的应用研究[D]. 重庆：重庆大学，2005.

# 第6章 无线传感器网络安全

目前,传感器网络在各个领域得到了广泛使用,经常用来采集一些敏感性的数据或在敌对无人值守环境下工作时,安全问题显得尤为重要。针对具体应用,在传感网的系统设计初期就应解决它的安全问题。然而,传感网的资源有限,如有限的带宽资源、有限的存储能力和计算能力,以及有限的能量,给传感器网络的安全带来了不同的挑战,传统的安全技术不能用于解决传感器网络的安全问题。目前针对传感器网络的安全研究主要集中在认证技术、密钥管理、安全路由、安全定位、隐私保护等方面。

## 6.1 无线传感器网络概述

无线传感器网络(WSN)近年来在世界上获得了广泛关注,微机电系统的发展促进了智能传感器的产生,这些传感器体积小,具有有限处理和计算资源,相比传统的传感器,这类传感器价格低廉。这些传感器节点可以感知、测量、收集数据,经过决策的数据最终传给用户。每个传感器节点由传感器模块、处理器模块、无线通信模块和能量供应模块组成。传感器模块主要负责信息采集、数据转换等。处理器模块负责控制整个传感器节点的操作、对节点采集和转发的数据进行处理。无线通信模块负责无线通信,交换控制信息和收发采集数据。能量供应模块为传感器节点提供运行所需的能量,电池是目前传感器的主电源。

无线传感器网的部署过程是通过人工、机械、飞机空投等方式完成的。节点随机地撒落在被监测区域内,以自组织的形式构成网络,因此无线传感器网络通常有很少或根本没有基础设施。根据具体应用不同,传感器节点的数量从几十个到几千个,这些传感节点共同工作对周围环境中的数据进行收集,每一个传感器节点在网络中既充当数据采集者又要对数据进行转发,和传统网络节点相比,它兼有终端和路由器的双重功能。无线传感器网络主要分为结构化和非结构化。在非结构化的 WSN 中,包含大量的分布密集的传感节点,这些节点可以以 Ad-HOC 方式进行部署。部署成功之后,因为节点数目较多,导致网络维护较困难,传感器节点只能在无人看管的状态下对数据进行监控。在一个结构化的 WSN 中,所有的或部分的传感器节点是以预先布置方式工作,节点数目较少,因此网络的维护和管理较容易,如图 6-1 所示。传感器节点监测的数据通过其他节点以多跳中继的方式传送到汇聚节点,最后通过互联网或卫星到达管理节点。用户通过管理节点对无线传感器网络进行配置和管理,发布监测任务以及收集监测数据。

图 6-1    无线传感器网络体系结构

## 6.1.1    无线传感器网络的特点

相比传统的计算机网络,无线传感器网络是一种特殊的网络,它的自身特点决定了它无法使用基于传统网络的安全机制,无线传感器网络具有如下特点:

(1)有限的存储空间。传感器是一个微小的装置,只有少量的内存和存储空间用于存放代码,因此在设计一个有效的安全协议时,必须限制安全性算法的代码大小。例如,一个普通的传感器类型(TelosB)只有一个 8MHz 的 16 位 RISC CPU、10K 的内存、48K 程序存储器,1024K 的闪存存储空间。基于这样的限制,传感器中内置的软件部分也必须相当小,如 TinyOS 的总编码空间大约为 4K,核心调度器占用 178 个字节,因此与安全相关的代码也必须很少。

(2)有限的电源能量。能量问题是传感器的最大限制,目前传感器节点的能量供应大多还是依靠电池供电的方式,其他的能量供应方式如依靠太阳能、振动、温差等方式还不成熟。在传感器的应用中,必须考虑到单个传感器的能源消耗,以及传感网的整体能耗。当设计安全协议时,必须考虑该协议对一个传感器的寿命的影响,加密、解密、签名等安全操作均会导致传感器节点消耗额外的功率、对一些密钥资料的存储也会带来额外的能量开销。

(3)有限的计算能力。传感器网络节点是一种微型嵌入式设备,价格低功耗小,有限的存储空间和电池能量,必然导致其计算能力比普通的处理器功能弱得多,这就要求在传感器节点上运行的软件与算法不能过于复杂。

(4)不可靠的信道。传感器网络中节点之间传输数据,无须事先建立连接,同时信道误码率较高,导致了数据传输的不可靠性。同时由于节点能量的变化,以及受高山、建筑物、障碍物等地势地貌以及风雨雷电等自然环境的影响,传感器节点间的通信断接频繁,经常导致通信失败。

(5)广播式信道。由于无线传感网采用广播式的链路类型,即使是可靠的信道,节点之间也会产生碰撞,即冲突。冲突的存在会导致信号传输的失败,信道利用率降低。在密集型的传感网中,这是个尤为重要的问题。

(6)延迟的存在。传感网属于多跳无线网络,网络的拥塞和节点对包的处理均会导致网络中的延时,从而使其难以实现传感器节点之间的同步。如果安全机制依赖对关键事件的报告和加密密钥分发,同步问题将成为传感器网络安全中至关重要的问题。

(7) 易受物理袭击。传感器可以部署在任何公开环境下,时常伴有雨、雾、霾等恶劣天气。在这样的环境中,较一个放置在安全的地方(如机房等地)的台式机而言,更容易遭受物理攻击。

(8) 远程监控。传感器节点数量大、分布范围广,往往有成千上万的节点部署到某区域进行检测;同时传感器节点可以分布在很广泛的地理区域,这使得网络的维护十分困难,只能采用远程监控方式。但远程监控,无法检测到物理篡改等攻击方式。因此传感器节点的软、硬件必须具有高强壮性和容错性。

(9) 缺乏第三方的管理。无线传感器是自组织的网络,不需要依赖于任何预设的网络设施,传感器节点能够自动进行配置和管理,自组织形成多跳无线网络。无线传感器网络是一个动态的网络,一个节点可能会因为能量耗尽或其他故障而退出网络,新的节点也会被添加到网络中,网络的拓扑结构随时发生变化。

(10) 应用相关。传感器网络用来感知客观物理世界,获取物理世界的信息量。不同的传感器网络应用关心不同的物理量,因此这对传感器网络的应用系统有多种多样的要求,其硬件平台、软件系统和网络协议必然会有很大差别。

## 6.1.2　无线传感器网络的安全威胁

同有线网络类似,传感网下安全威胁也主要分成两大类,被动攻击和主动攻击。被动攻击中,攻击者不会干扰用户之间的正常通信,目的获得网络中传递的数据内容。典型攻击方式有窃听、流量分析、流量监控。主动攻击中,攻击者会破坏用户之间的通信,对消息进行中断、篡改、伪造、重放,以及拒绝服务攻击等。

(1) 窃听。攻击者通过监控数据的传输,从而进行被动攻击,对数据进行监听。例如,放置在屋外的无线接收器也许能监听到屋内传感网所检测到光照和温度数据,从而推断出主人的一些日常习惯。加密技术可以部分抵抗窃听攻击,但是需要设计一个鲁棒的密钥交换和分发协议。根据几个捕获到节点,无法推断出网络内其他节点的密钥信息。由于传感器的计算能力有限性,密钥协议必须简单可行。传感器的存储空间有限性,导致了端到端加密不太可行。因为每个节点可能没有足够空间用于存储大量其他节点的信息,它只倾向于存储周围邻居节点的密钥信息,传感网主要支持数据链路层的加密技术。

(2) 流量分析。对消息进行拦截和检查,目的在于根据消息通信模式推断出消息内容。

(3) 拒绝服务攻击/分布式拒绝服务攻击。攻击者通过耗尽目标节点的资源,令目标节点无法正常采集或者转发数据。

(4) 重放攻击,也称为中间人攻击。即使攻击者不知道密钥,无法对以前窃听到的消息进行解密,但仍会把以前截获到的消息,重复发送给目标节点。

(5) 外部攻击和内部攻击。外部攻击是这攻击者不属于域内的节点。内部攻击来源于域内节点,主要是一些受损节点对网络内部进行主动攻击或者被动攻击。内部攻击和外部攻击相比,攻击更严重。因为内部攻击者知道更多的机密信息,具有更多的访问权限。

按照 TCP/IP 模型,传感网的安全威胁还可以分为物理层、数据链路层、网络层、传输层和应用层的威胁,表 6-1 列出了每一层的安全威胁。

表 6-1　每层对应的安全威胁

| 层　次 | 安　全　威　胁 |
| --- | --- |
| 应用层 | 抵赖、数据损坏 |
| 传输层 | 会话劫持、泛洪攻击 |
| 网络层 | 虫洞、黑洞、拜占庭、洪水、资源消耗、位置隐私泄露 |
| 数据链路层 | 流量分析、流量监控、MAC 破坏 |
| 物理层 | 干扰、拦截、窃听 |
| 多层攻击 | DOS、伪造、重放、中间人攻击 |

（1）物理层威胁。无线网络的广播特性,通信信号在物理空间上是暴露的,任何设备只要调制方法、频率、振幅、相位和发送信号匹配就能获得完整的通信信号,从而成功地进行窃听攻击,同时还可以发送假消息进入网络。无线环境是一个开放的环境,所有无线设备共享一个开放空间,所以若有两个节点发射的信号在一个频段上,或者是频点很接近,则会因为彼此的干扰而不能够正常通信。如果攻击者拥有强大的发射器,产生的信号强度足以超过目标的信号,那么正常通信将被扰乱。最常见的干扰信号是随机噪声和脉冲。

（2）数据链路层威胁。无线网络的广播特性,导致多个用户使用信道时会发生冲突,每个节点只能工作在半双工的工作模式下。数据链路层的 MAC 协议进行信道资源的分配,解决信道竞争,尽力避免冲突。无线传感网中主要采用 CSMA/CA 技术解决多个站点使用信道的情况,但当前的 MAC 协议都假定多个站点能够自动按照 CSMA/CA 标准协调自己的行为。但是一些自私节点或者恶意节点,有权利决定自己不按照正常的协议流程去工作。例如,自私节点可能会中断数据的传输;恶意节点可能在转发的数据中恶意改变一些比特位的信息;不断发送高优先级的数据包占据通信信道,使其他节点在通信过程中处于劣势;不断发送信息与其他用户的信号产生碰撞,破坏网络正常通信;利用链路层的错包重传机制,使受害者不断重复发送上一个数据包,最终耗尽节点的资源。

（3）网络层威胁。攻击者目的在于吸收网络流量、让自己加入到源到目的的路径上从而控制网络流量、让数据包在非最优路径上转发从而增加延迟、将数据包转发到一条不存在路径上从而不能到达目的地、产生路由环从而带来网络拥塞。恶意节点在冒充数据转发节点的过程中,可以随机地丢掉其中的一些数据包,即丢弃破坏;也可以将数据包以很高的优先级发送,从而破坏网络的通信秩序;还有可能修改源和目的地址,选择一条错误的路径发送出去,从而导致网络的路由混乱;如果恶意节点将收集到的数据包全部转向网络中的某一固定节点,该节点必然会因为通信阻塞和能量耗尽而失效;多个站点联合让其他节点误以为通过它们只需要一两跳就可以到达基站,从而把大量的数据信息通过它们进行传输,形成路由黑洞。网络层威胁包括虚假路由协议、选择性转发、槽洞（Sinkhole）攻击、女巫（Sybil）攻击、虫洞（Wormhole）攻击、问候泛洪（Hello Flood）攻击、伪装应答、关键点攻击等。

（4）传输层威胁。传感网中采用传输层 TCP 协议建立端到端的可靠连接,类似于有线网络,传感节点容易遭受到 SYN 泛洪攻击、会话劫持攻击。TCP 没有任何机制以区分丢失的包是由于拥塞、校验失败,或恶意节点的袭击而造成,只是会不断降低其拥塞窗口,从而使信道吞吐量减小,网络性能下降。会话劫持攻击发生在 TCP 建立连接之后,攻击者采用拒绝服务等方式对受害节点进行攻击,然后冒充受害节点身份,如 IP 地址,同目的节点进行通信。会话劫持攻击在 UDP 中较容易,因为不需要猜测报文的序列号。

(5) 应用层威胁。应用层袭击对攻击者有很大的吸引力,因为攻击者所搜寻的信息最终驻留在应用程序中。应用层威胁主要分为抵赖攻击和恶意代码的攻击,恶意代码如病毒、蠕虫、间谍软件、木马等,可以攻击操作系统和用户应用程序。这些恶意程序通常可以自行传播通过网络,并导致整个传感网的速度减慢甚至崩溃。

(6) 多层威胁。指攻击者对网络的攻击发生在多个层次上,如拒绝服务攻击、中间人攻击等。

## 6.1.3　无线传感器网络的安全目标

为了抵御各种安全攻击和威胁,保证任务执行的机密性、数据产生的可靠性、数据融合的正确性以及数据传输的安全性等,无线传感器网络的安全目标主要体现在以下几个方面:

(1) 机密性。机密性是网络安全中最基本的特性,机密性主要体现在以下两个阶段:密钥派生阶段,节点的身份信息以及部分密钥材料需要保密传输;派生阶段后,节点通信需要用会话密钥进行加密。

(2) 完整性。机密性防止信息被窃听,但无法保证信息是否被修改,消息的完整性能够让接收者验证消息内容是否被篡改。

(3) 新鲜性。两个节点间共享一个对称密钥,密钥的更新需要时间,在这段时间内攻击者可能重传以前的数据。为了抵抗重放攻击,必须保证消息的新鲜性,一般通过附加时间戳或者随机数加以实现。

(4) 可用性。与传统的网络安全可用性不同,传感器的资源有限,过多的通信量或计算量,均会带来能量的过多消耗,单个传感器的消亡可能引起整个网络的瘫痪。传统的加密算法不适应无线传感器网络,必须设计轻量级的安全协议。

(5) 自治性。无线传感器网络不采用第三方架构进行网络的管理,节点之间采用自组织方式进行组网,某个节点失效时,节点自治愈重新组网,因此无线传感网属于动态网络。几种经典点的密钥预分配方案并不适于传感网,节点间必须自组织进行密钥管理和信任关系的建立。

(6) 时钟同步。无线传感器网络的很多应用依赖于节点的时钟同步,需要一个可靠的时钟同步机制。如为了节省能量,传感器节点需要定时休眠;有时需要计算出端到端延迟,进行拥塞控制;为了对应用程序进行跟踪,需要组内的传感器节点整体达到时钟同步。

(7) 安全定位。通常情况下,一个传感器网络的有效使用依赖于它能够准确地对网络中的每个传感器的自动定位。为了查到出错的传感器位置,故障定位的传感器网络需要节点的精确位置信息。攻击者通过报告虚假信号强度或者重放攻击等,可以伪造或篡改定位信息。

(8) 认证。为了保证通信双方身份的真实可靠性,节点之间必须进行认证,包括点到点认证和组播/广播认证。在点到点认证过程中,两个节点进行身份的确认,派生出单一会话密钥。组播/广播认证解决的是单一节点和一组节点或者所有节点进行认证的问题,此时需要维护的是组播/广播密钥。

(9) 访问控制。用户通过认证后,访问控制决定了谁能够访问系统、访问系统的何种资源以及如何使用这些资源,访问控制可以防止权限的滥用。

## 6.2　无线传感器网络安全路由协议

由于无线传感器网络有其自身的特点,无法直接采用传统的路由协议,另外,在路由的安全性方面,也需要进行深入的研究。无线传感器网络中节点的能量资源、计算能力、通信带宽、存储容量都非常有限,而且无线传感器网络通常由大量密集的传感器节点构成,这就决定了无线传感器网络协议栈各层的设计都必须以能源有效性为首要的设计要素。无线传感器网络中,大多数节点无法直接与网关通信,需要通过中间节点进行多跳路由。因此无线传感器网络中的路由协议作为一项关键技术成为越来越多人的研究热点。

### 6.2.1　安全路由概述

在无线传感器网络中,路由协议主要包括两方面的功能:在保证能量优先的前提下,寻找源节点和目的节点间的优化路径;根据找到的路径将数据分组正确地转发。对于现今的无线传感器网络,各国都提出过很多种路由算法,这些算法基本上都将传感器网络有限的能量和计算能力作为首要问题来解决,基本上不会过多的考虑安全问题。如果在网络协议的设计阶段没有给予安全问题足够的重视,而是通过后续的更新来补充安全机制,那么这款协议所消耗的人力物力将是巨大的。

大部分无线传感器网络路由协议在设计时没有考虑安全问题,针对这些路由协议的攻击常见的有以下几种:

(1) 涂改、伪造的或重放路由信息:最直接的针对一个路由协议的攻击是针对两个节点交换的信息。基于涂改伪造的或重放路由信息这种方法,敌人也许会建立路由环线,攻击或击退网络流量,扩展或缩小源路由,产生虚假错误信息,网络分割,增加端到端的延迟。

(2) 选择性转发:多跳网络通常基于假设参加的节点会诚实地转发接收到的消息。在一个选择性转发的攻击里,恶意节点会拒绝转发某些消息而仅仅是删掉它们,确定它们没有被传播的更远。这种攻击就像是恶意节点像一个黑洞,拒绝转发它看到的一切包。但是这种攻击的冒险之处就是邻居节点会断定它失败了继而去寻找另一个路由。这种攻击通常在攻击者已经明确被包括在一个数据流的路径之内时是最有效的。我们相信,一个敌人发射一个选择性转发袭击会很可能向着最小阻力的路径,并且试图把自己包括进真实的数据流之中。

(3) 天坑攻击:在无线传感器网络中,有些路由方案是依据链路质量和传输延迟来选路的。在这种情况下,某些恶意节点会利用诸如笔记本电脑这种拥有很强通信能力的终端,混入正常的通信网络中,将自身伪装成一个通信质量很高的节点,以此欺骗环境中的其他节点,将大部分的通信流量吸引过来,然后对接收到的数据进行处理之后再选择性转发。

(4) Sybil 攻击:在 sybil 攻击中一个节点对于网络中其他节点呈现多种身份。Sybil 攻击可以明显地减少容错方案的有效性,如分布式存储,分散和多路径路由,拓扑维护。副本,存储分区或者路由都被相信是用能够用一个敌人呈现多个身份的相交节点。Sybil 攻击也对地理路由协议造成了重大攻击威胁。

(5) Wormhole 攻击:在虫洞攻击中,在一个低延迟网络上的一段路径收到的一个敌人的隧道消息,而回复在另一段路径上。这种攻击最简单例子是一个位于令两个节点之间的节点在它们之间转发消息。如图 6-2 所示，图中恶意节点之间存在一条高质量低延迟的通信链路，左侧那个恶意节点临近基站，这样较远处的那个恶意节点可以使周围节点相信自己有一条到达基站的高效路由，通过此方法就能将周围的通信流量吸引过来。

图 6-2　Wormhole 攻击

（6）Hello Flood 攻击：它是一个针对传感网的新型的攻击，许多协议需要节点广播 hello 包来向它们的邻居告知自己。一个节点接受这样一个包也许会认为它是在发射频率范围内的正常的发送方。一个笔记本电脑级别的攻击者用足够大的发射能量广播路由或者 Hello 数据包，会使网络中的每个节点信服攻击者就是他的邻居。通常用洪水来表示消息像疫情一样通过每一个节点迅速传播。

（7）确认欺骗攻击：这种攻击的前提是该协议运用了链路层确认模式。无线传感器网络中的通信方式都是广播通信，恶意节点可以利用这个特征伪造一个确认包，并将其发送给消息源节点，从而使正常的消息发送节点错将一条低质量链路或者一个失效节点当成一条可成功送达的目的地，并向其不断传输数据，这样恶意节点就可以利用此漏洞发动攻击了。

## 6.2.2　典型安全路由协议及安全性分析

通过对当前的无线传感器网络路由协议的研究，我们选取了一些相对比较重要和有代表性的路由协议，对其核心路由机制、特点和优缺点进行了介绍，重点分析了这些路由协议的安全特性和抗攻击能力。

### Directed Diffusion 协议

Directed Diffusion 是一个典型的以数据为中心、查询驱动的路由协议，路由机制包含兴趣扩散、初始梯度建立以及数据沿着加强路径传播 3 个阶段，如图 6-3 所示。

(a) 兴趣扩散　　　　　　　(b) 梯度建立　　　　　　　(c) 路径加强

图 6-3　Directed Diffusion 协议的 3 个阶段

在兴趣扩散阶段,由汇聚节点周期性的广播兴趣消息到其邻居节点上,兴趣消息包含对象类型、目标区域、数据发送时间间隔、持续时间 4 个部分。当节点收到邻居节点的兴趣消息时,如果该消息的参数类型不存在于节点的兴趣列表中,那么就建立一个新表项存储该消息;如果节点中存在与该消息的某些参数相同的表项,则对该表项中的数据进行更新;如果该消息和刚刚转发的某条消息一样,则直接丢弃。初始梯度建立和兴趣扩散同时进行,在兴趣扩散过程中,节点在创建兴趣列表时,记录中已经包含了邻居节点指定的数据发送率即梯度。当节点具有与兴趣消息相匹配的数据项时,就把兴趣消息发送到梯度上的邻居节点,并以梯度上的数据传输速率为参照标准对传感器模块采集数据速率进行设定。鉴于自身有多个邻居节点在网络环境中进行广播兴趣消息,汇聚节点有可能在这个阶段通过不同的路径接收到相同的数据。汇聚节点通过多个节点从源节点收到数据之后,将这条路径建立为加强路径,以保证接下来的数据能通过这条加强路径以较高的速率进行传输。现在对于路径加强都是以类似于链路质量、传输延迟等数据为标准进行选择,这里以传输延迟为例进行概述。汇聚节点会最先选定最近发来数据的邻居节点作为这条加强路径的下一跳,并向该邻居节点发送相应的路径加强信息以确保其及时地对自身的兴趣列表进行更新,接下来该邻居节点会重复上面的步骤来确定自己的下一跳,这样的步骤持续进行直至路径加强信息传至源节点。

Directed Diffusion 具有一些新特点:以数据为中心的传输,基于强化适应性的经验最优路径,以及网络内数据汇聚和高速缓存。由于 Directed Diffusion 缺乏必要的安全防护,即使拥有这些优越的特性以及很好的健壮性,Directed Diffusion 仍然承受不了攻击者的攻击。基于 Directed Diffusion 的特点,攻击者可以对其造成如下的威胁:(1)攻击者将自己伪装成一个基站,广播兴趣消息,当节点接收到此信息并转发时,攻击者可以对目标数据进行监听;(2)攻击者可以利用不真实的加强或减弱路径以及假冒的匹配数据,以达到影响数据传输的目的;(3)攻击者通过向上游节点发送欺骗性的低延迟、高速率的数据来发动 Sinkhole 或 Wormhole 攻击;(4)通过对 Sink 节点发动 Sybil 攻击,可以阻止 Sink 节点获取任何有效信息。

**LEACH 协议**

LEACH 是一种低能耗、自适应的基于聚类的协议,它利用随机旋转的本地簇基站来均分网络中传感器的能量负荷。LEACH 使用本地化的协作来启用动态网络的可扩展性和鲁棒性,并采用数据融合的路由协议以减少必须发送到基站的数据量。LEACH 的主要特点包括 3 个方面:(1)对于簇设置和操作的本地化协调与控制。(2)簇基站或簇头以及相应簇的随机旋转。(3)本地压缩以减少全局通信量。

接下来简述 LEACH 筛选簇头节点的过程:一个节点自身随机生成一个 0 和 1 之间的数字,一旦这个随机生成数小于阀值 $T(n)$,则广播自身成为簇头节点的消息。之后在每一次的循环中,簇头节点都会将自身阀值重置为 0,以保证自身不会再次成为簇头节点。随着循环的不断进行,其余未当选过簇头节点的节点成为簇头时的阀值也渐渐增大。阀值 $T(n)$ 是由如下公式计算的。

$$T(n) \begin{cases} \dfrac{p}{1 - p(r \bmod (1/p))} & (n \in G) \\ 0 & (\text{其他}) \end{cases}$$

其中 p 是所需的簇头百分比(如：p＝0.05)，r 是当前轮次，G 是这一轮中没有成为过簇头节点的节点的集合。当簇头被选出以后，它开始向整个网络广播信息，网络中的非簇头节点根据接收到的广播信号的强弱来判读自身属于哪个簇，并向自己所属的那个簇的簇头节点发出相应的反馈信息。当整个网络正常工作以后，节点将自身收集到的数据发送给簇头节点，再由簇头节点将这些数据进行融合进一步发送给汇聚节点。

为了发送数据到基站的簇的使用利用了大多数节点的小发射距离的优点，只需要少数节点向基站发送长距离。但是，LEACH 优于经典的聚类算法，利用自适应簇和旋转簇头，使系统的能源需求分布到所有的传感器。此外，LEACH 能够在每个簇中执行本地计算，以减少必须发送到基站的数据量，这就实现了大幅度地减少能量消耗。

鉴于网络中的各个非簇头节点选择自己属于哪个簇是通过信号强弱来判定的，这就给了攻击者机会，使那些恶意节点可以通过增大自身信号强度来吸引那些非簇头节点，让节点们误以为它就是簇头节点，以至于遭受选择性转发或天坑攻击。由于 LEACH 在设计的过程中令所有节点都能与 BS 通信，这就保证自身对于虚假路由和 Sybil 攻击有一定的抵御能力。

**GPSR 协议**

GPSR 是一种对于无线数据报网络的新的路由协议，协议设计每个节点可以利用贪心算法依据邻居与自身位置信息转发数据。算法的大致流程是当节点接收到数据以后，便开始以该数据为标准对本身存储的邻居节点列表进行处理，一旦自身到基站的距离大于列表中的邻居节点，那么节点就会将这个数据转发给它的邻居节点。

但是在实际的网络环境中，转发过程经常会出现"空洞"现象，如图 6-4 所示，在这个拓扑结构中，X 到基站 BS 的距离要小于 W 和 Y，根据贪心算法的转发机制，X 不会将 W 和 Y 作为自身转发列表中的下一跳。面对空洞问题时，我们可以利用右手法则来解决。当节点接收到通过右手法则转发过来的数据时，节点本身开始进行比较，一旦自己到基站的距离大于邻居节点到基站的距离，那么再启用贪心算法对数据进行转发。

另外，GPSR 也有可能遭受到位置攻击，如图 6-5 所示。攻击者通过虚假信息将节点 B 的错误位置信息告知节点 C，让 C 误以为节点 B 在(2,1)，于是将数据转发给 B，而真实的节点 B 又会根据贪心算法将数据再发还给节点 C，如此下去就会导致整个网络因死循环而陷入瘫痪。

图 6-4　GPSR 中的空洞问题

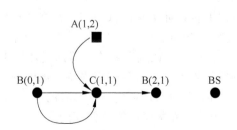

图 6-5　利用位置信息的攻击

# 6.3　无线传感器网络密钥管理及认证机制

由于无线传感器网络的特点,越来越多的成熟的有线或无线网络的密钥管理方案不能直接应用于无线传感器网络。无线传感器网络安全解决方案、加密技术是基础的一些安全技术,以满足无线传感器网络的身份验证、保密性、不可抵赖性、完整性通过加密的安全性要求。对于加密技术,密钥管理是一个关键问题要解决。有各种各样的通信的安全性,可以有4 种类型的键:一个关键的节点和基站之间的通信之间的通信,该节点的节点密钥,基站和通信密钥中的所有节点的组密钥的无线传感器网络之间的通信的通信过程中,更多的邻居节点。密钥管理,包括密钥初始化,主要分布的无线传感器网络节点,更新和撤销了一系列协议或管理流程,许多研究人员进行了深入的研究和讨论安全问题的无线传感器网络中密钥管理机制的随机密钥预分配机制,公共密钥加密机制,基于密钥分配中心的机制。下面具体分析无线传感器网络及其相关的内容密钥管理方案的讨论。

## 6.3.1　密钥管理的评估指标

对于一个传统的网络中,经常通过密钥管理方案的分析可以提供安全的密钥管理方案进行评估的优点和缺点,但是这是在无线传感器网络是不够的。由于无线传感器网络和现有的资源约束的特点,比传统的网络安全问题面临更多的挑战。因此,无线传感器网络的安全标准和传统网络不同的评价。无线传感器网络自身的特点和局限性的无线传感器网络的密钥管理方案的考核指标有以下几点:

(1) 安全性。不论是传统网络还是无线传感器网络,密钥管理的安全性都是至关重要的,它是所有解决方案的前提因素,它包括保密性、完整性、可用性等。

(2) 对攻击的抵抗性。无线传感器网络中的传感器节点体积小,结构脆弱,很容易遭受物理攻击,导致网络信息被泄漏。对攻击的抵抗性指的就是当网络中的某些节点被恶意俘获后对剩余网络部分中节点间正常安全通信造成的影响程度。理想状况下,当一个网络拓扑失去部分节点后,其他节点仍然可以正常、安全地通信。

(3) 负载。无线传感器网络中一共包含 3 种负载:通信负载、计算负载和内存负载。对于传感器网络中的节点来说,密钥管理方案必须要低耗能。而且节点之间广播通信时所消耗的能量远大于其自身的计算耗能,所以密钥管理的通信负载要尽可能的小。由于节点有限的计算能力,所以传统网络中所采用的复杂的加密算法不适于传感器网络,因此密钥管理方案要尽可能设计得简单些。由于节点的存储空间有限,不会保存过多密钥信息,所以合适的密钥管理方案要使每个节点预分配的信息尽可能减少。

(4) 可认证性。认证在无线传感器网络安全问题上是一个至关重要的步骤,网络中的节点可以通过认证机制抵御如节点冒充这样的攻击方式。因此,节点间的认证机制是否完善也成为密钥管理方案评估的一项重要指标。

(5) 扩展性。在现实的传感器网络环境中,会部署成千上万的传感器节点,这就使得一个好的密钥管理方案需要能否支持大规模的网络拓扑。另外,它也要兼顾传感器网络的动态变化,如节点的加入和离开。当有的节点因遭受外界攻击或自身能源耗尽而不能正常工作时,密钥管理方案应该能够保证网络的后向安全性;当网络拓扑需要增加新的节点时,密钥管理方案应该能够保证网络的前向安全性。

（6）密钥连接性。密钥连接性指节点之间直接建立通信密钥的概率。要想使无线传感器网络正常工作，就必须保持一个足够高的密钥连接概率。由于传感器网络中的节点很难与较远的节点相互直连通信，所以这一种情况是可以忽略的，不用考虑在其中的。密钥连接性只需确保邻居节点间的足够高的建立通信密钥的概率。

综上所述，在无线传感器网络中，要设计出一个密钥管理方案以适用于整个网络中可能出现的所有状况是很困难的，所以无线传感器网络安全问题的核心就是建立一个完备的安全密钥管理方案。

## 6.3.2 密钥管理分类

通常情况下，传感器节点的能耗、密钥管理方案所能支持的最大网络规模、整个网络的可建立安全通信的连通概率、整个网络的抗攻击能力都是设计无线传感器网络密钥管理方案的必要要求，方案必须满足这些要求。下面我们依据这些方案和协议的特点进行适当的分类。

（1）对称密钥管理与非对称密钥管理

基于使用的密码机制，无线传感器网络密钥管理可以分为对称密钥管理和非对称密钥管理两类。在对称密钥管理之中，节点间通信使用相同的密钥和加密算法以对传输的数据进行加密解密，对称密钥管理具有相对较短的密钥长度、相对较小的计算通信和存储开销等优点，这也是无线传感器网络密钥管理的主要研究方向。对于非对称密钥管理，节点使用不同的加密解密密钥。鉴于非对称密钥管理使用了多种加密算法，所以它对于传感器节点的计算存储通信能力要求较高，如果不加修缮难以运用到无线传感器网络中。现在有一些研究得出优化之后的非对称密钥管理也能适用于无线传感器网络。但是从安全级别的方向考虑，非对称密钥管理机制的安全性要远高于对称密钥管理机制。

（2）分布式密钥管理和层次式密钥管理

根据网络拓扑结构，无线传感器网络密钥管理可以分为分布式密钥管理和层次式密钥管理两类。在分布式密钥管理方面，传感器节点具有一样的通信与计算能力，节点自身密钥的协商、更新通过使用其预分配的密钥以及与周边节点相互协作来完成。而在层次式密钥管理方面，传感器节点被分配到不同的簇中，每个簇中的簇头节点负责处理普通节点的密钥分配、协商与更新等。分布式密钥管理的优点是邻居节点间协同作用强，分布特性很好。层次式密钥管理的优点是大部分计算集中在簇头节点，以致降低了对普通节点计算和存储能力的需求。

（3）静态密钥管理与动态密钥管理

依据传感器网络中节点在部署完毕后密钥是否再次更新，将无线传感器网络分为静态密钥管理和动态密钥管理两类。在静态密钥管理方面，传感器节点在部署到特定区域之前会对其预分配一定的密钥，部署后通过数据交流以生成新的通信密钥，该通信密钥的生存周期为整个网络运行时期，期间不会发生改变。在动态密钥管理方面，网络中的密钥需要周期性地进行分配、更新、撤回等操作。静态密钥管理具有通信密钥无须多次更新的特点，这就保证了计算和通信的开销不会过高，可一旦某些节点受损，该网络就会面临安全威胁。而动态密钥管理则会周期性地更新通信密钥，使攻击者不会轻易地通过捕获节点来盗取通信密钥，这样就能确保网络运行的安全性，但是这种周期性地更新操作会产生大量的计算和通信开销，大幅增加整个网络系统的能源消耗。

（4）随机密钥管理与确定密钥管理

由传感器节点的密钥分配方案，可以将无线传感器网络密钥管理分为随机密钥管理和确定密钥管理两类。在随机密钥管理方面,传感器节点获取密钥的方式犹如从一个或多个巨大的密钥数据库中随机抽取一定数量的密钥,这样的节点间的密钥连通率将会介于 0 和 1 之间。而在确定密钥管理方面,节点是通过固定的方法如位置信息、对称多项式等获取密钥的,通过此方法节点间的密钥连通率一直为 1。随机密钥管理具有分配方式简单、节点部署自由等优点,但是它的缺点是分配方案具有一定的盲目性,容易导致节点存储空间的浪费。而确定密钥管理对于节点的密钥分配则具有很强的针对性,能够高效地利用节点的存储空间,方便地在节点间建立连接,但是部署方式的局限性以及节点间通信和计算的高耗能也成为了这种方案的弊端。

(5)组密钥管理

另外,还有一种与以上分类都不尽相似的管理方案,那就是组密钥管理方案。组密钥是所有组成员都知道的密钥,被用来对组播报文进行加密/解密、认证等操作,以满足保密、组成员认证、完整性等需求。相比对单播的密钥管理,前向私密性、后向私密性和同谋破解是组密钥管理特有的问题。

前向私密性主要是针对网络中出现节点退出现象后的反映,当这种现象发生后该私密性就会禁止退出的节点(包括主动退出的节点或被强制退出的节点)再次参与组通信,而剔除这些节点之后新生成的组密钥将能够实现向前加密。后向私密性则是需要网络中新加入的节点不能完成对其加入前组播报文的破解。

组密钥管理是一个负责的管理机制,它需要协调各个方面,既要预防单个节点的攻击,也要兼顾多个节点的联合攻击。一旦多个节点掌握了足够的信息联合起来对整个系统进行破解,那么无论密钥更新得再怎么频繁,攻击者也会实时掌握最新的密钥,进而导致组密钥管理机制的失败,前向私密性和后向私密性都不发实现,使整个系统被完全破解,这就达到了同谋破解的目的。因此在设计组密钥管理机制的时候要避免同谋破解。

除了上述这 3 个问题以外,组密钥管理还会面对下面这些因素的影响:

差异性:组密钥管理涵盖很多通信节点。这些节点之间存在这各种各样的差异,如安全级别、功能、通信带宽、计算能力、服务类型等,为了适应这些差异,在设计组密钥管理方案时要统筹兼顾。

可扩展性:一个传感器网络拓扑并不是固定不变的,随着规模的不断扩大,密钥的数量也会不断增多,相应所需的计算量、传输带宽、更新时间也会大幅增加。

健壮性:点对点通信时一方失效整个通信则会终止,但是对于大规模的组通信来说,即使部分节点失效也不应该给整个网络的会话造成严重影响。

可靠性:这一条是确保组密钥管理机制能够有效工作的重要性能。组播传输通常是不可靠的,乱序、丢包、重复信息等情况经常发生,如果设计的组密钥管理没有足够好的可靠性机制的话,它将无法保证组成员在网络中的正常通信。

综上所述,设计一个完善的组密钥管理方案需要考虑各个方面的因素。结合上述一些因素,设计组密钥管理需要解决如下问题:

前向私密性:组内节点退出后将无法再次参与到组播通信中。

后向私密性:新加入的节点无法破译其加入之前的组播报文。

抗同谋破解性:防止多个攻击者节点联合起来破解组密钥。

生成密钥的计算量:由于能源有限,要考虑更新密钥时的计算量给节点带来的负担。

发布密钥占用带宽:不能让发布密钥过多占用有限的传输带宽。

发布密钥的延迟：降低延迟以确保组内节点及时获取最新密钥。

健壮性：即使一些节点失效也不会影响整个网络的正常通信。

可靠性：确保密钥的发布和更新操作能顺利进行。

### 6.3.3　密钥管理典型案例

**LEAP 密钥管理方案**

LEAP(Localized encryption and authentication protocol)是一个密钥管理的安全框架协议，为了确保网络的安全总共需要 4 种密钥：(1)独占密钥，每个传感器节点与基站的共享密钥；(2)对密钥，每个节点与其他传感器节点通信的共享密钥；(3)簇密钥，同一通信群组内的节点所共用的加密密钥；(4)群组密钥，整个网络中的所有节点共享的一个密钥。

独占密钥，用于保证单个传感器节点与基站的安全通信，传感器节可使用这个密钥计算出感知信息的消息论证码(MAC)以供基站验证消息来源的可靠性，也可以用这个密钥来举报它周围存在的恶意节点或者它所发现的邻居节点的不正常行为给基站。基站可使用这个密钥给传感器节点发布指令。

这个密钥是在节点布置之前，预置到节点中的。节点 u 的独占密钥 Kum 可用一个伪随机函数 f 来生成 Kum ＝ fK(u)，Km 是密钥生成者用于生成独占密钥的主密钥，密钥生成者只需要存储 Km，在需要与节点 u 通信的时候再用伪随机函数计算出它们之间的通信密钥。

对密钥，每个节点与它的一跳邻居节点的共享密钥，用于加密需要保密的通信信息或者用于源认证，即可以在节点布置之前预置，也可以采用节点布置以后通过相互通信进行协商。协议假设整个网络初始化时间 Tmin 内敌手不会对节点造成威胁，并且在 Test 的时间内新加入网络的节点可以与邻居节点协商好共同密钥(Tmin＞Test)，新入网的节点 u 与其邻居节点建立起对密钥的过程如下：

(1) 初始状态时，密钥生成者给节点 u 初始化密钥 $K_1$，每个节点计算出自己的独占密钥 Ku ＝ fK(u)。

(2) 节点 u 被散布到目标区域后，广播自己的身份信息 u 给它的邻居节点 v，收到广播信息的节点回复自己的身份 v 给节点 u，并且附加一个对自己身份证明的 MAC(KV,u|v)信息。节点 u 可对 v，回送的身份信息进行验证，节点 u 可以用 $K_1$ 以及伪随机函数 f 计算出 v 的主密钥 Kv。

(3) u 通过伪随机函数 f 计算得到与 v 的对密钥 Kuv＝fK(u)，节点 v 可采用相同的计算方式得到与 u 的对密钥。

簇密钥，是一个节点与它通信范围内的邻居节点所共享的密钥，用于加密本地广播通信，可用于网络内部的数据聚合或者新节点的加入，在对密钥建立以后协商建立。由节点 u 生成一个随机密钥 Kuc，采用与邻居 v1,v2,v3,…,vm 的对密钥 Kuv 加密 Kuc 广播给所有邻居节点，邻居节点 v 在收到节点 u 的簇密钥后，回送自己的簇密钥给节点 u。如果节点 u 的一个邻居节点被撤销了，节点 u 可以生成新的簇密钥并且广播给它的合法邻居节点 v。

群组密钥，基站与所有的传感器节点共用的密钥，用于基站广播加密信息给整个网络中的节点。最简单的方式是在节点散布到目标区域之前给所有的节点置入一个相同的与基站通信的密钥。由于全网使用相同的群组密钥，当有节点被撤销时必须更新这个密钥，以防被撤销节点还能监听基站与每个节点的广播通信，可采用 uTESLA 协议更新网络的群组密钥。

**Eschenauer 随机密钥预分配方案**

Eschenauer 和 Gligor 在 WSN 中最先提出随机密钥预分配方案(简称 E-G 方案)。该方案由 3 个阶段组成。第 1 阶段为密钥预分配阶段。部署前,部署服务器首先生成一个密钥总数为 $P$ 的大密钥池及密钥标识,每一节点从密钥池里随机选取 $k(k \ll P)$ 个不同密钥,这种随机预分配方式使得任意两个节点能够以一定的概率存在着共享密钥。第 2 阶段为共享密钥发现阶段。随机部署后,两个相邻节点若存在共享密钥,就随机选取其中的一个作为双方的配对密钥;否则,进入到第 3 阶段。第 3 阶段为密钥路径建立阶段,节点通过与其他存在共享密钥的邻居节点经过若干跳后建立双方的一条密钥路径。

根据经典的随机图理论,节点的度 $d$ 与网络节点总数 $n$ 存在一下关系:$d = ((n-1)/n)(\ln n - \ln(-\ln Pc))$,其中,$Pc$ 为全网连通概率。若节点的期望邻居节点数为 $n'(n' \ll n)$,则两个相邻节点共享一个密钥的概率 $P' = d/(n'-1)$。在给定 $P'$ 的情况下,$P$ 和 $k$ 之间的关系何以表示如下:

$$P = 1 - ((P-k)!)2/((P-2k)!P!)$$

E-G 方案在以下 3 个方面满足和符合 WSN 的特点:一是节点仅存储少量密钥就可以使网络获得较高的安全连通概率,例如,要保证节点数为 10000 的 WSN 几乎保持连通,每个节点仅需从密钥总数为 100000 的密钥池随机选取 250 个密钥即可满足要求;二是密钥预分配时不需要节点的任何先验信息(如节点的位置信息、连通关系等);三是部署后节点间的密钥协商无须 Sink 的参与,使得密钥管理具有良好的分布特性。

**基于组合论的密钥预分配方案**

Camtepe 把组合设计理论(combinatorial design theory)用于设计 WSN 确定密钥的预分配方案。假设网络的节点总数为 $N$,用 $n$ 阶有限射影空间(finite projective plane)($n$ 为满足 $n^2+n+1 \geqslant N$ 的素数)生成一个参数为 $(n^2+n+1, n+1, 1)$ 的对称 BIBD,支持的网络节点数为 $n^2+n+1$,密钥池的大小为 $n^2+n+1$,能够生成 $n^2+n+1$ 个大小为 $n+1$ 的密钥环,任意两个密钥环至少存在一个公共密钥,并且每一密钥出现在 $n+1$ 个密钥环里。可见,任意两个节点的密钥连通概率为 1,但素数 $n$ 不能支持任意的网络规模。例如,当 $N>n^2+n+1$ 时,$n$ 必须是下一个新的素数,而过大的素数则会导致密钥环急剧增大,突破节点的存储空间而不适用于 WSN。使用广义四边形(简称 GQ)可以更好地支持网络规模,如 $GQ(n,n)$,$GQ(n,n^2)$ 和 $GQ(n^2,n^3)$ 分别支持的网络规模达到 $O(n^3)$,$O(n^5)$ 和 $O(n^8)$,但也存在着素数 $n$ 不容易生成的问题。

为此,Camtepe 提出了对称 BIBD 与 GQ 相结合的混合密钥预分配方案:使用对称 BIBD 或 GQ 生成 $b$ 个($b$ 值大小由 BIBD 或 GQ 决定,$b<N$)密钥环,然后使用对称 BIBD 或 GQ 的补集设计随机生成 $N-b$ 个密钥环,与前面生成的 $b$ 个密钥环一起组成 $N$ 个密钥环。这种混合的密钥预分配方案提高了网络可扩展性和抗毁性,但不保证节点的密钥连通概率为 1。无论是对称 BIBD,GQ 还是混合方案,都有比 E-G 方案更高的密钥连通概率,平均密钥路径长度也更短。

# 6.4　无线传感器网络认证机制

认证技术是信息安全理论与技术的一个重要方面。认证主要包括实体认证和信息认证两个方面。实体认证用于鉴别用户身份,给网络的接入提供安全准入机制,是无线传感器网络安全的第一道屏障；信息认证用于保证信息源的合法性和信息的完整性，防止非法节点发送、伪造和篡改信息。

## 6.4.1　实体认证机制

为了让具有合法身份的用户加入到网络中并有效地阻止非法用户的加入以确保无线传感器网络的外部安全，在实际应用的无线传感器网络中，必须要采取实体认证机制来保障网络的安全可靠。

由于无线传感器网络中通常需要大规模、密集配置传感器节点，为了降低成本，传感器节点一般都是资源严格受限的系统。一个典型的传感器节点通常只有几兆赫兹至几十兆赫兹的主频，几十千字节的存储空间，以及极其有限的通信带宽，因此传统的认证协议不能直接在无线传感器网络中加以应用，需要研究、设计出计算量小、对存储空间要求不高且高效的适合无线传感器网络的认证机制。目前的实体认证协议主要是在公钥算法和共享密钥算法的基础上提出的。

经过近几年来的不断研究，无线传感器网络安全方面已经取得了一定的进展，并且认证方面国内外学者也提出了一些方法。但是目前大多数学者都认为计算复杂、步骤繁复的公钥认证模式仍不适用于资源有限的传感器网络。不过，随着研究的深入，国内外一些学者也提出了一些基于公钥算法的认证协议在无线传感器网络中进行应用。

下面，我们首先分别介绍基于 RSA 和 ECC 两种公钥算法的实体认证协议在无线传感器网络中的应用。

**基于 RSA 公钥算法的 TinyPK 实体认证方案**

对于公钥算法来说，虽然使用私钥进行解密和签名操作所需的计算量及消耗的能量比较大，但使用公钥进行加密和验证操作所需的计算量及消耗的能量却相对要小很多，同时速度也比较快。考虑到计算量和能量消耗的不对称性，可以让传感器节点只负责执行公钥算法中的加密和验证操作，把计算量大、能量消耗多的解密和签名操作交给基站或者与无线传感器网络建立安全通信的外部组织来完成。正是基于这种思想，R. Watro 等人提出了基于低指数级 RSA 算法的 TinyPK 实体认证方案。

与传统的公钥算法的实现相似，TinyPK 也需要一定的公钥基础设施（PKI，Public Key Infrastructure）来完成认证工作。首先需要一个拥有公私密钥对的可信的认证中心（CA），显然，在无线传感器网络中这一角色可由基站来扮演（通常认为基站是绝对安全的，它不会被攻击者俘获利用）。任何想要与传感器节点建立联系的外部组织也必须拥有自己的公私密钥对，同时，它的公钥需要经过认证中心的私钥签名，并以此作为它的数字证书来确定其合法身份。最后，每个节点都需要预存有认证中心的公钥。

TinyPK 认证协议使用的是请求-应答机制。即该协议首先是由外部组织给无线传感器网络中的某个节点发送一条请求信息。请求信息中包含两个部分：一个是自己的数字证书（即经过认证中心私钥签名的外部组织的公钥），另一个是经过自己的私钥签名的时间标签和外部组织公钥信息的校验值（或者称散列值）。请求信息中的第一部分可以让接收到此消息的传感器节点对信息源进行身份认证，而第二部分则可以抵抗重放攻击（时间标签的作用）和保证发送的公钥信息的完整性（散列值的作用）。传感器节点接收到消息后，先用预置的认证中心的公钥来验证外部组织身份的合法性，进而获取外部组织的公钥；然后用外部组织的公钥对第二部分进行认证，进而获取时间标签和外部组织公钥的散列值。如果时间标签有效并且实际计算得到的外部组织的公钥的散列值与第二部分之中包含的散列值完全相同,则该外部组织可以获得合法的身份。随后,传感器节点将会话密钥用外部组织的公钥进行加密,然后传送给外部组织,从而建立其二者之间安全的数据通信。外部组织与传感器节点整个通信过程如图 6-6 所示。

图 6-6　TinyPK 认证协议中外部组织与传感器节点通信过程

传感器节点在认证过程中的工作流程如图 6-7 所示。

图 6-7　TinyPK 认证协议中节点的工作流程

TinyPK 是首次提出采用 RSA 公钥算法建立起来的 WSN 实体认证机制，通过合理地分配加解密与签名验证任务，这种公钥算法可以方便地在 WSN 中进行实体认证。

**基于 ECC 公钥算法的强用户认证协议**

上面介绍的基于 RSA 公钥算法的 TinyPK 实体认证方案虽然能够实现公钥算法在 WSN 中的应用，但它仍然有自己的缺点，例如，如果网络中某个认证节点被捕获（考虑到无线传感器网络的实际应用环境，网络中的某个或者某一些认证节点被捕获的可能性是比较大的），那么整个网络的安全性都会受到威胁，因为攻击者可以通过这个被捕获的节点获得与之相关的会话的密钥并以合法身份存在于网络之中。

针对这个问题，Z. Benenson 等人提出了基于 ECC 公钥算法的强用户认证协议。与 TinyPK 相比，该协议有两点重要改进：

(1) 公钥算法使用 ECC 而不是 RSA。首先，和 RSA 一样，采用 ECC 公钥算法也能够完成加解密、签名与验证工作，从而可以在无线传感器网络中建立公钥基础设施来顺利实现认证工作和密钥的管理，并且，在达到相同的安全强度的条件下，与 RSA 相比，ECC 需要的密钥长度更短，相应地，该算法对用于保存密钥的存储空间的需求也相应减小。

(2) 采用 n 认证取代了 TinyPK 协议中使用的单一认证。这一点非常重要，它不但可以应付网络中的节点失效问题，同时还解决了 TinyPK 实体认证协议中如果单个认证节点被捕获而可能导致网络受到安全威胁的问题。

基于 ECC 公钥算法的强用户认证过程如下：

(1) 外部组织向其通信范围内的 n 个传感器节点广播一个请求数据包 $(U, cert_u)$，其中 U 是外部组织的身份信息，$cert_u$ 是合法的外部组织从认证中心那里获得的数字证书，即由认证中心私钥签名的外部组织的公钥。

(2) 某个传感器节点 $S_i$ 在收到请求数据包后保存下来并同时给请求方返回一个应答数据包 $(s_i, nonce_i)$，其中 $s_i$ 是该传感器节点自己的身份信息，$nonce_i$ 是一个一次性随机数。每个接收到外部组织请求信息的传感器节点都执行同样的操作。

(3) 外部组织收到 $s_i$ 返回的数据包后，用散列函数计算出一个散列值 $h(U, s_i, nonce_i)$，并用私钥签名后重新发送给 $s_i$。

每一个传感器节点 $s_i$ 先验证 $cert_u$ 以获得外部组织的公钥，然后用外部组织的公钥去验证第(3)步中收到的散列值 $h(U, s_i, nonce_i)$ 并与实际执行 $h(U, s_i, nonce_i)$ 函数所得到的散列值进行对比，如果相同，则该节点通过外部组织的认证。

(4) 每一个对请求方 P 认证成功的节点 $s_i$ 使用共享密钥计算出消息认证码并返回给 P，如果 P 得到了 $n-t$ 个消息认证码，则它在无线传感器网络中拥有合法的身份。

整个认证过程如图 6-8 所示。

每个传感器节点收到认证请求数据包后的认证流程如图 6-9 所示。

这种认证协议能够达到的安全强度相对

图 6-8　基于 ECC 公钥算法的强用户认证过程

图 6-9　基于 ECC 公钥算法的节点认证过程

比较高,但节点能量消耗也比较大。另外,对于拒绝服务攻击(DoS),它没有很好的防御措施,需要另外添加入侵检测机制来处理。

## 6.4.2　信息认证机制

为了防止处于危险环境中的无线传感器网络遭受恶意节点的攻击,无线传感器网络需要采用消息认证机制以确保数据包的完整性以及信息源的合法性。在无线传感器网络的通信模式中,既包含小规模网络中节点与基站、节点与节点间的单跳传输,也有大型网络中的多跳传输。面对这样多的情况,无线传感器网络所采用的消息认证机制也有所不同。

---

**无线传感器网络单跳通信模式下的信息认证**

在小规模的无线传感器网络中,由于所有的节点都在基站的通信范围以内,所以基站可以方便地向网络中所有节点广播信息,而网络中的每个节点也可以以单跳的通信方式向基站反馈数据。为了确保单跳通信模式的传感器网络的合法性,在此需要引入单播源认证和广播源认证。

(1) 单播源认证

节点与基站之间的单播通信认证是比较容易实现的,只需让基站与节点共享一对密钥对,在发送信息之前,发送方根据共享密钥对和发送信息计算出一个 MAC 值随消息一起发出,接收方接收到这个消息后利用共享密钥和接收到的消息在计算出一个 MAC 值,然后进行对比,如果一致则接收方确信这条消息源自一个合法的数据源。

(2) 广播源认证

A. Perrig 等研究人员在 TESLA 协议的基础上提出了基于广播源认证机制的 LTESLA 协议,使其较好地适用于无线传感器网络。该协议的主要思想是利用哈希链在基站生成密钥链,传感器网络中的每个节点预先保存该密钥链最后一个密钥作为认证信息。整个网络需要保持松散同步,按照时间顺序基站使用密钥链上的密钥加密消息认证码,并随着时间段的推移逐渐公布该密钥。传感器节点利用认证信息来认证基站公布的密钥,并对其进行消息认证码的验证。该协议采用对称加密,很好地适应了传感器网络资源受限的特点,但是由于认证信息是预先储存的,导致该协议的扩展性较差。

**无线传感器网络多条通信模式下的消息认证**

在大规模的无线传感器网络中,传感器节点需要将收集到的信息传送给目的节点,如果两者之间的距离相对较远,通信的方式则会采用多条路由的方式。传统网络的消息认证方式通常是通信双方共享一个密钥,或者采取公钥加密解密的认证方式,但无线传感器网络节点存储空间和资源有限,不可能完成这样一种方案,所以多跳通信模式下的认证机制的设计就显得较为困难。现今存在一种多条通信模式下的认证方法——逐跳认证方式,它的意思是在每一条一对一的通信链路上都共享一个密钥,这样就可以通过每一跳的认证来确保真正通信双方的信息认证。这种方案的弊端是一旦链路上的某几个节点被俘获了,整个网络的通信安全就会受到严重影响,因此这种认证方案是具有很强的局限性的。

多路径认证方式则可以在一定程度上解决这个问题。该方法的基本思想是信息源通过多条不相交的路径将信息传送给目的节点,目的节点会根据收到的不同版本的数量选择占大多数的那个作为合法信息,将发送其他版本信息的路径定位不可信路径。这样就使得即使网络中某几个节点被恶意俘获也不会影响通信双方的安全通信。但是该方式的不足之处就是耗能过高,多跳不相交路径上的节点都需要为这次通信服务,这样下来极有可能导致因信息泛洪而导致网络部分瘫痪。

H. Vogt 提出的另一种虚拟多路径认证的方案可以较好地解决上一方案出现的问题。它的主要流程是网络中的每个节点先与跟自己距离为一跳和两跳的节点分别共享一个密钥,然后节点 s 针对下一跳和下两跳的节点计算出两个 MAC 值,随消息传输出去,同时装发自身上一跳节点 s'对自身下一跳节点 s"的 MAC 值。下一跳节点 s"验证收到的两个 MAC,如果都是合法的,则重复节点 s 的上一步操作。这样就能保证消息在传输的过程中完成双重认证,该方案融合了上述两种认证机制的优点,很好地提高了信息传输过程中的信息认证强度。

# 6.5　无线传感器网络位置隐私保护

　　无线传感器网络中的隐私可以分为两大类：数据隐私和上下文隐私，具体分类详见图 6-10。数据隐私通常是为了保护传感器节点发送或接收的数据包内容不被攻击，而上下文隐私则是侧重于对得到关注的周围上下文信息内容的保护，其中位置隐私是一种典型的上下文隐私。

图 6-10　无线传感器网络隐私分类

　　数据隐私保护是指对网络收集到的数据和向某个网络查询的数据信息的保护，主要有两类攻击者：外部攻击者和内部攻击者。外部攻击者只是窃听网络通信，通过简单的加密就可以防御这类的攻击者；而内部攻击者可以捕获一个或多个节点，最简单的防御方法就是实现节点和基站之间端到端的加密，然而这样就不能达到数据融合的目的。因此，面临的挑战是既要实现隐私保护，又要实现数据融合，很多解决此问题的方案被提出。

　　虽然可以通过数据加密等技术来保护数据隐私，但是无线通信媒介仍然暴露在网络中，这样一些上下文的隐私信息可能会暴露。典型的上下文隐私主要分为源节点位置隐私、汇聚节点位置隐私和事件发生的时间隐私，这些信息可以轻松地被具有流量分析功能的外部攻击者获得。接下来我们将着重介绍位置隐私。

## 6.5.1　位置隐私保护机制

　　无线传感器网络位置隐私保护主要是指对 WSNs 中关键节点位置隐私的保护，因为这些节点有更多的职责，承担着比普通节点更多的任务，攻击者一旦攻击掉这些节点对整个网络的危害也是最大的。由于无线传感器网络中的关键节点一般分为两类：源节点和汇聚节点。因此，无线传感器网络位置隐私保护主要分为：源节点位置隐私的保护和汇聚节点位置隐私的保护。在介绍位置隐私保护前，我们先简要描述一下攻击者。

　　在 WSNs 的位置隐私保护中，主要有两类攻击者会对其发动攻击，即：局部攻击者和全局攻击者。局部攻击者的无线监测半径是有限的，因此，同一时间只可以监测到网络局部范围内的流量；而全局攻击者则可以一次监测整个网络的流量，并且很快定位传输节点。逐跳追踪数据包传输的攻击者和全局流量分析的攻击者则是两种典型的攻击者，下面我们分别介绍这两种攻击者。

逐跳追踪数据包传输的攻击者：分为逐跳追踪汇聚节点位置的攻击者和逐跳追踪源节点位置的攻击者，这里我们以逐跳追踪源节点位置的攻击者为例进行攻击描述。攻击者通常配备有特定的无线信号定位装置，此类装置可以监测以其为中心的一定半径长度内的节点。一般情况下，此类攻击者的网络监测半径和一般节点的传输半径相差无几，此文章中我们认为二者相等。攻击者在对源节点进行攻击者时，其追踪方向和数据包传输方向是相反的。详细的攻击过程如下：攻击者潜伏在 sink 附近来监测一定传输半径内的 signal，当监测到新的 signal 后，它会在很短的时间内判断出发送此 signal 的节点方向，并移动到该节点继续监听，如此反复，直到追踪到源节点。

全局流量分析的攻击者：这种攻击者具有很强的攻击能力，它能够监测整个网络的无线通信，从而可以了解整个网络的流量情况，基于此，它可以很快找到 source 或者 sink。

1）源节点位置隐私保护

源节点通常是最靠近被监测对象的那些节点，另外源节点还会把采集到的数据发送到汇聚节点。而当无线传感器网络是为了监测珍稀资源时，被监测对象的地理位置隐私一旦暴露，将会对整个网络的正常运行造成重大危害，如在 Panda-Hunter 模型中一旦源节点的位置被监测到，熊猫将会面临被攻击者捕获的危险。

2）汇聚节点位置隐私保护

sink 是无线传感器网络与外部网络连接的网关，如果 WSNs 要与外界网络交互都必须经过 sink，同时向整个网络发布监测的任务也需要 sink 来完成。如果 sink 被攻击了，整个网络可能会瘫痪。除此之外，所有源节点采集到的数据都会传输给汇聚节点，正是因为这点，导致了整个网络中的流量的不均衡，流量分析的攻击者就可以对汇聚节点进行攻击。

## 6.5.2 典型的无线传感器网络位置隐私保护方案

通过对当前无线传感器网络位置隐私保护的研究，并结合一些资料中的观点方案，对现今无线传感器网络中的位置隐私保护方案进行归类。接下来将主要对典型的汇聚节点位置隐私保护方案和典型的源节点位置隐私保护方案这两类进行介绍。

### 1. 典型的汇聚节点位置隐私保护方案

保护汇聚节点位置隐私的方案主要分为以下几种。

（1）**假包注入**：Deng 等阐明了保护汇聚节点位置隐私的重要性，并提出了当网络中没有数据包传输时，发送假包以此迷惑攻击者。他们提出了在多路径传输的基础上的假包注入，以此来更好地保护汇聚节点的位置隐私，延长攻击者捕获到汇聚节点的时间。另外，假包的传输是选择一个远邻居来进行传输的，这样保护效果更佳。

（2）**多路径传输**：所谓多路径传输就是数据包有多条路径可选择进行传输，而不是在特定的某条路径中传输。有学者提出了多路径路由和假包传输的融合方案，此方案中，对于某一节点，传入和传出的数据流量是均匀的，因此可以最大限度地限制攻击者利用流量的方向信息来对节点进行攻击。Biswas 等提出了一种在不影响网络正常寿命的前提下的抵御流量分析攻击者的隐私保护方案，一些普通节点被用来作为汇聚节点使用，这样会让攻击者认为其中的某个节点为真实的汇聚节点。Chen 和 Lou 提出了双向树、动态双向树和曲折双向树三种多路径传输保护方案。

（3）**随机行走**：Chen 和 Lou 提出了四种端到端的保护汇聚节点位置隐私的方案,其中的随机行走就是利用随机性来达到保护汇聚节点位置隐私的目的。文献中提出利用定向行走来抵御攻击者对 sink 或者 source 的攻击。Jian 等人提出了 LPR 协议,他将邻居节点被分为两组,并且将提出的方案分为两步。第一步,当数据包传到某节点时,节点以一定概率随机选择一个远邻居节点作为数据包的下一跳;第二步,当节点发送数据包给邻居节点(远邻居或者近邻居)时,它同一时刻会向远邻居中的一个随机节点发送一个假包。

**其他**：Nezhad 等提出了一种匿名拓扑发现的方法,这种方法可以隐藏汇聚节点的位置。与传统协议不同的是,此协议允许所有节点广播路由发现消息,这样就可以隐藏汇聚节点的位置。k-匿名也可以用来保护源节点或者汇聚节点的位置隐私,它的原理是用 k 个节点来迷惑攻击者,其中只有一个为真实的汇聚节点。

### 2. 典型的源节点位置隐私保护方案

保护源节点位置隐私的方案主要分为四类：泛洪、随机行走、假包注入和假源策略。

**泛洪**：泛洪主要是为了混淆真数据流量和假数据流量,这样攻击者就很难通过流量分析追踪到数据源,泛洪主要分为基准泛洪、概率泛洪和幻影泛洪。

在基准泛洪中,数据源节点发送数据包给其所有邻居节点,同时邻居节点继续发送该数据包给邻居节点的所有邻居节点,直到目的节点接收到该数据包,但是对同一数据包,所有节点都只转发一次。此方案的优点是所有节点都参与了数据包的传输,因此攻击者不能通过跟踪一条路径追踪到源节点。但是,基准泛洪对位置隐私保护的有效性取决于源节点与汇聚节点之间路径的长度(以跳数计);如果路径跳数太少,攻击者很快就会追踪到源节点。同时,此种方案的网络能量消耗很大,基于此,概率泛洪在能量消耗方面对基准泛洪进行了优化。在概率泛洪中,随机选择一些节点对数据包进行转发,并且每个节点以一定的概率转发数据包。显然,这种方案既能减少能量消耗,也可以高效的保护源节点的位置隐私。然而,因为随机性的缘故,并不能保证汇聚节点能接收到所有源节点发送过来的数据包。幻影泛洪主要分为两个阶段,第一阶段为随机转发过程,源节点把数据包随机的发送到一个假源节点;第二阶段为假源节点通过基准泛洪把数据包发送给汇聚节点。这样,即使追踪到假源节点,也很难追踪到源节点。然而,所有的泛洪策略对源节点的位置隐私保护程度并不是很好,且能量消耗也相对较高。

**随机行走**：随机行走策略的目的是通过一些随机的路径把数据包从源节点发送到汇聚节点。在幻影源节点单路径方案中,源节点首先按最短路径把数据包发送到一个随机节点,之后随机节点再沿最短路径单播发送到汇聚节点。然而,简单的随机行走并不能达到很好保护源节点位置隐私的目的。为了改善幻影源节点单路径方案的性能,Yong 等人提出了贪婪随机行走方案,源节点和汇聚节点都随机行走,当两条行走路径汇合后,数据包沿着汇聚节点随机行走路径的相反方向发送给汇聚节点。这样的话,数据包传输的路径相当于已经被汇聚节点(或者基站)预先设定好了。Wang 等人把源节点位置隐私保护问题简化为增加攻击者追踪到源节点的时间,包括最短追踪时间和平均追踪时间。加权随机行走允许每个节点自己独立选择下一跳节点,节点选择转发角度大的节点作为下一跳的概率大,所以大多数的数据包会有比较长的传输路径长度,以此来延长攻击者的追踪时间。

为了加长假源节点和真源节点之间的距离,Kamat 等提出了定向行走。在定向行走

中,数据包头携带方向信息,接收到该数据包的节点按照方向信息进行数据包的传输。Yun
等提出了用一个随机的中间节点来解决攻击者反向追踪源节点的问题。在随机中间节点方
案中,源节点首先按照随机路径发送数据包到一个随机的中间节点,而这个中间节点距离源
节点至少有 h 跳,h 为提前设置好的。后来,随机中间节点方案又被用来保护全局源节点位
置隐私,文献中提出用一个传输真假包的混合环来迷惑全局攻击者。为了减小能耗,Yun
等人提出了基于角度和象限的多中间节点路由方案。在这两种方案中,数据包从源节点传
送到汇聚节点需要经过多个中间节点,而这些中间节点又是基于角度而随机选择的。

假包注入:假包注入策略通过向网络中注入假包来抵御流量分析攻击者和数据包追踪
攻击者的攻击。在短暂假源路由中,每个节点产生一个假包并且按照一定的概率泛洪给网
络。此种方法只可以防止局部流量分析攻击者的攻击,为了防止全局流量攻击者的攻击,提
出了定期收集和源模拟。在定期收集方案中,每个节点以一定的频率定期独立的发送数据
包,这些数据包中既有真包也有假包。而源模拟方案则把每个节点看成一个潜在的源节点。

为了抵御全局攻击者,也为了减小能耗,Yang 等提出了基于统计的源匿名。在
FitProbRate 中,用指数分布来控制假包流量的产生速率。Yang 等在文献中又提出了事件
源不可观测的概念,目的是利用一定的丢弃假包原则来隐藏真实事件源,这样可以防止网络
风暴。基于代理的过滤方案和基于树的过滤方案被提出了,目的都是为了在假包传输到汇
聚节点之前丢弃假包,以此减少真包的丢包率等。

假源:假源策略就是选择一个或多个节点来模拟真实源节点的行为,以此来达到迷惑
攻击者的目的。当有节点要发送真实数据包时,基站会建立一些假源,通常这些假源距离真
实源节点距离很远,但是距离基站的距离与真实源节点距离基站的距离大致相同,且真实源
节点和假源以同样的频率同时发送数据包。

# 6.6 入侵检测机制

无线传感器网络通常被部署在恶劣的环境下,甚至是敌方区域,一般情况下缺乏有效的
物理保护,同时由于传感器节点的计算、存储、能量等性能都十分有限,因此无线传感器网络
节点与网络很容易受到敌人的捕获和毁害。传感器网络入侵检测技术主要是集中在监测节
点的异常以及恶意节点辨别上。鉴于传感器网络资源受限以及容易遭受入侵的特点,传统
的应用于常规网络中的入侵检测技术不适于无线传感器网络。因此,怎样设计一种适用于
传感器网络的安全机制,以防止各种入侵,为无线传感器网络的运行营造一个较为安全的环
境,成为无线传感器网络领域能否继续走下去的关键。

## 6.6.1 入侵检测概述

现今,关于无线传感器网络安全方面的研究已经有很多了,通过密钥管理、身份认证等
安全技术可以提高无线传感器网络的安全性,但是这些都并未包含入侵检测的能力,无法及
时有效地预防和发现无线传感器网络中的入侵问题。入侵检测是能够主动发现入侵行为,
即使采取防卫措施的一种深度防护技术,这项技术可以通过对网络日志文件进行扫描、对网
络流量进行监控、对终端设备的运行状态进行分析,进而发现可能存在的入侵行为,并对其
采取相应防护手段。在常规的网络环境中,入侵检测按数据获取方法可分为基于网络和基

于主机两种方式;按检测技术可分为基于误用和基于异常。但是,无线传感器网络和传统网络在网络拓扑、节点结构、数据传输等诸多方面都有很多差别,而且由于传感器网络自身特点以及所面临的安全问题不同,所以很多传统入侵检测技术不适于无线传感器网络。传感器网络自身特点包括如下几个方面:

(1)存储空间和计算能力是有限的。由于无线传感器网络中的节点受到能源、大小等因素的限制,导致很多常规的安全协议不能直接运用于传感器网络。

(2)容易遭受多种途径的攻击。由于无线传感器网络与传统网络存在一些差异,所以仅根据传统的检测手段是很难及时地发现入侵行为的。另外,由于实际的无线传感器网络环境经常是野外,很难做到全程监控,所以攻击者可以很方便地从一个网络拓扑中获取一些节点,或利用恶意节点破坏该拓扑结构,这样就使得传统的入侵检测技术难以发现恶意节点的存在,导致很多入侵行为的漏检。

(3)带宽和通信能量的限制。当前的无线传感器网络都采用低速、低能耗的通信技术。因为无线传感器网络没有持续的能源供给,其整个工作过程期间也不会得到实时监控,所以节能成为传感器网络存活必须考虑的问题。所以一些复杂的检测算法的功耗开销是传感器网络的低功耗无法承载的。

因此,由于无线传感器网络自身的特点所限,现在的一些传统的入侵检测技术很难应用于其中。然而,既然要发展无线传感器网络,就必须让它拥有与传统网络同样的安全条件,以保证其正常的通信安全。所以设计出适应于无线传感器网络的入侵检测机制是确保无线传感器网络领域继续研究的关键一环。

## 6.6.2　入侵检测体系结构

传感器网络入侵检测由三个组成部分,分别为:入侵检测、入侵跟踪和入侵响应。这三个部分顺序执行,首先执行入侵检测,要是入侵存在,将执行入侵跟踪来定位入侵,然后执行入侵响应来防御攻击者。此入侵检测框架如图 6-11 所示。

图 6-11　入侵检测框架

现今的体系结构中根据检测节点间关系,大致可分为以下三种类型:

1) 分治而立的检测体系

为了降低网络中能源的损耗,入侵检测程序只会安装在某些关键的节点中。每个装有检测程序的节点的优先级和作用相同,既负责采集网络中的数据又要对网络环境的检测结果进行分析,之后它们会将自己的分析结果传给基站,不会与其他检测节点进行数据交互。

这种方法的优点是设计思路简介,容易部署和实现。缺点是各个检测节点之间没有数据交互,分别独立进行检测,不能协同工作,这会导致网络环境中产生大量的冗余信息,浪费时间,同时也浪费了传感器网络中宝贵的能源,而且独立的检测对于整个网络环境的入侵行为监控是不利的。

2) 对等合作的检测体系

无线传感器网络对采用广播的数据传输方式,每个节点可以方便地检测自身邻居节点的数据流向。对等合作的检测体系是基于分治而立的检测体系之上的,首先还是各个检测节点独立检测,当遇到某些特殊的入侵行为时,各检测节点会相互交换信息来共同处理检测结果。

这种检测体系对于上一种方案在性能上有一定的提升,但是这种体系要求网络环境中的大部分节点安装 IDS,这就会导致普通入侵行为出现时资源的重复性浪费,另外,检测节点间的数据交互需要广播大量的数据包,这必然会影响正常情况下的网络带宽。

3) 层次的检测体系

为了避免上述两种方案造成的资源浪费以及带宽占用,研究人员提出了这种层次的检测体系。它的基本思想是把无线传感器网络中的全部节点按照其各自的功能不同划分为不同的层次:底层节点进行数据采集与检测任务,顶层节点进行数据融合及综合处理等工作。

这种检测体系能够很好地提高检测的准确性,同时很好地减少了资源开销,同时网络的整体运行性能也受到了不同程度的影响。此外,在进行数据融合的过程中降低了整个网络中的数据冗余性,但这也是以降低网络的鲁棒性为代价的。

## 6.7　本章小结

本章讨论了无线信息安全中的无线传感器网络安全问题,分别对无线传感器网络安全路由协议、密钥管理及其认证机制、位置隐私保护和入侵检测进行了介绍。

第 1 节概要介绍了无线传感器网络基础知识和安全需求。

第 2 节开始介绍了安全路由的概述,并分析了现在的路由协议容易遭受的安全攻击有七种,分别是涂改伪造的或重放路由信息、选择性转发、天坑攻击、Sybil 攻击、Wormhole 攻击、Hello Flood 攻击以及欺骗确认攻击。然后有对 Directed Diffusion、LEACH 和 GPSR 这三种典型路由协议进行了介绍以及安全性分析,指出了各自所存在的安全隐患。

第 3 节首先介绍了无线传感器网络中密钥管理的评估标准,主要通过安全性、对攻击的抵抗性、负载、可认证性、扩展性以及密钥连接性这六个方面对密钥管理方案进行适用性评估。接下来分析了现今的一些密钥管理分类方法,并着重介绍了组密钥管理以及设计过程中需要考虑的前向私密性、后向私密性、抗同谋破解性、生成密钥的计算量、发布密钥占用带宽、发布密钥的延迟、健壮性等问题。然后对一些典型的密钥管理方案进行了概述,介绍其工作流程及应用特点。

第 4 节介绍了一下无线传感器网络中的认证机制,主要包含实体认证机制和信息认证机制这两个方面,其中以基于 RSA 和 ECC 两种公钥算法的实体认证协议为基础讲解了实习认证机制,通过单跳通信模式和多跳通信模式讲述了消息认证机制。

第 5 节介绍了无线传感器网络中的位置隐私保护方案,主要包括源节点位置隐私的保护和汇聚节点位置隐私的保护这两个方面。然后从这两个方面分析了几种位置隐私保护方案,其中源节点位置隐私的保护方案包括假包注入、多路径传输、随机行走,汇聚节点位置隐私的保护方案包括泛洪、随机行走、假包注入和假源策略。

第 6 节介绍了无线传感器网络中的入侵检测技术,无线传感器网络存在存储空间和计算能力有限、容易遭受多种途径的攻击以及带宽和通信能量受限 3 个特点,以此来说明适用于传统网络的入侵检测机制无法应用于无线传感器网络,然后介绍了现今的三种检测体系:分治而立的检测体系、对等合作的检测体系以及层次的检测体系,并分述了各自的优缺点。

# 思考题

1. 无线传感器网络常见的安全威胁有哪些?
2. 无线传感器网络的安全目标是什么?
3. 无线传感器网络路由协议易受的攻击类型有哪些?
4. 典型的安全路由协议有哪些?它们各自的路由机制、特点及优缺点是什么?
5. 无线传感器网络密钥管理的评估标准是什么?
6. 无线传感器网络密钥管理的分类方法有哪些?其各自的分类原则是什么?
7. 选择一个密钥管理的典型案例对其原理进行分析。
8. 组密钥管理可分为哪几类?并分别对其进行简述。
9. 无线传感器网络认证机制分为哪两类?它们各自的原理和优缺点是什么?
10. 无线传感器网络入侵检测体系可分为哪几类?各自的优缺点是什么?

# 参考文献

[1] 张楠. 无线传感器网络安全技术研究. 成都:西安交通大学出版社,2010.
[2] 杨庚,陈伟,曹晓梅,等. 无线传感器网络安全. 北京:科学出版社,2010.
[3] 沈玉龙,裴庆祺,马建峰,等. 无线传感器网络安全技术概论. 北京:人民邮电出版社,2010.
[4] 周贤伟,覃伯平,徐福华,等. 无线传感器网络与安全. 北京:国防工业出版社,2007.
[5] Estrin D, Govindan R, Heidemann J. Next Century Challenges:Scalable Coordination in Sensor Network[A]. Proceeding MobiCom '99 Proceedings of the 5th annual ACM/IEEE international conference on Mobile computing and networking, 1999:263-270.
[6] Agre J, Clare L. An Integrated Architecture for Cooperative Sensing Networks. IEEE Computer Magazine, 2000, 33(5):106-108.
[7] Akyildiz IF, W Su, Sankarasubramaniam Y, Cayirci E. Wireless Sensor Network: A Survey. Computer networks, 2002, 38(4):393-422.
[8] Perrig A, Stankovic J, Wagner D. Security in Wireless Sensor Networks. Communications of the

ACM, 2004, 47(6): 53-57.

[9] M Xiao, X Wang, G Yang. Cross-layer design for the security of wireless sensor networks. Intelligent Control and Automation, WCICA 2006, The Sixth World Congress, 2006. 104-108.

[10] Shaikh RA, Lee S, Song YJ, et al. Securing Distributed Wireless Sensor Networks: Issues and Guidelines. Sensor Networks, Ubiquitous, and Trustworthy Computing, 2006. 226-231.

[11] Ren XL. Security methods for wireless sensor networks. Mechatronics and Automation, Proceedings of the 2006 IEEE International Conference, 2006. 1925-1930.

[12] Ganesan P, Venugopalan R, Peddabachagari P, et al. Analyzing and modeling encryption overhead for sensor network nodes. WSNA '03 Proceedings of the 2nd ACM international conference on Wireless sensor networks and applications, San Diego, 2003. 151-159.

[13] Karlof C, Sastry N, Wagner D. TinySec: a link layer security architecture for wireless sensor networks. SenSys '04 Proceedings of the 2nd international conference on Embedded networked sensor systems. Baltimore, Maryland, 2004. 140-154.

[14] Perrig A, Szewczyk R, Tygar JD, Wen V, Culler DE. SPINS: Security protocols for sensor networks. Journal of Wireless Networks, 2002, 8(5): 521-534.

[15] Ioannis K, Dimitriou T, Freiling FC. Towards intrusion detection in wireless sensor networks. Proc. of the 13th European Wireless Conference, Paris, 2007.

[16] Heinzelman WR, Kulik J, Balakrishnan H. Adaptive protocols for information dissemination in wireless sensor networks. MobiCom'99, Washington, US, 1999: 174-185.

[17] Braginsky D, Estrin D. Rumor routing algorithm for sensor networks. WSNA '02 Proceedings of the 1st ACM international workshop on Wireless sensor networks and applications, Atlanta, 2002: 22-31.

[18] Karp B, Kung HT. GPSR: greedy perimeter stateless routing for wireless networks. MobiCom '00 Proceedings of the 6th annual international conference on Mobile computing and networking, Boston, 2000: 243-254.

[19] Y Yu, Govindan R, Estrin D. Geographical and energy aware routing: A recursive data dissemination protocol for wireless sensor networks. Technical Report, UCLA-CSD TR-01-0023, 2001.

[20] Hu YC, Perrig A, Johnson DB. Packet leashes: a defense against wormhole attacks in wireless networks. INFOCOM 2003. Twenty-Second Annual Joint Conference of the IEEE Computer and Communications, San Francisco, 2003: 1976-1986.

[21] Intanagonwiwat C, Govindan R, Estrin D. Directed diffusion: a scalable and robust communication paradigm for sensor networks. MobiCom '00 Proceedings of the 6th annual international conference on Mobile computing and networking, 2000: 56-67.

[22] Heinzelman WR, Chandrakasan A, Balakrishnan H. Energy-efficient communication protocol for wireless microsensor networks. System Sciences, 2000. Proceedings of the 33rd Annual Hawaii International Conference, 2000.

[23] J Yick, B Mukherjee, D Ghosal. Wireless sensor network survey. Computer Networks, 2008(52): 2292-2330.

[24] CH Lim. Leap++: A robust key establishment scheme for wireless sensor networks. Distributed Computing Systems Workshops, 2008. ICDCS '08. 28th International Conference, 2008: 376-381.

[25] 苏忠,林闯,封富君,等. 无传感器网络密钥管理的方案和协议. 软件学报, 2007, 18(5): 1218-1231.

[26] Eschenauer L, Gligor V. A key management scheme for distributed sensor networks. In: Proc. of the 9th ACM Conf. on Computer and Communications Security. New York: ACM Press, 2002. 41-47.

[27] Camtepe SA，Yener B. Combinatorial design of key distribution mechanisms for wireless sensor networks. In：Proc. of the Computer Security—ESORICS. Berlin：Springer-Verlag，2004. 293-308.

[28] 赵志平. 无线传感器网络组密钥管理研究(硕士学位论文). 长沙：湖南大学，2007.

[29] Menezes AJ，Oorshot PCV，Vanstone SA. Handbook of Applied Cryptography. CRC Press，Boca Raton，FL. 1997.

[30] Anderson R，Bergadano F，Crispo B. A New Family of Authentication Protocols. ACM SIGOPS Operating Systems Review，1998，32(4)：9-20.

[31] D Boneh，H Shacham. Fast variants of RSA. CryptoBytes，2002，5(1)：1-8.

[32] Z Benenson，N Gedicke，O Raivio. Realizing robust user authentication in sensor networks. Workshop on Real-World Wireless Sensor Networks，2005.

[33] DJ Malan，M Welsh，MD Smith. A public-key infrastructure for key distribution in TinyOS based on elliptic curve cryptography. Sensor and Ad Hoc Communications and Networks，2004. IEEE SECON 2004. 2004 First Annual IEEE Communications Society Conference，California，2004：71-80.

[34] 张聚伟. 无线传感器网络安全体系研究（博士学位论文）. 天津：天津大学，2008.

[35] 刘志宏. 无线传感器网络密钥管理(博士学位论文). 西安：西安电子科技大学，2009.

[36] 周贤伟，施德军，覃伯平. 无线传感器网络认证机制的研究. 计算机应用研究，2006，23(12)：108-111.

[37] M Ding，D Chen，K Xing，X Cheng. Localized fault-tolerant event boundary detection in sensor networks. IEEE Infocom，2005：902-913.

# 移动Ad Hoc网络安全

如今,微处理器和无线适配器在许多设备中都有应用,例如手机、PDA、笔记本电脑、数字传感器和 GPS 接收机。这些设备通过创建无线移动网络,让无线接入变得更便利,从而使游牧计算的应用越来越广泛。

移动网络的应用程序是不依赖于固定设施的支持的。例如,在风暴或地震后进行的抢险救灾,需要在受灾地区进行通信操作,这种通信要求通信设备在没有任何固定的基础设施情况下仍然可用;在一些人类不能到达的地区,需要进行测量工作,这就必须借助数字传感器来代替人的工作;处于战斗中的军用坦克和飞机需要移动网络来传递战况信息;研究人员在演讲或会议中利用移动网络共享信息。为了满足这种独立于基础设施的要求,一种新的移动网络应运而生:Ad Hoc 网络。

## 7.1 移动 Ad Hoc 网络概述

移动 Ad Hoc 网络,或 MANET,是一个临时的无中心基础设施的网络,它由一系列移动节点在无线环境中动态地建立起来,而不依赖任何中央管理设备。在 MANET 中的移动节点必须要像传统网络中的强大的固定设施一样提供相同的服务。这是一个挑战性的任务,因为这些节点的资源是有限的,如 CPU,存储空间,能源等。另外,Ad Hoc 网络环境具有的一些特点也增加了额外的困难,例如由于节点移动而造成的频繁的拓扑改变,又如无线网络信道的不可靠性和带宽限制。

关于 Ad Hoc 网络领域的早期研究的目标主要放在对于一些基本问题提出解决方案,来处理由于网络或者节点的特性而带来的新的挑战。然而,这些解决方案并没有很好地考虑安全问题,因此,Ad Hoc 网络很容易受到安全威胁。

很多新兴的 Ad Hoc 网络已经开始考虑安全问题以确保系统拥有健壮的安全性和隐私保护。健壮的安全性同样需要确保公平和系统的正确运作,在开放的脆弱环境中提供可容忍的服务质量。

### 7.1.1 移动 Ad Hoc 网络特点

MANET 有区别于传统网络的特点,而正是这些特点使它比传统网络更容易受到攻击,这也使得其安全问题的解决方案与其他网络不同。这些特点是:

(1) 无基础设施。中央服务器,专门的硬件和固定的基础设施在 Ad Hoc 网络中都不存在了。这种基础设施的取消,使得分层次的主机关系被打破,相反,每个节点维持着一种相互平等的关系。也就是说,它们在网络中扮演着分摊协作的角色,而不是相互依赖。这就要求安全方案要基于合作方案而不是集中方案。

(2)使用无线链路。无线链路的使用让无线 Ad Hoc 网络更易受到攻击。在有线网络中,攻击者必须能够通过网线进行物理连接,而且需要通过防火墙和网关等几道防线。但是在无线 Ad Hoc 网络中,攻击可以来自各个方向,并且每个节点都可能成为攻击目标。因此,无线 Ad Hoc 网络没有一道清晰的防线,每个节点都必须做好防御攻击的准备。此外,由于信道是可以广泛接入的,在 Ad Hoc 网络中使用的 MAC 协议,如 IEEE 802.11,依赖于区域内的信任合作来确保信道的接入,然而这种机制对于攻击却显得很脆弱。

(3)多跳。由于缺乏核心路由器和网关,每个节点自身充当路由器,每个数据包要经过多跳路由,穿越不同的移动节点才能到达目的节点。由于这些节点是不可信赖的,导致网络中潜藏着严重的安全隐患。

(4)节点自由移动。移动节点是一个自制单元,它们都是独立地移动。这就意味着,在如此大的一个 Ad Hoc 网络范围内跟踪一个特定的移动节点不是一件容易的事情。

(5)无定形的。节点的移动和无线信号的连接让 Ad Hoc 网络的节点随时地进入和离开网络环境。因此,网络拓扑没有固定的大小和形状。所以,所有的安全方案也必须将这个特点考虑在内。

(6)能量限制。Ad Hoc 网络的移动节点通常体积小,重量轻,所以也只能用小电池来提供有限的能量,只有这样才能保证节点的便携性。安全解决方案也应该将这个限制考虑在内。此外,这种限制还有一个弱点,就是一旦节点停止供电,就会导致节点的故障。所以,攻击者可能将节点的电池作为攻击目标,造成断开连接,甚至造成网络的分区。这种攻击通常叫做能源耗竭攻击(energy starvation attack)。

(7)内存和计算功率限制。Ad Hoc 网络中的移动节点,通常存储设备能力比较小和计算能力较弱。高复杂性的安全解决方案,如密码学,应该考虑这些限制。

## 7.1.2　移动 Ad Hoc 网络安全综述

通过上节的介绍,可以知道移动 Ad Hoc 网络在与传统的有线网络相比存在的特点,和与之相关的安全问题,这些安全问题在各个层上都有所体现,如表 7-1 所示。

表 7-1　移动 Ad Hoc 网络的安全方案需要整个协议栈的保护

| 网络层次 | 安全特性 |
| --- | --- |
| 应用层 | 检测并防止病毒、蠕虫、恶意代码和应用错误 |
| 传输层 | 鉴权和利用数据加密实现安全的端到端通信 |
| 网络层 | 保护 Ad Hoc 路由和转发协议 |
| 链路层 | 保护无线 MAC 协议和提供链路层安全支持 |
| 物理层 | 防止信号冲突造成的 DoS 攻击 |

我们可以把影响 Ad Hoc 网络安全的威胁分为两种。

### 1. 攻击

这包括任何故意对网络造成损害的行为,可以根据行为的来源和性质分类。根据来源可以分为两类：外部攻击和内部攻击；而根据性质分类则可以分为被动攻击和主动攻击。

外部攻击：这种攻击方式是由并不属于逻辑网络或者没有被允许接入网络的节点发起的。这种节点穿透了网络区域来发动攻击。

内部攻击：这种攻击是由内部的妥协节点发起的。这种攻击方式更普遍，为抵抗外部攻击而设计的防御措施对于内部妥协节点和内部恶意节点是无效的。

被动攻击：被动攻击是对某些信息的持续收集，这些信息在发起后来主动攻击时会被用到。这就意味着，攻击者窃听了数据包，并且分析提取了所需要的信息。要解决这种问题，一定要对数据进行一定的保密性处理。

主动攻击：这种攻击包含了几乎所有其他与受害节点主动交互的攻击方式，像能源耗竭攻击，这是一种针对于蓄电池充电的攻击；劫持攻击，攻击者控制了两个实体的通信，并且伪装成它们其中之一；干扰，这会导致信道的不可用，攻击针对路由协议。还有很多其他方式的攻击。大部分这些攻击导致了拒绝服务(denial of service，DoS)，这是指在节点间通信部分或者完全停止。

### 2．不当行为

我们把不当行为威胁定义为，一个内部节点的一个未经授权的能够在无意中对其他节点造成损害的行为。也就是说，这个内部节点本身并不是要发起一个攻击，只是它可能有其他目的，与其他节点相比，它能够获得不平等的优势。例如，一个节点可能不遵守 MAC 协议，这样可以获得更高的带宽，或者它接受了协议，但是并不转发代表其他节点的数据包以保护自己的资源。

## 7.1.3　移动 Ad Hoc 网络安全目标

Ad Hoc 网络的安全服务并不是完全不同于其他网络通信范例的。它的目标也是保护信息和资源免受攻击以及不当行为的侵害。为了处理网络安全的问题，这里将详细介绍一个安全范例必须具有的特点。

可用性：确保即使在被攻击的情况下，所需要的网络服务也能随时得到提供。系统为了保证可用性，就必须可以对抗我们先前提到的拒绝服务和能源耗竭攻击(energy starvation attack)。

真实性：确保从一个节点到另一个节点的通信是真实的。这需要保证一个恶意节点不能伪装成可信任的网络节点。

数据机密性：这是 Ad Hoc 网络的一个核心安全因素。这需要确保一个给定消息的内容，不能被它的接受者以外的节点了解。数据机密性通常是通过应用密码学来保证的。

完整性：这是表示从一个节点到另一个节点的数据内容的真实性。就是说，它确保了从节点 A 发送到节点 B 的信息，在传输的过程中没有被某个恶意的节点 C 修改。如果应用了健壮的机密机制的话，保证数据的完整性可能就如同添加单项 hash 来加密数据一样简单。

不可抵赖性：确保信息的来源是合法的。这就是说一个节点接到另一个节点的假消息，不可否认性允许接收方指责发送方发送了假消息，并且让其他节点也了解到这一情况。数字签名的使用可以保证不可否认性。

同时，我们把安全解决方案分为两类。

主动式方案：这包括安全意识协议和应用设计，这些协议必须把新环境的特点考虑在内。

反应式方案：仅有主动式方案是不足的，因为系统很复杂，很难设计，并且有程序错误的可能性，所以反应式方案要作为第二道安全墙。换句话说，它包含了攻击检测。入侵检测系统就属于这一类。

# 7.2  移动 Ad Hoc 网络路由安全

MANET 路由协议在节点间发现路径，然后允许数据包经过其他网络节点从而到达最终目的节点。与传统网络路由协议形成对比，Ad Hoc 网络路由协议必须更快地适应上节中提到的 MANET 的特点，特别是网络拓扑的频繁变化。这个路由问题在 Ad Hoc 网络中是一个重要问题，已经深入地进行了研究，特别是 IETF(Internet Engineering Task Force)的 MANET 工作小组。已经研究出一些成熟的协议，如 AODV，DSR，OLSR 等，这些协议可以分为两类：先验式路由和反应式路由，其中反应式路由要比先验式路由更适合 MANET 环境。然而，所有这些协议的问题就是它们并没有将安全因素考虑在内，因此，这些协议对于很多攻击都束手无策。

因为 MANET 环境是不可信的，安全路由协议则更显的必要。最近，很多安全 Ad Hoc 网络路由协议被提出。在本节中，我们来讨论路由协议的安全问题，首先列举出在早先威胁 Ad Hoc 网络路由协议的不同的攻击分类，然后讨论最近提出的解决方案。

## 7.2.1  路由攻击分类

当前提出的 MANET 路由协议受制于很多种类的攻击。类似的问题也存在于有线网络中，但这些问题很容易被有线网络中的基础设施抵御。在这一小节中，我们将攻击分为修改攻击，模拟攻击，伪造攻击，快速攻击(rushing attack)来对抗 Ad Hoc 协议。这些攻击以 ADOV 和 DSR 协议的角度展示出来，这两个协议是应用于 Ad Hoc 协议的反应式路由，几乎所有的反应式路由都有相同的缺陷。而我们认为先验式路由并不适合 MANET。表 7-2 提供了每一个协议对于特定漏洞表现出来的缺陷是否存在的总结。

表 7-2    AODV 和 DSR 的缺陷

| 攻    击 | AODV | DSR |
| --- | --- | --- |
| 修改攻击 | | |
| 修改路径的序列号 | 是 | 否 |
| 修改跳数 | 是 | 否 |
| 修改原路径 | 否 | 是 |
| 隧道 | 是 | 是 |
| 模拟攻击 | | |
| 欺骗 | 是 | 是 |
| 伪造攻击 | | |
| 篡改路径错误 | 是 | 是 |
| 路径缓存中毒 | 否 | 是 |
| 快速攻击 | 是 | 是 |

### 1. 修改攻击

恶意节点能够通过更改控制消息区域或者转发经篡改数值的路由信息来重定向网络流量和进行 DoS 攻击。在如图 7-1 所示的网络中，一个恶意节点 M 能够通过持续地向节点 B 声明它是到达节点 X 比通过节点 C 到达节点 X 更优的选择，来保持与节点 X 的流量通信。下面详细介绍一些如果路由信息的特定区域被更改或者篡改的话，可能发生的几种攻击。

通过修改路径序列号而重定向：如 ADDV 这样的协议，它们为了维护路径，给到达特定目的节点的路径都分配了单调增加的序列号。在 AODV 中，任何节点通过声明比原数值更大的目的序列号给一个节点来使其转移网络流量。图 7-1 所示为一个 Ad Hoc 网络的例子。假设有一个恶意节点 M，它在节点 B 的路由发现过程中的重新广播后，接受到从源节点 S 发送到目的节点 X 的 RREQ（路径发现信息）。节点 M 通过单播到节点 B 一个 RREP（路径回应信息），其中这个 RREP 信息包含了比节点 X 最后声明大很多的目的序列号，来重定向网络流量。最终，这个通过节点 B 广播的 RREQ 信息将到达可以拥有有效路径到节点 X 的节点，一个有效的 RREP 信息将会单播传回给节点 S。然而，在节点 B 已经接受到来自恶意节点 M 的 RREP。如果这个信息中的目的序列号比有效的 RREP 中包含的序列号还大的话，节点 B 将丢弃有效的 RREP 信息，因为节点 B 认为这个有效的路径已经过时了。所有后来的到达节点 X 的网络流量，原本应该通过节点 B 的都将重定向到节点 M。这种情况将一直持续下去，直到一个合法的 RREQ 或者一个合法的 RREP 带有比恶意节点 M 的 RREP 还要高的到节点 X 的目的序列号进入网络为止。

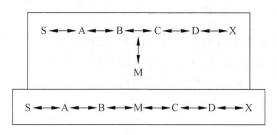

图 7-1　修改原路径 DoS 攻击示例

通过修改跳数重定向：通过修改路由发现信息中的跳数区域来进行重定向攻击是可能的。当选路决策没有使用其他度量因素时，AODV 协议使用跳数来决定最短路径。在 AODV 中，恶意节点能够通过重设 RREQ 中的跳数为 0 来增加自己包含在新的路径中的机会。类似地，通过设置 RREQ 的跳数为无穷大，新创建的路径将不把恶意节点包含在内。这样的攻击当结合了欺骗（spoofing）后将变得更具威胁。即使协议采取了不同于跳数的度量值，重定向攻击的发起也是可能的，攻击者所要做的仅仅就是将更改跳数换成更改其他用于计算度量值的其他参数。

通过修改源路径的 DoS：DSR 协议利用源路由策略，所以源节点在数据包中明确地指明。这些路径缺乏完整性的检测，一个针对 DSR 的简单的拒绝服务攻击就能通过修改数据包中的源路径来发起。如图 7-1 所示，假设有一条从节点 S 到节点 X 间存在着一条路径。同时节点 C 和节点 X 不能相互监听到对方，节点 B 和节点 C 不能相互监听到对方，节点 M

是一个恶意节点,它准备发起一个拒绝服务攻击。假设节点 S 想要和节点 X 通信,并且在路径缓存中有一条到达节点 X 的未到期的路径。节点 S 传输一个数据包到节点 X,在数据包的头部包含着源路径(S,A,B,M,C,D,X)。当节点 M 接收到这个数据包,它更改了数据包头部的原路径,如将节点 D 从源路径中删除。结果,当节点 C 接收到这个被更改过的数据包时,它准备将这个数据包直接发送给节点 X。但是节点 X 不能监听到节点 C,所以传输过程失败。

隧道攻击:在 Ad Hoc 网络中有一个隐含的假设,任何节点都可以与其他节点邻接。隧道是指两个或者更多的节点可能沿着现有的数据路径来合作封装和交换信息。这里存在的一个缺点是两个这样的节点可能合作起来通过封装和隧道来错误地展示可达路径的长度,在这两个节点间传递由其他节点产生的合法的路由信息,如路径发现信息(RREQ)和路径回应信息(RREP)。这导致了阻止中间节点正确地递增用于衡量路径长度的度量值。例如,在图 7-2 中,节点 $M_1$ 和 $M_2$ 是两个恶意节点,它们不是邻居节点,但是它们应用了路径($M_1$,A,B,C,$M_2$)作为隧道。当 $M_1$ 接受到从 S 发送的 RREQ 时,它将其封装,并且通过隧道传给 $M_2$。当 $M_2$ 从 D 那里接受到 RREP 后,它将其发送回 $M_1$,这在后来以同样的方式发送给

图 7-2　隧道攻击示意图

S。这种攻击导致了构建了一条错误的路径($M_1$,$M_2$),这条路径可能还会被 S 选为最优路径。

### 2. 模拟攻击(欺骗)

欺骗攻击是指一个节点通过模拟自己在网络中的 ID,如在对外发送的数据包中更改自己的 MAC 地址或者 IP 地址,这种攻击很容易结合修改攻击。当这两种攻击结合时,可能会造成很严重的故障,如可能会造成路径的环路。

### 3. 伪造攻击

对于生成错误信息的攻击被称为伪造攻击。这种攻击是很难确认的。

伪造路线错误:反应式路由,包括 AODV 和 DSR,实施了路径维护来修复当节点移动时破坏的路径。如果一条从节点 S 到节点 D 的活跃路径的链接断裂的话,这个链路的上游节点就广播一个路径错误给所有活跃的上游节点邻居。这个节点还在路由表中将到达节点 D 的路径作废。如果 S 没有其他的路径可以到达 D,并且仍需要一条达到 D 的路径,S 节点就初始化路径发现算法。这里存在的一个缺点是可以通过散播假的路由错误信息来发起路由攻击。这可以导致数据包的丢失和额外的开销。

路由缓存中毒:在 DSR 中,节点依靠它们接受并转发的数据包的头部信息来更新路由表(即路由缓存)。路由信息还可以通过受到的大量的数据包中获取。这里存在的缺点是,攻击者能够很容易地应用学习路由的方法来毒化路由缓存。假设,有一个恶意节点 M 想要毒化到达节点 X 的路径,如果 M 通过广播带有经过自身到达 X 的原路径的欺骗数据包,监听到这个数据包传输的邻居节点就可能将错误的路径添加到它们的路由缓存中。

#### 4. 快速攻击

在大多数反应式路由中,为了限制路由发现的开销,每个节点只转发一个 RREQ 信息,这个 RREQ 来自任何一个路由发现,通常来说是最先到达的那个。这个性质能够被快速攻击者利用。

如果攻击者转发的路由发现的 RREQ 是第一个到达目标的每个邻居节点的话,以后任何经过这个路径发现的节点都会包含通过攻击者的这一跳。也就是说,当一个目标节点的邻居接收到攻击者的 RREQ 后,它将其转发,同时不再转发更多的关于这个路由发现的 RREQ。当非攻击的 RREQ 在后来到达这些节点的时候,它们都将被丢弃。所以,路由发现发起者将不能发现任何包含两跳及两跳以上的可用路由。一般来说,攻击者将比合法节点更快地转发 RREQ 信息,这就增加了攻击者包含在路径中的概率。鉴于上面讨论的是节点只转发在第一个来自任何路由发现中的 RREQ,急速攻击也可以用于攻击其他情况下的协议,攻击者只要做类似的工作,让他发送的数据包必须满足协议相应的功能。

下面介绍一下攻击者怎样实施快速攻击,有下面几种技术可以采用。

当转发数据包时删除 MAC 和网络延迟:MAC 和网络协议中在数据包传输中使用延迟来防止勾结,攻击者可能通过删除这些信息,来快速转发它的请求信息。

用更好的功率传输 RREQ:如果攻击者有一个强大的物理通信工具来支持的话,他可以用更高的传输功率来转发 RREQ,这个功率要大于其他节点的最高传输功率,这样的话,就可以将信息传递给更远的节点,从而减少了跳数。

应用虫洞(wormhole)技术:两个攻击者可以运用隧道来传递 RREQ 数据包。这个当一个节点比较接近源节点,而另一个节点比较接近目的节点,同时要保证两个节点间存在着高质量的路径(如通过有线网络)可以实现。

### 7.2.2　安全路由解决方案

一个好的安全路由协议旨在防御上面小节提到的漏洞攻击。为了达到这一目的,它必须要满足几个要求:
- 路由协议数据包不能被欺骗。
- 伪造路由信息不能被注入网络。
- 路由信息在传输过程中不能被改变。
- 不会因为恶意行为而形成路由环路。
- 路由不会因为恶意行为而从最短路径中重定向。
- 未被授权的节点要从路由计算和路由发现中剔除。
- 网络拓扑必须既不能暴露给攻击者也不能通过路由信息暴露给授权节点,因为网络拓扑的暴露可能会给攻击者试图破坏或者俘获节点造成便利。

而针对于上面的路由攻击,可以得到下面四种解决方案。

#### 1. 全阶段的认证

这种解决方案是在路由的全阶段都使用认证技术,因此可以不让攻击者或者没有授权的用户参与到路由的过程中。大部分这种解决方案都属于修改当前存在的路由协议来重构程可以认证的版本。它们依赖于认证授权。

### 2. 定义新的度量值

Yi et al 定义了一种新的度量来管理路由协议行为,叫做信任值(trust value)。这个度量被嵌入到控制包中,来反映发送者需要的最小的信任值,因此一个接收节点在接收到包时,既不能处理也不能转发,除非它提供了数据包中包含的那个需要的信任级别。为了达到这个目的,SAR(Security-Aware Routing)协议利用了认证技术。这个协议来源于 AODV 协议,并且基于信任值度量。在 SAR 中,这个度量值也可以在很多路由满足所需的信任值的时候,作为选择路由的标准。为了定义节点的信任值,作者将其比喻成军事行动,信任程度适合节点所有者的等级排名匹配的。但是从更通常的角度来说,在网络中没有等级制度,所以定义节点的信任值是有问题的。

### 3. 安全邻居检测

在每个节点声明其他节点成为邻居之前,要在两个节点之间有三轮的认证信息交换。如果交换失败的话,正常工作的节点就会忽略其他节点,也不处理由这个节点发送过来的数据包。这个解决方案对抗了利用高功率来发送快速攻击的不合法性。既然利用高功率的发送者不能接受更远节点的数据包,它就不能够实施邻居发现过程,于是它的数据包就会被正常工作的节点忽略。

### 4. 随机化信息转发

这个技术是将快速攻击的发起者能够控制所有返回路由的机会最小化。在传统的 RREQ 信息的转发中,接受节点马上转发第一个接受到的 RREQ 信息,而将所有其他的 RREQ 都丢弃。利用这种机制,节点首先接受很多 RREQ,然后随机地选择一个 RREQ 进行转发。在随机化转发技术中有两个参数:第一个,收到的 REQUEST 数据包的数量;第二个,所选择的超时设定(timeouts)算法。

这种解决方案的缺点是它增加了路由发现的时延,因为每个节点必须在转发 RREQ 前等待一个 timeout 的时间或者必须要接收到一定数值的数据包。另外,这个随机选择也阻碍了最优路径的发现,最优可能被定义为跳数,能量效率或者取决于其他度量,总之这个值不是随机的。

## 7.3　移动 Ad Hoc 网络密钥管理

密钥管理系统是一种同时用于移动 Ad Hoc 网络中的网络功能与应用服务的基本安全机制。公钥基础设施(PKI)已经被认为是给动态网络提供安全保证的最有效的工具。事实上,由于其缺少基础设施的性质,在 MANET 中提供这样的一种部署是一个有挑战的任务。因此,PKI 在 Ad Hoc 网络中是移动的终端节点,使得密钥管理系统应该既不信任也不依赖于固定的证书机构,但是可以实现自组织。

## 7.3.1　完善的密钥管理的特征

完善的密钥管理具有以下特征：

（1）分配。由于没有固定的基础设施，CA 应分被布于移动的节点。我们将在后面看到，选择这些 CA 节点是有考量的。

（2）容错性。主要关注的容错性是在故障节点的存在下，以保持正确的操作的能力。复制使用门限密码学可以提供故障节点的容差性。

（3）有效性。通常，可用性大多配合容错机制使用，但是在 Ad Hoc 网络中，可用性也高度依赖于网络的连通性。如果没有故障的或遭受破坏的节点，连通性没有问题，系统就被定义为对客户有效。然而，在 Ad Hoc 网络中，即使不存在故障的或遭受破坏的节点，用户也可能不会连接到所需的服务由于不一致的链接。

（4）安全性。作为整个网络的信任主播（trust anchor），AC 对恶意节点或攻击者应该是安全的。虽然它可能无法抵抗所有等级的攻击，但应该有一个明确的阈值，在该阈值内的攻击，正常运行中的系统可以承受。

## 7.3.2　密钥管理方案

许多关于安全路由协议已经被实现，它们其中的大多数依赖于身份验证，假设存在一个中央 CA，正如我们已经看到，现有的这种 CA 在 MENET 中是真正的问题，一些研究已经致力于密钥管理解决方案，可用于确保网络功能（如路由）和应用服务。在本节中，提出了两个最近提出的 Ad Hoc 网络中密钥管理解决方案。

### 1. 完全分布式的解决方案

Capkun 等人提出了一个完全分布式自组织公钥管理系统节点生成其密钥，其中节点生成其密钥，发行，存储和分发公钥证书。在这个意义上，该系统类似于 PGP（Pretty Good Privacy，广泛运用的个人电脑加密程序）公钥证书由节点发布。然而，为了除去依赖于网络服务器（这是显然不符合 Ad Hoc 的网络理念），该系统不依赖于证书目录证书的分布。反而，证书的储存和分发由节点完成，并且每个节点包含本地证书存储库，该数据库包含有限数量的证书，这些证书是节点按照合适的算法所选择的。当节点 u 想要验证节点 v 的公钥的真伪时，这两个节点合并它们的本地证书存储库，然后节点 u 会试图在这个合并的库中找到一个从自己到 v 的合适的证书链。为了构建所需的本地证书库，这样的一个算法被提出：该算法使得任何一对节点可以找到对方的证书链在他们的合并库。这个公共密钥管理方案的基本操作如下。

（1）**建立公共密钥**：每个节点的公钥和对应的私钥是在本地节点本身创建的。

（2）**签发公钥证书**：如果一个节点 u 信任一个给定的公共密钥 $K_v$，并且 $K_v$ 属于给定的节点 v，那么 u 可以签发一个公钥证书，在该证书中 $K_v$ 以 u 的签名绑定到 v。有多种方式可以使 u 相信 $K_v$ 是属于节点 v 的公钥，如 u 可能通过一个与 v 相连的安全（可能的波段，possibly out-of-band）信道接收到 $K_v$ 或者由 u 信任的人声称 $K_v$ 属于 v 等。

（3）**证书的存储**：在系统中签发的证书被节点以一种完全分散的方式存储。每个节点维护本地的证书库,主要有两部分:首先,每一个节点存储它自己签发的证书。其次,每个节点存储一组额外的证书(由其他节点签发),这些证书是根据合适的算法选择的。这些额外的证书是从其他节点获得的,为了达到这样的目的,一些相关的底层路由机制被假定存在。

(4) **密钥认证**:当一个节点 u 想获得另一个节点 v 的可靠的公共密钥 $K_v$ 时,它会询问其他节点(可能是 V 本身)$K_v$ 值。为了验证接收到的密钥的真实性,v 或提供 $K_v$ 给 u 的关键节点还提供了本地证书库,那么 u 合并接收到的证书库与自己的证书库,并试图在合并后的资源库中找到一个从 $K_u$ 到 $K_v$ 的合适的证书连。

(5) **模型**:在该系统同公共密钥和证书为一个有向图 G(V,E) 被表示出来,其中 V 和 E 分别代表顶点和边的集合,这种图被称作证书图(certificates graph)。在证书图中顶点代表公钥,边代表证书。更确切地说,有向边从顶点 $K_u$ 到顶点 $K_w$,如果有一个证书被属于 u 的私钥签名,那么在该证书中 $K_w$ 被绑定一个标识。在图 G 中一个从公钥 $K_u$ 到另一个公钥 $K_v$ 的证书链表示从顶点 $K_u$ 到顶点 $K_v$ 的有向路径。对于任何有向图 H,如果 x 和 y 是 H 中的两个顶点,并且 H 中存在从 x 到 y 的有向路径,那么我们可以说在图 H 中 y 是从 x 可达的。因此,存在一个证书链从 $K_u$ 到 $K_v$ 表示在 G 中顶点 $K_v$ 是从顶点 $K_u$ 可达的。正如我们已经说过,当用户 u 要验证的用户 v 的公共密钥 $K_v$ 的真实性时,u 和 v 合并他们的证书库,u 试图在合并后的资源库中找到一个从 $K_u$ 到 $K_v$ 的合适的证书链。在模型中,u 和 v 合并子图并且 u 试图在合并后的子图找到一个从顶点 $K_u$ 到顶点 $K_v$ 路径,一个例子在图 7-3 中给出。

图 7-3    从 $K_u$ 到 $K_v$ 的路径

在这种模式中,构建本地证书库,意味着选择了系统完整的证书图的一个子图。

**2. 部分分布式的解决方案**

Yi and Kravets 使用门限密码部署 CA,根据节点的安全性和物理特性上的功能特别地选择节点。这些被选择的节点共同提供 PKI 功能,被称为 MOCAs(移动证书颁发机构,MObile Certificate Authorities)。使用这些 MOCAs,一种高效有效的认证服务协议被提出。

移动节点可以在许多方面是异构的,特别是在其安全性方面,在这种情况下,任何安全服务或框架应该利用这个环境信息。例如,考虑一个战场的场景,一个军事单位由不同列队的节点士兵组成,因此它们可能配备在功率,能力,传输范围,物理安全性水平等方面不同的计算机。在这种情况下,Yi 和 Kravets 建议选择可以向其余网络提供任何安全服务的节点,而在一般情况下,利用异质性的知识,以确定将共享 CA 的责任的节点。

在一个客户端和 k 之间或者是一个客户端和多个 MOCA 服务器之间的通信模式是一到多到一(one-to-many-to-one)(选播,manycast)。这意味着客户端需要联系至少为 k 个 MOCAs,以及接收至少 k 个回复。为了提供一个有效和高效的方式实现这一目标,MP(MOCA 的认证协议)被提出。在 MP 协议中,认证服务的客户端需要发送认证请求(CREQ)数据包,任何收到 CREQ 的 MOCA 都要以认证回复(CREP)数据包作为响应,

CREP 中包含其部分签名。客户端等待一段固定的时间为了得到 k 个 CREPs。当客户端收集 k 个适用 CREPs 时,它可以重建完整的签名并且认证请求成功。如果收到的 CREPs 过少,客户 CREQ 定时器超时,认证请求失败。在出现故障时,客户端可以重试或未经认证服务继续进行。CREQ 消息和 CREP 消息是类似于在立即响应的 Ad Hoc 路由协议中的路由请求(RREQ)消息和路由应答(RREP)消息。

MOCA 是由网络中节点总数,MOCAs 的数量,和秘密重建的阈值(签发证书所需的 MOCA 的数量)决定的。虽然网络(M)中的节点总数可以动态地变化,但是它不是一个可调的参数。MOCA 的数量是由网络中节点的特性如物理安全或处理能力决定的,它也是不可调的。在这样的系统中,n 定义了 k 的上限同时作为系统的限制;MOCA 中一个客户端必须通过联系来取得认证服务的最小数目。鉴于 M 和 n 最后一个参数 k,秘密复苏的阈值,确实是一个可调的参数。一旦 k 已经被选择而且系统已部署,改变 k 值就十分的昂贵。因此重要的了解 k 的取值对给定系统的影响,k 可以在 1(整个网络只有 1 个 CA)到 n(一个客户端需要联系系统中的所有的 MOCAs 来取得认证)中取值。设置 k 到更大的取值可以使系统面对潜在的对手更加安全,因为 k 是对手为了使系统瘫痪而需要攻击的 MOCAs 数目。但是,同时较高的 k 值会对客户产生更多的通信开销,因为任何的客户需要联系至少 k 个 MOCAs 来取得认证服务。因此,阈值 k 应该被选择的可以平衡这两个冲突的要求,很明显没有一个值可以适合所有的系统。

很可能在 Ad Hoc 网络中节点之间不具有足够的异质性,使得基于异质性的假设的方案很难选择出 MOCAs。在这种情况下,提出的解决方案是随机地选择一个节点的子集作为 MOCAs。我们认为这不是一个高效的策略,如果一个子集被选定那么它一定满足一个标准,不然为什么不将这个任务发布到所有的节点上。除此之外我们不认为选择静态的子集作为 MOCAs 是最佳的,因为情况随着时间的变化是变化的,而且在给定的时间内不是 MOCAs 的节点可能更适合作为 MOCAs,因此 MOCAs 集应该是动态的。

## 7.4 入侵检测

### 7.4.1 入侵检测概述

入侵可以被定义为"任何一组试图破坏资源完整性,机密性,或可用性的动作"。

预防入侵的措施,如积极地解决方案(proactive solution)可以用于 Ad Hoc 网络中来减少入侵,但这并不能消除入侵。例如加密和身份验证无法抵御受损的(compromised)携带私钥的节点。完整性验证需要不同的节点提供多余的信息,正如在安全路由中用到的那些信息依赖于其他诚信的节点,因此在复杂的攻击下这就变成了一个薄弱的环节。安全研究的历史给我们上了很有价值的一课,不论多少预防入侵的方法被加入到网络中,系统中总会存在一些缺陷(weakness),一些人就可以利用这些缺陷入侵到系统中,这些缺陷是设计和编程上的错误或是众多社会工程学上的渗透技术(social engineering penetration techniques)(如"I Love You"病毒中所述)。因此 IDS 提出一种第二层防御,而且这种防御是任何高生存能力网络的必需品。

入侵检测的主要假设包括用户和程序的活动是可以观察到的,如通过系统审计

(auditing)机制,更重要的是,正常的活动和入侵有截然不同的行为。

因此,入侵检测包括捕获审计数据(audit data)并从这些数据中推理出证据来决定系统是否在经受攻击。根据使用的审计数据,传统的 IDS 可以分为以下几类。

(1) 基于网络的 IDS:通常这种 IDS 是运行在一个网络的网关处,并捕获经过网络硬件接口的数据包。

(2) 基于主机的 IDS:依赖操作系统的审计数据来监视和分析在主机上有用户或程序产生的事件。

其他对于 IDS 的分类是基于使用的机制,包括:

(1) 滥用操作系统(Misuse detection systems),如 IDIOT 和 STAT。这些系统使用已知攻击的模式或是系统的薄弱点来匹配和识别已知的攻击。例如,一个"猜测密码攻击"的准则可以是在 2 分钟内有 4 个失败的登录尝试。这种机制的主要优点是,他可以精确和有效地检测出已知的攻击。同时它的缺点是缺乏检测出那些模式未知新发明的攻击的能力。

(2) 异常检测系统,如 IDES,他们将观测到的严重偏离正常使用配置文件(profile)的活动标记为异常,如可能入侵(possible intrusions)。例如一个用户的正常配置文件(profile)包括在他/她登录回话中一些系统命令的平局使用频率。如果一个正在被监视的会话的频率显著地更高或更低,就会引发一个异常警报。异常检测的主要优点是它不需要入侵的先验知识,因此可以检测出新的入侵。他的主要缺点是它可能无法描述攻击,也可能高的假阳性率,即将正常的操作视为攻击。

从概念上讲,入侵检测的模型,即有以下两个组件:

(1) 特点(属性或措施)(features),如失败登录的尝试次数,描述一个逻辑事件 gcc 命令的平均频率,用户登录会话等。

(2) 建模算法(modelling algorithm),它是一个基于规则的模式匹配,使用特点(属性,措施)来确定入侵。

定义一组可以准确捕获入侵或正常活动具有代表性的行为的具有预言性的功能(features)是建立一个入侵检测模型最重要的一步,而且它可以独立于建模算法。这些特点应该被建立因为这样 IDS 的主要目的就达到了,这可以概括为:减小假阳性率,检测为异常或入侵被计为正常变化,同时增加正确阳性率(true positive rate),计为检测到的异常或入侵的百分比。

## 7.4.2　传统 IDS 问题

传统网络与 MANET 的巨大差异使得将为前者开发的入侵检测机制应用于后者很困难。最重要的不同是 MANET 没有一个固定的基础设施,而且当今的基于网络的 IDS 依赖于对实时流量的分析无法在新环境中良好运作。传统有线网络通常在交换器,路由器,网关中对流量(traffic)进行监控,但是 MANET 中没有这样的流量汇集点,IDS 在整个网络中收集审计数据。

第二个大差异是通信模式。在 MANET 中由于缓慢的链接,有限的带宽,高成本和电池电量的限制无线用户对于通信倾向于变得更加吝啬。断开连接在无线网络应用中很常见,同样在依赖位置(location-dependent computing)或其他仅用于无线网络或很少用于有线的环境的技术中断开连接也很常现。所有这些表明有线网络中的异常模式无法直接用于新环境中。

此外,MANET 的另一个大问题是对于正常和异常没有明确的分界线。例如一个发送错误路由信息的节点可能是损坏的,也可能是由于不稳定的物理移动导致的临时不同步。在入侵检测中区分错误的警报和真正的入侵越来越难。

### 7.4.3　新的体系结构

在为 MANET 建立一个可行的 IDS 时我们必须回答以下这些问题:

- 适合 MANET 特点的 IDS 的体系结构中,怎样的体系结构才是好的?
- 什么是合适的审计数据源(audit data source)?
- 如果只有局部和本地的审计源是可靠地我们怎么利用它来检测异常?
- 在无线通信环境中为了将正在遭受攻击的异常和正常区分开,一个好的模型的活动是什么样的?

IDS 应该是分布式和合作的,以适应 Ad Hoc 网络的需求。Zhang 和 Lee 提出了一种新颖的结构(见图 7-4),可以被视为建立 MANET 的 IDS 的一般框架。MANET 中的每个节点都参与入侵检测和响应。每个节点本地的(locally)独立的检测入侵的迹象,但是在更广的范围内,相邻节点协作调查。

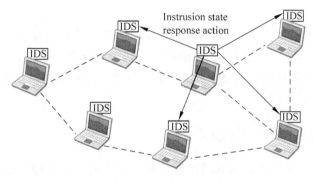

图 7-4　MANET 的 IDS 架构

在系统方面,个体(individual) IDS 代理放置在每个节点上。每个 IDS 代理独立运行,监测当地活动,包括用户和系统的活动以及无线范围内的通信活动。它可以从当地的痕迹中监测入侵,并启动相应。如果监测到异常的本地数据,或者如果证据是不确定的而且更广范围的搜索是允许的(warranted),临近的 IDS 代理将一起合作的参与全局的入侵检测。这些单独的 IDS 代理共同组成了保卫 MANET 的 IDS 系统。

IDS 代理的内部可能非常复杂,Zhang 和 Lee 用概念上用 6 个部分建立了这个模型(见图 7-5)。

(1) 数据收集模型:它负责收集本地的审计痕迹(audit traces)和活动日志。

(2) 本地检测引擎:它使用数据收集模型收集到的数据来检测本地异常。

(3) 合作检测引擎:它是被用作那些需要更广泛的数据集或 IDS 代理之间需要合作的检测方法。

(4) 本地响应模块:它触发从本地到移动节点的活动。

图 7-5　一个 IDS 代理的概念模型

（5）全局响应模块：它协调相邻节点之间的 IDS 代理，如在网络中选出一个补救行动。

（6）安全通信模块：它为 IDS 代理们提供了一个高信任（high-confidence）的通信信道。

# 7.5　无线 Mesh 网络安全

对于无线互联网服务商来说，使用无线网状网络（WMNs）去提供互联网连接成为一个很流行的选择，这是因为它能够快速、方便和廉价地进行部署。然而，无线网状网的安全问题由于研究社区的不重视而仍然处于起步阶段。在本节中我们描述了无线网状网的特性并确定了 3 个要注意的基本网络选项。

## 7.5.1　无线 Mesh 网络概述

WMNs 代表了一种在大范围地理区域中提供无线网络连接的不错的方案。这个新的并且很有前景的范例使得网络部署能够比传统的 Wi-Fi 网络代价低得多。如果一个 Wi-Fi 网络中需要部署很多无线热区（wireless hot spots，WHSs），扩展这个网络的覆盖范围要部署更多的 WHS，这样的网络花费很大并且很脆弱。在 WMNs 中有可能只用一个 WHS 和一些无线传输接入口（wireless Transit Access Points，TAPs）去覆盖相同的区域（甚至是一个更大的区域）。TAPs 并不接入有线设施，因此它只依赖于 WHS 去传播他们的信息。一个 TAP 的花费要远小于一个 WHS，这就使得在这种情况下可以使用 WMNs。如果在一个区域安装传统的 Wi-Fi 网络花费很大时（例如，建筑物没有现有 WHSs 的数据布线）或者仅仅部署一个临时网络，WMNs 就非常合适了。

然而，WMNs 还没有为大规模的部署做好准备，这主要有两个原因。第一，无线通信中很容易受到干扰，WMNs 呈现出严重的容量和时延约束。然而，有理由相信技术能够克服这个问题，例如，通过使用多模和多声道 TAPs。第二个减缓 WMNs 部署的原因是缺乏安全保障。这个分析引导我们注意 WMNs 的三个基本选项。

WMNs 代表了一种新的网络概念，因此也引入了一些新的安全特性。这里，我们通过比较 WMNs 和两种现在已经成功部署的基于基础设施的技术：蜂窝网和互联网，根据它们的基本差别来描述这些特性。

1）WMNs 和蜂窝网络的区别

WMNs 和蜂窝网络的主要区别是：除了使用不同频率的波段（WMNs 通常使用未许可的频段），这考虑到网络配置。在蜂窝网络中一个已知区域被分割成许多小的部分，每个部分由一个基站控制。每个基站负责在它的毗邻范围内固定数目的无线客户。（例如，无线客户和基站之间的通信是一跳），这些基站在蜂窝网络中扮演很重要的角色：类似于 WMNs 中 WHS 扮演的角色。

然而，虽然蜂窝网络中的基站能够处理所有的安全问题，在 WMN 中仅仅依靠 WHS 是很冒险的。因为 WMNs 中的通信是多跳的。事实上，把所有的安全操作集中到 WHS 上会延缓攻击检测和处置，因此让对手有了可乘之机。此外，多跳性使得路由成为 WMNs 中很重要和必须的功能性网络，并且就像所有的决定性选项，攻击者有可能会进行试探性攻击。因此路由机制必须是安全的。

多跳性对于网络利用率和性能也有很重要的影响。事实上，如果 WMN 设计的不好，离 WHS 有好几跳的 TAP 将会比与它相邻的 TAP 得到少很多的带宽。这就使得攻击者能够用这种方法降低 WMN 的性能。

注意到多跳性是 WMNs 和 Wi-Fi 网络的主要区别，这就意味着通过 WMNs 和 Wi-Fi 网络的对比，已经确定，安全方面中和与多跳通信相关的问题是我们主要的安全挑战。

2）WMNs 和互联网的区别

在 WMNs 中，无线 TAPs 扮演着类似于传统互联网中路由器的角色。由于无线通信易受被动攻击如窃听，以及主动攻击，如拒绝服务。WMNs 遭受着这些因多跳通信而放大了影响的攻击。

另一个 WMNs 和互联网的区别是：不像路由器，TAPs 没有那么完善的物理保护。事实上，他们大多数经常处于易被潜在攻击者攻击的区域（如在屋顶或依附在路灯上）。这些设备物理保护上的缺失使得 WMNs 很容易受到一些严重的攻击。事实上，一个非常重要的关于 TAPs 的需求（因为网状网络中经济可行额概念）是他们低廉的成本，这排除了使用强劲的保护措施的可能性（例如，检测到的压力，电压或温度的变化）。因此，类似于篡改，劫持，或者是 TAPs 的复制的攻击可能并且很容易去实际操作。

这个对于 WMNs 特点简洁的分析表明：相对于其他网络技术，这个新的安全挑战主要是因为多跳无线通信造成的，并且由于实际中 TAPs 不能获得物理上的保护。多跳性延缓了检测和攻击恢复，这使得路由成为一个决定性的网络服务，而且有可能导致 TAPs 之间的不公平，而 TAPs 物理上的暴露使得攻击者能够劫持，克隆或者损害这些设备。

基于以上分析可知，无线 Mesh 网络主要具有以下优点：

（1）快速部署和易于安装。

由于无线 Mesh 网络的自配置和自组织性，因此部署无线 Mesh 网络变得非常简单，只需要选定安装位置，部署固定的电力设施，然后接上电源就可以了。节点能够自动寻找节点，生成 Mesh 结构的互联网络。除此之外，新增加新的节点也可以快速融入整个网络，很容易增大网络的容量和覆盖范围。因此部署的成本和安装时间相比有线网络大大降低。目前基于 802.11s 的无线 Mesh 网络，与原有的 WLAN 网络的部署和配置基本相同。已布置的 WLAN 网络可以直接融入到 Mesh 网络中，而用户在 WLAN 上积累的管理经验和使用经验,都可以直接运用到 802.11s Mesh 网络上。

（2）非视距传输。

利用无线 Mesh 多跳技术,处于非视距的两个节点,可以很容易地建立连接,实现通信。这种特性使得无线 Mesh 网络可以轻松绕过障碍,覆盖到建筑内部的拐角等较为隐蔽的地方。这些地方如果使用有线网络,可能导致布线成本太高。因此无线 Mesh 网络不光在室外有较好应用,在室内网络部署中也具有很好的特性。由于其自组织的特性,路由节点能够自动选择到达非视距的目标用户的最佳路径。通过有直接视距的用户或 Mesh 路由节点的中继,那些非视距用户也可以访问无线宽带网络。这种特性大大提高了 Mesh 网络的应用范围和覆盖范围。除此之外,Mesh 网络还可以作为有线网络的辅助。在已有有线网络的基础上提供更大的网络容量和覆盖范围。

（3）较强的健壮性。

在无线 Mesh 网络中,无线 Mesh 路由器通常会同时连接多个转发点,当转发点出现故障时,节点可以自发寻找新的转发节点和路径,而不会中断通信。这种结构中节点之间的连接具有很高冗余度,单个节点故障不会影响整个网络的运行。

（4）灵活的拓扑结构。

有线网络一般在建筑还没完成时就预留了网线通道,但如果在后期重新布线或修改布线时则相当困难,因为网线遇到障碍时只能绕过,这对布线的成本和设计都有很高的要求,而且常常影响美观。即使结合无线局域网,其延伸范围仍然有限。使用多跳的 Mesh 网络则可以在采用各种类型的拓扑结构,受空间和障碍的约束较小。

（5）较高的带宽。

无线局域网只支持单点接入,客户端较多时,难免引起拥塞。而处于网络边缘的用户也会因为信号强度较差,而无法采用较高的传输速率,因为信号强度通常直接关系到传输的带宽。采用 Mesh 网络则可以避免这些情况。首先,Mesh 提供多点接入,避免单点拥塞。其次,Mesh 多跳网络采用多个短跳来增大覆盖范围,避免处于网络边缘的用户接收信号差的问题。因此相比其他无线网络,Mesh 能够提供更高带宽。

## 7.5.2  Mesh 安全性挑战

在讨论 WMNs 中具体的安全挑战之前,我们先给出一个简单的但很经典的例子。图 7-6 描绘了 WMN 的一个部分:一个移动端(mobile client,MC)处于 TAP$_3$ 的传输范围内,因此要依靠它连接互联网。由 MC 产生和接收的信息穿过 TAP$_1$,TAP$_2$,WHS。让我们考虑一种上行的信息(如一个信息由 MC 产生并要发送入互联网)。在这个信息到达基础设施之前,需要成功通过一些认证。

图 7-6  WMNs 中一个典型的通信模型

首先,由于互联网连接通常是 MC 需要支付的一种服务,$TAP_3$ 需要确定 MC 是否已经交费。这个认证可以通过不同的方法实现:例如,使用一个临时的账户(如基于认证的信用卡),一个事先约定好的密钥(如果这个 MC 是这管理 $TAP_3$ 的操作者的一个客户);后者有这样一个优势:对于外来的操作者,这个 MC 可以保持自己的匿名性。注意到我们想要避免的是:如果可能的话,对称加密操作的使用由 MC 完成。实际上,因为 MC 是电池供电的,认证操作应该比较节能,这使得使用公共密钥加密原语不合适;这些原语具有较高的计算开销,并易受 DoS 攻击。的确,如果认证协议需要计算或者验证一个签名,此功能可能被滥用,可以连续被对手询问而进行计算或验证签名,这种攻击将耗尽 MC 的电池。

这样就不得不进行第二次验证,即网络节点之间的相互认证(例如 TAPs 和 WHS)。我们在初始化(或再次初始化)的阶段和由 MC 发起的会话建立期间区别这些节点是否被认证(如在 MC 发送和接收分组期间)。

初始化阶段发生在 WMN 第一次部署的时候,而再次初始化阶段发生在这个网络需要重置的时候(例如发现被攻击之后)。TAPs 和 WHS 能量充足,因此可以使用非对称密钥加密进行验证。所以,对于在初始化(或者再次初始化)阶段这些节点的认证来说,我们能够假定每一个 TAPs 和 WHS 都被管理他们的操作者赋予一个经过注册的公/私钥对。这些公/私钥对用作这些节点之间的相互认证。这个假定是合理的,假设 WMN 比较小并且这个操作只是偶尔会做。注意到 MC 能够在会话建立阶段使用 $TAP_3$ 的公钥去认证。

在一个会话阶段节点之间的相互认证是不同的:由 MC 产生和接收的信息将使用多跳通信进行交付,并且使用公钥加密技术对发送者和接收者和每个分组进行认证会带来较大延迟,并因此导致网络资源的不充分的利用。所以公钥加密技术不适合这种情况。相反,节点可以依靠对称密钥加密,使用在初始化(或再次初始化)阶段建立的会话密钥或那些本来就在设备中长期持有的密钥。如果每两个 TAPs 之间都需要对这个节点进行认证,一种可能的解决方案包括在相邻节点之间建立或预定义对称密钥;这些密钥将被使用,通常用于计算交换消息的认证码(MACs),从而验证通信中所涉及的每个节点。否则,如果仅仅需要认证 WHS(在 $TAP_3$ 如果我们考虑下行的消息,例如一个消息由互联网发送给 MC),对称密钥可以在每个 TAP 和 WHS 之间建立或预定义并用于计算交换信息的 MACs。

一旦 MC 和这些节点通过认证,需要验证交换信息的完整性。这种认证可以通过端到端来做(例如 WHS 负责上行的消息,MC 负责下行消息),通过每个中间 TAP,或者两者兼而有之。一种可能的方式来做到认证这一点,就是和 MC 在会话建立阶段建立一个对称密钥;MC 使用这个密钥保护信息(例如使用 MAC)。如果需要数据保密,这个密钥还可以用来加密信息。

关于 WMNs 特性的研究提出了三个关键的安全操作:

(1) 损坏 TAPs 的发现。

(2) 安全的路由机制。

(3) 定义一个适当的公平度量去保证 WMN 中的一定程度的公平性。

这些挑战并不是仅有的需要去关注的挑战,因为其他的网络功能性也需要得到安全保障(MAC 协议,节点的地理位置等)。然而,选择去关注这三个挑战是因为它们在我们看来是 WMNs 中最重要的。

1) 损坏 TAPs 的发现

正如前面解释的那样,网状网络通常使用那些廉价的设备,这些设备容易被移动,损坏或复制。这样攻击者就能劫持一个 TAP 并篡改它的信息。注意到如果这个设备能够被远程管理,攻击者甚至都不用劫持实际的物理设备;远程劫持就能达到很好的效果。WHS 在WMN 中扮演一个很特殊的角色,并且有可能处理或存储重要的密码信息(例如与 MC 共享的临时对称密钥,与 TAPs 共享的长期对称密钥)。因此,我们假定 WHS 受物理上的保护。

我们确定四种对于缺乏抵抗力的设备的主要攻击方式,这些攻击方式取决于攻击者想要得到什么。第一种攻击包括对 TAP 简单的移动的替换,这样做的目的是改变网络的拓扑结构进而满足攻击者的需求。当一个粗暴的永久性的拓扑改变被发现,这种攻击就能被WHS 或邻居节点检测到。

第二种攻击包括访问劫持设备的内部状态但不去改变它。检测出这种攻击是很困难的,因为 TAP 的状态没有改变。因为攻击者已经成功执行了这个攻击,所以也不需要断开WMN 和这个设备的连接,并且即使需要去断开,这个设备的消失也不能被检测到,因为它能够因为拥塞问题而被同化。如果成功实施这次攻击,攻击者就能够控制这个设备并分析流过这个设备的所有流量。这种攻击比简单的无线频道监听更严重,因为攻击者能够通过劫持设备去得到它的秘密信息(如他的公/私钥对,与邻居 TAPs 和 WHS 共享的对称密钥)并且能够利用这些信息去做一些破坏,至少就本地而言,有 WMN 的安全问题,特别是信息的机密性和完整性,还有客户的匿名性。不幸的是,没有一种明显的方法能够检测到这种攻击。然而,一种可能的解决方案是对这些 TAP 进行周期的重置和编程。这样攻击者就必须再次去劫持这个设备。

第三种攻击是攻击者修改 TAP 内部的状态(设置参数,秘密信息等)。这个攻击的目的可以是修改劫持节点的路由算法从而改变网络拓扑图。

最后一种攻击是复制劫持的设备并在一些网状网络中关键的位置安装这些设备,这样就使得攻击者能够在 WMN 中部分区域注入错误信息,这种攻击能够严重干扰路由机制。

2) 安全多跳路由

通过攻击路由机制,攻击者能够修改网络拓扑从而影响整个网络的功能。攻击的原因很多:这个攻击可能是合理的:这就是说合理攻击者只有在这次攻击有收益,得到有质量的服务或者节省资源的情况才去实施攻击,否则,它就是恶意的。例如,一个恶意攻击者有可能想分割网络,孤立一个指定的 TAP 或一个特定的区域,而一个合理的攻击者可能想强制流量通过网络中一个特定的 TAP(如通过一个脆弱的 TAP)从而监督一个给定 MC 或区域的流量。另外一个例子是攻击者要人工地增加 WHS 和 TAPs 之间的路由跳数,这有可能严重地影响网络的性能。这种攻击可能是合理的,如它和一个竞争者竞争。

为了攻击路由机制,攻击者能够损坏路由消息,修改网络中一个或多个 TAP 的状态,使用复制的节点或实施 DoS 攻击:

为了防止对路由消息的攻击,操作者可以使用提出的在无线多跳网络中的一种路由协议。

如果攻击者选择修改网络中一个或多个 TAP 的状态,能够用工具检测出来,并且操作者能够相应的重置 WMN。

如果攻击者使用复制的节点,操作员能够通过发现网络拓扑不同于原始的部署而检测出这种攻击。这样就能使非法节点失效或安装新的节点。

最后,DoS 攻击代表了一个简单但有效的攻击路由方式。这种攻击危害巨大因为它很容易实施但不可能被阻止。事实上,攻击者能够干扰特定区域内的 TAP 之间的通信并强制重启整个网络。为了解决这个问题,操作者不得不找出干扰源,如果可能的话,把它禁用。

注意到除了第一种攻击,解决其他的攻击方式都需要人工的参与(例如到特定区域安装/移除 TAPs 或无线电干扰设备),这可能被认为是成功的攻击。

3) 公平性

在 WMN 中所有的 TAPs 使用同一个 WHS 向基础设施传递消息。因此,TAPs 获得的流量很大程度上来源于它们在 WMN 中的位置。事实上,离 WHS 两跳以上距离的 TAP 有可能出现"饥饿"(如他们的客户不能接收或发送消息),这就很不公平了。虽然提出了方案可以保证 TAP 公平的共享带宽。然而,基于 TAP 的公平性并不是 WMNs 中最好的解决方法。事实上,考虑图 7-7 所示的一维 WMN 图,一个公平的 TAP 机制将引导 Flow1~3 中每一个拥有同样的带宽,而不考虑每个 TAP 所服务的客户的数量。我们相信带宽共享应该是"客户智能"公平的。这就是为什么在图 7-7 的例子中 Flow$_2$ 因此应该拥有 Flow$_1$ 和 Flow$_3$ 流量总量的一半,因为 TAP$_2$ 只服务一个客户,而 TAP$_1$ 和 TAP$_3$ 服务两个客户。

图 7-7 公平性问题

公平性问题与 TAPs 和 WHS 相离多少跳数密切相关,这就意味着试图增加 TAP 和 WHS 之间的跳数时,它能动态地降低这个 TAP 所得的带宽。一种可能的解决方案是周期性地重启 WMN,假设 WHS 和 TAP 是静态的,操作者能够定义基于 WMN 中的流量,这是 WMN 中最合适的设置并强制 TAPs 上的路由成为最优的路由。一旦这个网络拥有一个最优的设置,就可以使用提出的机制保证 WMN 中客户的公平性和最优的带宽使用。

为了阐释到目前为止描述的攻击方式,我们给出两个攻击者有可能对一个 WMN 进行攻击的例子(如图 7-8)。第一次攻击中攻击者损坏了 TAP$_2$,而第二次攻击是一个 DoS 攻击——基于干扰电台——在 TAP$_5$ 和 TAP$_6$ 通信线路之间。注意到我们假定这两次攻击是由同一个攻击者实施的,这是为了说明最坏的情况(因为这使得攻击者更强大)。

这些攻击背后的动机可能是这样的:一方面,通过损坏 TAP$_2$,攻击者就能够拿到它的秘密数据,因此能拿到通过它的完整的保密的数据,还能知道依附于 TAP$_2$,TAP$_3$,TAP$_4$ 的 MC 的匿名性。另一方面,DoS 攻击是一种很简单但很有效的分割 WMN 和强制网络重置的方式。

必须检测到这些问题并做出相应的回应。一种可能的反应是操作员替换掉被损坏的

图 7-8　两种攻击的相关的对策

TAP,即如图 7-8 中 TAP$_2$ 被替换成一个未被损坏的。对干扰电台的检测和禁用可能会更加微妙。事实上,找到这个电台的确切位置可能很困难并且即使找到了,操作员也可能没有权利去禁用它(例如 WMN 和干扰电台在统一为认证的波段运行);在这种情况下就不得不重置网络了。连接情况的变化会影响路由并会增加特定 TAP 到 WHS 的跳数(例如在图 7-6 中 TAP$_6$ 里 WHS 只有两跳,在网络重置后,就变成了 7 跳),正如前面展示的那样,这会动态地影响 WMN 的性能。注意到操作员可以觉得舍弃一个 TAP,如果它明显已经暴露(例如一个区域中某个 TAP 被一次又一次地损坏),在这种情况下就需要部署额外的设备区弥补覆盖的盲点。

WMNs 展示了一种简单的,廉价的方法去扩展 WHS 的覆盖范围。然而,这种网络的部署由于缺乏安全保障而减缓。本节我们分析了 WMNs 的特点并演示了三个最基本的需要保证安全的网络操作:损坏 TAPs 的发现;安全的路由机制;定义一个适当的公平度量去保证 WMN 中的一定程度的公平性。

我们已经提出一些方案去保证这些操作的安全。最终,我们介绍了两个未来的 WMN (车在网络和多操作者 WMNs)并简要分析了他们引入的新的安全挑战。

### 7.5.3　Mesh 其他应用

WMNs 在实际中是一个很广泛的概念,在这一节我们将展示两种特殊情况下的 WMNs。

#### 1. 车载网络

到目前为止,我们一直假定 TAPs 是静止的。车载网络代表了 WMN 中一种特殊的情况,这种特殊的 WMN 包括一些移动 TAP(由汽车承载)和路边的 WHSsL。由车载网络提供的应用很宽泛:包括例如报告重要信息(如一个事故,如图 7-9)的安全相关的应用或者协作驾驶(如绕道防止交通堵塞)的优化交通的应用和基于位置的服务(有针对性的营销)。

除了介绍 WMNs 中的安全需求——特别是不同设备之间的认证(汽车和路边的 WHSs)和数据的完整性与保密性——车载网络引入了一些特殊的需求,如安全和精确位置信息或实时限制(重要事件的报告不应该延迟)方面的需求。另外,节点的移动性使得一些(分布式的)网络操作的定义和实现更加的脆弱(如一个安全路由机制或一个有效的安全度

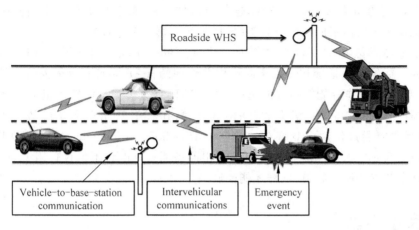

图 7-9 一种特殊的 WMN：车载网络

量）。此外，由于每辆车属于不同的人所有，而这些人有可能会因为自私而且损坏这些嵌入式设备，所以对这些设备的保护变成了一个很重要的问题。

**2．多操作者的 WMNs**

到目前为止，我们一直假定 WMN 由一个操作员管理，但是一个网状网络也能指派一些属于不同网络的无线设备并通过不同的操作者控制。这些设备可以是 APs 基站，笔记本电脑，车载节点，或者手机（如图 7-10），并且它们的聚合会导致一个无计划的有一些有趣特性的网状网络。

图 7-10 一个多操作者的 WMN

不管 WMN 是被一个或多个操作者控制，选择这样一个网络背后的原因是一样的：它可以简单，快速，廉价地进行网络部署。然而，多操作者共存的网络的安全保障还是很脆弱的。事实上,对于确定的安全挑战来说,这还会增加一些挑战,例如属于不同操作域节点之间的认证或这些区域内不同的收费政策(这样甚至会影响公平性)。

另一个重要的安全问题是由不同的操作者使用同一个频段引起的。事实上,如果我们假定一个 MC 能够自由地穿梭于由不同操作者管理的 TAP 并且它以最强的信号依附于它的邻居 TAP,每个操作者能够临时地配置它的 TAP 使得它一直能够以最大的认证级别进行传输(这样就保证它可以被最大数目的 MC 检测到);这种情形会导致 WMN 的性能变差,但性能问题能通过使用多频率/多频道(multiradio/multichannel,MR-MC)TAPs 去解决。注意到 MR-MC 的使用能够减轻 DoS 攻击的效果;攻击者不能仅仅阻塞一个频道,而必须阻塞特定节点的所有频道,这样才能彻底地禁用它。

## 7.6　本章小结

移动 Ad Hoc 网络,或 MANET,是一个临时的无中心基础设施的网络,它由一系列移动节点在无线环境中动态地建立起来,而不依赖任何中央管理设备。MANET 有区别于传统网络的特点,而正是这些特点使它比传统网络更容易受到攻击,这也使得其安全问题的解决方案与其他网络不同。影响 Ad Hoc 网络安全的威胁分为两种:攻击和不当行为。移动 Ad Hoc 网络安全目标是:可用性、真实性、数据机密性、完整性和不可抵赖性。

本章介绍了 Ad Hoc 网络的路由攻击种类以及安全路由的解决方案。密钥管理系统是一种同时用于移动 Ad Hoc 网络中的网络功能与应用服务的基本安全机制。本章也对于 Ad Hoc 网络的入侵检测系统进行了详细的介绍。最后,我们还介绍了无线 Mesh 网络,它作为移动 Ad Hoc 网络的一种特殊化形式也在广泛地应用中。

## 思考题

1. 移动 Ad Hoc 网路的哪些特点使其受到安全威胁?
2. 移动 Ad Hoc 网络的路由攻击包括哪些?
3. 移动 Ad Hoc 网络的安全路由解决方案有哪些?
4. 移动 Ad Hoc 网络中完全分布式密钥管理方案和部分密钥管理方案有什么区别?
5. 移动 Ad Hoc 网络的入侵检测的体系结构有哪几类?
6. 请谈一谈 Mesh 网络的应用。

## 参考文献

[1] Djenouri, Khelladi, Badache. A survey of security issues in mobile Ad Hoc networks[J]. IEEE communications surveys, 2005.

[2] William Stallings. Cryptography and Network Security principles and practices. Pearson Education Inc, third edition edition, 2003.

[3] Frank Stajano and Ross Anderson. The resurrecting duckling: Security issues for Ad-HOC wireless networks. In 7th International Security Protocols Workshop, Cambridge, UK, April 1999.

［4］ Dan Nguyen, Li Zhao, Pra ornsiri Uisawang, and John Platt. Security routing analysis for mobile Ad-HOC networks. Technical report, University of Colorado, Boulder, 2003.

［5］ B. Johnson David and A. Maltz David. Dynamic source routing in Ad-HOC wireless networks. Mobile Computing, Chapter 5, pages 153-181, 1996.

［6］ Y.-B. Ko and N. H. Vaidya. Location-aided routing, LAR, in mobile Ad-HOC networks. In ACM/IEEE MOBICOM'98, Dallas, Texas, pages 66-75, October 1998.

［7］ N. Badache, D. Djenouri, A. Derhab, and T. Lemlouma. Les protocoles de routage dans les resaux mobiles Ad-HOC. RIST Revue d'Information Scientique et Technique, Volume 12 No 2, pages 77-112, 2002.

［8］ Nadjib Badache, Djamel Djenouri, and Abdelouahid Derhab. Mobility impact on mobile Ad-HOC networks. In ACS/IEEE conference proceeding, Tunis, Tunisia, July 2003.

［9］ Yih-Chun Hu, Adrian Perrig, and David B. Johnson. Ariadne: A secure on-demand routing protocol for Ad-HOC networks. In Proceedings of the Eighth Annual International Conference on Mobile Computing and Networking MOBICOM 2002, pages 12-23, September 2002.

［10］ Yih-Chun Hu, David B. Johnson, and Adrian Perrig. Secure e_cient distance vector routing in mobilewireless Ad-HOC networks. In Fourth IEEE Workshop on Mobile Computing Systems and Applications WMCSA 02, June 2002.

［11］ Claude Castelluccia and Gabriel Montenegro. Protecting AODV against impersonation attacks. In ACM SIGMOBILE Mobile Computing and Communications Review archive Volume 6, Issue 3, pages 108-109, July 2002.

［12］ Panagiotis Papadimitratos and Zygmunt J. Haas. Secure routing for mobile Ad-HOC networks. In SCS Communication Networks and Distributed Systems Modeling and Simulation Conference (CNDS 2002), January 2002.

［13］ Adrian Perrig, Robert Szewczyk, Victor Wen, David Culler, and J. D. Tygar. Spins: Security protocols for sensor networks. In Seventh Annual ACM International Conference on Mobile Computing and Networks (MOBICOM 2001). Rome, Italy, July 2001.

［14］ Kimaya Sanzgiri, Bridget Dahill, Brian Neil Levine, Clay Shields, and Elizabeth Belding-Royer. A secure routing protocol for Ad-HOC networks. In Proceedings of the 10th IEEE International Conference on Network Protocols (ICNP 02), November 2002.

［15］ Manel Guerrero Zapata and N. Asokan. Securing Ad-HOC routing protocols. In Proceedings of the ACM Workshop on Wireless Security (WiSe 2002), September 2002.

［16］ Yih-Chun Hu, Adrian Perrig, and David B. Johnson. Rushing attacks and defense in wireless Ad-HOC network routing protocols. In Proceeding of the ACM workshop on WIreless SEcurity WISE 2003, San diego, CA, USA, September 2003.

［17］ Yih-Chun Hu, Adrian Perrig, and David B. Johnson. Packet leashes: A defense against wormhole attacks in wireless Ad-HOC networks. In Twenty-Second Annual Joint Conference of the IEEE Computer and Communications Societies (INFOCOM 2003), April 2003.

［18］ Djamel DJENOURI and Nadjib BADACHE. An energy efficient routing protocol for mobile Ad-HOC network. In The second proceeding of the Mediterranean Workshop on Ad-HOC Networks, Med-Hoc-Nets 2003, Mahdia, Tunisia, pages 113-122, 25-27 June 2003.

［19］ S. Marti, T. Giuli, K. Lai, and M. Baker. Mitigating routing misbehavior in mobile Ad-HOC networks. In ACM Mobile Computing and Networking, MOBICOM 2000, pages 255-265, 2000.

［20］ X. Meng H. Yang and S. Lu. Self-organized network layer security in mobile Ad-HOC networks. In ACM MOBICOM Wireless Security Workshop (WiSe'02), September 2002.

［21］ Srdjan Capkun, Levente Buttyan, and Jean-Pierre Hubaux. Self-organized public-key management for mobile Ad-HOC networks. IEEE Transactions on Mobile Computing, Vol. 2, No. 1, pages 52-64, January 2003.

[22] Seung Yi and Robin Kravetso. Moca : Mobile certificate authority for wireless Ad-HOC networks. In the second annual PKI research workshop (PKI 03), Gaithersburg, 2003.

[23] Y. Zhang and W. Lee. Intrusion detection in wireless adhoc networks. In Mobile Computing and Networking, MOBICOM 2000, Boston, MA, USA, pages 275-283, 2000.

[24] Ben Salem, N. EPFL, Lausanne Hubaux, J.-P.. Securing wireless mesh networks. Wireless Communications, IEEE, 13(2), 50-55, 2006.

# 密码学基础

无线网络技术的飞速发展给人们的生活带来了各种各样的便利,网络如果被犯罪分子利用,就将危及社会。例如,在当今的美国社会,窃取身份信息是增长最快的犯罪方式之一。它之所以盛行是因为法律惩罚没有跟上犯罪的步伐,而且这种犯罪很容易实施,因为大多数的个人信息缺乏保护。要享受新技术给予的好处,避免陷阱,就必须采用一些保护消息传递的方法。如何实现这些,正是本章内容的主题。

密码学是研究编制密码和破译密码技术的科学。David Kahn 在其被称为"密码学圣经"的著作中是这样定义密码学的:"密码学就是保护。通信对于现代人来说,就好比甲壳对于海龟、墨汁对于乌贼、伪装对于变色龙一样重要。"密码学已经有了好几百年的历史,但它仍然年轻、新颖和令人兴奋,这是一个不断变化并且出现新挑战的领域。

## A.1 密码学基本知识

密码技术通过信息的变换或编码,将机密消息变换成乱码型文字,非指定的接收者不能从其截获的乱码中得到任何有意义的信息,并且不能伪造任何乱码型的信息。研究密码技术的学科称为密码学,它包含两个分支,即密码编码学和密码分析学。前者意在对信息进行编码,实现信息隐蔽;后者研究分析如何破译密码。两者相互对立、相互促进。最好的算法是那些已经公开的并经过世界上最好的密码分析家们多年攻击但还是不能破译的算法。

密码攻击的方法一般分为穷举法和分析法两类。无论在现在或将来,一个算法用可得到的资源都不能被破译,这个算法则被认为在计算上是安全的。

每种类型的加密法根据生成密文所使用的算法本质可以进一步分类,如图 A-1 所示。

图 A-1　加密法分类

本章将讨论密码学的一些基本内容,主要包括对称密码机制、公钥密码算法和数据完整性算法 3 个方面。

# A.2　对称密码机制

对称密码是一种加解密使用相同密钥的密码体制,也称为传统密码。在对称密码中,主要可以分为两个大类:古典密码和现代密码。古典加密法就是以单个字母为作用对象的加密法,而现代加密法则是以明文的二元表示为作用对象的加密法。以这种方式描绘其区别,能更加清楚地明白古典加密法是有其历史原因的,而现代加密法更注重的是实用性。

## A.2.1　对称加密原理

所谓对称,就是指同一个密钥可以同时用于信息的加密和解密;采用这种加密方法的双方使用同样的密钥进行加密和解密。

对称加密方案主要包含以下 5 个相关部分。

(1) 明文:算法的输入,是可以理解的原始消息或者数据。

(2) 加密算法:负责对明文进行各种代换和变换。

(3) 密钥:也是加密算法的输入,独立于明文。算法将根据所用的特定密钥而产生不同的输出,算法所用的代换和变换也依靠密钥。

(4) 密文:算法的输出,看起来完全随机而杂乱的数据,依赖于明文和密钥。对于给定的消息,不同的密钥将产生不同的密文。密文是随机的数据流,并且其意义是不可理解的。

(5) 解密算法:本质上是加密算法的逆。输入密文和密钥可以用解密算法恢复出明文。

根据上面的介绍可知,发送方产生的明文消息 $P$,一般由英语字母组成,而目前最常用的是基于二进制字母表 $\{1,0\}$ 的二进制串。加密的时候先产生一个密钥 $K$,一种方案是密钥由信息的发送方产生,需要通过某种安全渠道将其发送到接收方;另一种方案是由第三方产生密钥后再安全地分发给发送方和接收方。

加密算法 $E$ 根据输入的信息 $P$ 和密钥 $K$ 最终生成密文 $C$,即

$$C = E_K(P)$$

该式表明密文 $C$ 是明文 $P$ 的函数,而具体的函数由密钥 $K$ 的值决定。

拥有密钥 $K$ 的接收者,可以通过解密算法 $D$ 进行转换,以得到明文:

$$P = D_K(C)$$

假设某密码破译人员窃得密文 $C$,但是并不知道明文 $P$ 以及密钥 $K$,而企图得到密钥 $K$ 和明文 $P$,如果他知道加密算法 $E$ 和解密算法 $D$,并且只对某些特定信息感兴趣的话,那么他将分析密文,根据这种加密算法的特点将注意力集中在计算明文的估计值 $P$ 上,然后通过计算的明文 $P$ 也可以计算得到密钥 $K$。

## A.2.2　古典密码

广义上说,古典密码可以定义为不要求用计算机来实现的所有加密算法。这并不是说

它不能在计算机上实现,而是因为其步骤简单可以通过手工加密和解密文字。大多数古典加密法在计算机普及之前就已经开发出来了,目前它们已经很容易被破解,对于任何重要的运用程序都不会再使用这些加密方法,所以这里只做简单讨论。

实际上,在古典加密方法中主要用到了两种加密技巧:**代换**和**置换**。

### 1. 代换

代换是将明文字母替换成其他字母、数字或符号的方法。如果把明文看作是二进制序列的话,那么代换就是用密文位串来代换明文位串。

已知最早的代换密码是由 Julius Caesar 发明的 Caesar 密码。它非常简单,就是对字母表中的每一个字母用它之后的第三个字母来代换。例如:

明文:Hello world

密文:khoor zruog

苏托尼厄斯在公元二世纪写的《凯撒传》中提到 3 个位置的凯撒移位,但显然从 1 到 25 个位置的移位都可以使用,但是就算 Caesar 有 25 种可能也依旧很不安全。通过允许任意代换,密钥空间将会急剧增大。回忆 Caesar 密码的对应:

明码表:A B C D E F G H I J K L M N O P Q R S T U V W X Y Z

密码表:D E F G H I J K L M N O P Q R S T U V W X Y Z A B C

如果密文是 26 个字母的任意代换,那么就有 26! 或者大于 $4 \times 10^{26}$ 种可能的密钥,这比 DES 的密钥空间要大 10 个数量级,应该可以抵抗穷举攻击了。这种方法称为单表代换密码,这是因为每条消息用一个字母表(给出从明文字母到密文字母的映射)加密。例如:

明码表:A B C D E F G H I J K L M N O P Q R S T U V W X Y Z

密码表:Q W E R T Y U I O P A S D F G H J K L Z X C V B N M

明文:F O R E S T

密文:Y G K T L Z

可以通过使用字母频度分析法来破解凯撒密码和单表代换加密方法。

尽管不知道是谁发现了字母频度的差异可以用于破解密码,但是 9 世纪的科学家阿尔·金迪在《关于破译加密信息的手稿》中对该技术做了最早的描述。

如果知道一条加密信息所使用的语言,那么破译这条加密信息的方法就是找出同样的语言写的一篇其他文章,大约一页纸长,然后计算其中每个字母的出现频率。将频率最高的字母标为 1 号,频率排第 2 的标为 2 号,第三的标为 3 号,依次类推,直到数完样品文章中的所有字母。然后观察需要破译的密文,同样分类出所有的字母,找出频率最高的字母,并全部用样本文章中最高频率的字母替换。第二高频的字母用样本中 2 号代替,第三的则用 3 号替换,直到密文中所有字母均已被样本中的字母替换。

以英文为例,首先以一篇或几篇一定长度的普通文章建立字母表中每个字母的频度表,再分析密文中的字母频率,将其对照即可破解。

虽然设密者后来针对频率分析技术对以前的设密方法做了些改进,比如说引进空符号等,目的是打破正常的字母出现频率。但是小的改进已经无法掩盖单字母替换法的巨大缺陷了。到 16 世纪,最好的密码破译师已经能够破译当时大多数的加密信息。

### 2. 置换

上面讨论的例子是将明文字母代换为密文字母。与之极不相同的另外一种对称加密算法中常用到的是通过置换而形成新的排列,这种技术称为**置换**。

最简单的例子是栅栏技术,按照对角线的顺序写入明文,而按行的顺序读出作为密文。例如,用深度为 2 的栅栏技术加密信息"john is a programmer"可以写成:

```
          j h i a r g a m r
          o n s p o r m e
```

加密后的信息可以写成 jhiargamronsporme。

这种技巧对密码分析人员来说实在微不足道。一种更加复杂的方案是把消息一行一行地写成矩阵块,然后按列读出,但是把列的次序打乱。列的次序就是算法的密钥。例如:

密钥:4 3 1 2 5 6 7
明文:j o h n i s a
　　　p r o g r a m
　　　m e r w x y z
密文:horngworejpmirxsayamz

单纯的置换密码因为有着与原始明文相同的字母频率特征而容易被识破。如同列变换所示,密码分析可以直接从将密文排列成矩阵入手,再来处理列的位置。双字母音节和三字母音节分析办法可以派上用场。

## A.2.3　序列密码

计算机网络的出现使得信息不论是什么形式、不论数量有多大,都可以不受距离的限制,极为方便地在网络上共享资源。但是,这种变革的代价是使消息完全失去了安全性,可能随时都有第三方在"监听"用户的通信。加密则成为信息保护的关键,它是确保他人偷听到消息但是无法理解的唯一方案。

由于计算机改变了数据信息的管理方法,它将信息都变成了 0 和 1 的数据流,所以信息的隐藏方法也随之改变。新的加密方法是基于计算机的特征而不是基于语言结构的了,其设计与使用的焦点放在二进制(位)而不是字母上。这节介绍的序列密码以及下节介绍的分组加密都是基于计算机特征设计的。

### 1. 序列密码简介

序列密码也称为流密码(Stream Cipher),它是对称密码算法的一种。

序列密码具有实现简单、便于硬件实施、加解密处理速度快、没有或只有有限的错误传播等特点,因此在实际应用中特别是专用或机密机构中保持着优势,典型的应用领域包括无线通信和外交通信。

1949 年 Shannon 证明了只有一次一密的密码体制是绝对安全的,这给序列密码技术的研究以强大的支持,序列密码方案的发展是模仿一次一密系统的尝试,或者说一次一密的密码方案是序列密码的雏形。如果序列密码所使用的是真正随机方式的、与消息流长度相同的密钥流,则此时的序列密码就是一次一密的密码体制。若能以一种方式产生一个随机序列(密钥流),这一序列由密钥所确定,则利用这样的序列就可以进行加密,即将密钥、明文表示成连续的符号或二进制,对应地进行加密。

一个简单的流加密法需要一个"随机"的二进制位流作为密钥。通过将明文与这个随机的密钥流进行 XOR 逻辑运算,就可以生成密文。将密文与相同的随机密钥流进行 XOR 逻辑运算即可还原明文。该过程如图 A-2 所示。

图 A-2　简单的序列加解密法示意图

要实现 XOR 逻辑运算很简单,当作用于位一级上时,这是一个快速而有效的加密法。唯一要解决的是如何生成随机密钥流。这之所以是一个问题,是因为密钥流必须是随机出现的,并且合法用户可以很容易地再生该密钥流。如果密钥流是重复的位序列,虽然容易被记住,但不会很安全;而一个与明文一样长的随机序列记忆起来却很困难。所以这是一个两难的问题。如何生成一个"随机"位序列作为密钥流,既能保证易于使用,又不会因为太短以至于不安全?通常的解决方案是,开发一个随机位生成器,它是基于一个短的密钥来产生密钥流的。生成器用来产生密钥流,而用户只需要记住如何启动生成器就可以了。

有两种常用的密钥流生成器:同步与自同步的。同步生成器所生成的密钥流与明文流无关,因此,如果在传输时丢失了一个密文字符,密文与密钥流将不能对齐,若要正确还原明文则密钥流必须再次同步。自同步流加密法是根据前 $n$ 个密钥字符来生成密钥流的,如果某个密文字符有错,在 $n$ 个密文字符之后,密钥流可以自行同步。

下面介绍一种运用广泛的序列加密方法。

### 2. RC4

RC4 是由麻省理工学院 Ron Rivest 开发的。Ron Rivest 同时也是 RSA 的开发者之一。RC4 可能是世界上使用最为广泛的序列加密算法簇。它已应用于 Microsoft Windows、Lotus Notes 和其他软件应用程序中。它使用安全套接字层(SSL)以保护 Internet 的信息流。它还应用于无线系统,以保护无线连接的安全。之所以称其为簇,是由于其核心部分的 S-box 可为任意长度,但一般为 256 字节。该算法的速度可以达到 DES 加密的 10 倍左右,且具有很高级别的非线性。RC4 起初是用于保护商业机密的,但是在 1994 年 9 月,其算法被发布在 Internet 上,也就不再具有商业机密了。RC4 也被称为 ARC4 (Alleged RC4,即所谓的 RC4)。

RC4 的大小根据参数 $n$ 的值而变化。RC4 可以实现一个秘密的内部状态,对 $n$ 位数,有 $N=2^n$ 种可能。通常 $n=8$。RC4 可以生成总共 256 个元素的数组 $S$。RC4 的每个输出都是数组 $S$ 中的一个随机元素。其实现共需要两个处理过程:一个是密钥调度算法 (KSA),用来设置 $S$ 的初始排列顺序;另一个是伪随机生成算法(PRGA),用来选取随机元素并修改 $S$ 的原始排列顺序。

KSA 开始初始化 $S$,即 $S(i)=i$(其中 $i=0\sim255$)。通过选取一系列数字,并加载到密钥数组 $K(0)\sim K(255)$。不用去选取这 256 个数,只要不断重复直到 $K$ 被填满。数组 $S$ 可以利用以下程序来实现随机化。

```
j = 0;
for i = 0 to 255 do
    begin
    j = i + S(i) + K(i)(mod 25);
    swap(S(i),S(j));
    end
```

一旦 KSA 完成了 S 的初始随机化,PRGA 就将接收工作,它为密钥流选取字节,即从 S 中选取随机元素,并修改 S 以便下一次选取。选取过程取决于索引 i 和 j,这两个索引值都是从 0 开始的。下面程序就是选取密钥流的每个字节,加密部分的代码如下。

```
i = i + 1(mod 256);
j = j + S(i)(mod 256);
swap (S(i),S(j));
t = S(i) + S(i)(mod 256);
k = S(t);
```

由于 RC4 算法加密采用的是 XOR,所以一旦子密钥序列出现了重复,密文就有可能被破解。关于如何破解 XOR 加密,请参看 Bruce Schneier 的 Applied Cryptography 一书 1.4 节 Simple XOR,在此就不细说了。那么,RC4 算法生成的子密钥序列是否会出现重复呢? 由于存在部分弱密钥,子密钥序列在不到 100 万字节内就发生了完全的重复,如果是部分重复,则可能在不到 10 万字节内就能发生,因此,推荐在使用 RC4 算法时,必须对加密密钥进行测试,判断其是否为弱密钥。其不足主要体现于,在无线网络中 IV(初始化向量)不变性漏洞。

根据目前的分析结果,没有任何的分析对于密钥长度达到 128 位的 RC4 有效,所以,RC4 依旧是目前最安全的加密算法之一。

## A.2.4 分组密码

在今天所使用的加密法中,分组密码是最常见的类型。分组密码又叫块加密。它们是从替换-换位加密法到计算机加密的概括。正如其名字所表示的那样,分组加密法每次作用于固定大小的位分组,而序列密码则是每次只加密一位。分组加密的特点如图 A-3 所示。

图 A-3 分组加密的特点示意图

分组加密法将明文分成 $m$ 个分组 $M_1, M_2, \cdots, M_m$。它对每个分组执行相同的变换,从而生成 $m$ 个密文分组 $C_1, C_2, \cdots, C_m$。分组的大小可以是任意数目的位,但通常是很大的数目。在图 2-3 所示的例子中,分组加密法以每分组 32 个位的方式接收明文,以一个 32 位的密钥在分组上操作,生成 32 位的分组的密文。明文的下一个 32 位分组将映射到密文的另一个 32 位分组。这种加密方法是对整个明文操作的,而不仅仅是字符。

下面介绍具体的分组加密方法。

### 1. 数据加密标准(DES)

20 世纪 70 年代中期,美国政府认为需要一个功能强大的标准加密系统。美国标准局提出了开发这种加密法的请求,有很多公司着手这项工作并且提交了一些提议,最后 IBM 的 Lucifer 加密系统获得胜利。1977 年,根据美国国家安全局的建议进行了一些修改之后,Lucifer 就成了数据加密标准或 DES。在随后的 20 多年里,DES 都是很多应用所选用的加密法。

#### 1) DES 概述

DES 用一个 64 位的密钥来加密每个分组长度为 64 位的明文,并生成每个分组长度为 64 位的密文。DES 是一个包含了 16 个阶段的替换-置换加密法。尽管 DES 密钥长度为 64 位,但用户只提供其中的 56 位,其余的 8 位分别在 8、16、24、32、40、48、56 和 64 位上,结果是每个 8 位的密钥包含了用户提供的 7 位和 DES 确定的 1 位。添加的位是有选择的,以便使每个 8 位的分组都有奇数个奇偶校验位。

#### 2) DES 加密过程

DES 加密过程一共包括 16 个阶段,每个阶段都是用一个 48 位的密钥,该密钥是从最初的 64 位密钥派生而来的。该密钥要穿过 PC-1 分组 (permuted choice1,交换选择 1)。PC-1 分组负责取出由用户提供的 56 个位。这 56 位分成左右两半。每一半都左移 1 位或 2 位,新的 56 位用 PC-2 (permuted choice2,交换选择 2)压缩,抛弃 8 位后,为某个阶段生成一个 48 位的密钥。其过程如图 A-4 所示。

图 A-4  DES 加密过程示意图

PC-1 从密钥中选取 56 位,并按照如下方式重新排列:

| | | | | | | | | | | | | | |
|---|---|---|---|---|---|---|---|---|---|---|---|---|---|
| 57 | 49 | 41 | 33 | 25 | 17 | 9 | 1 | 58 | 50 | 42 | 34 | 26 | 18 |
| 10 | 2 | 59 | 51 | 43 | 35 | 27 | 19 | 11 | 3 | 60 | 52 | 44 | 36 |
| 63 | 55 | 47 | 39 | 31 | 23 | 15 | 7 | 62 | 54 | 46 | 38 | 30 | 22 |
| 14 | 6 | 61 | 53 | 45 | 37 | 29 | 21 | 13 | 5 | 28 | 20 | 12 | 4 |

PC-1 从 $C_i$ 和 $D_i$ 的 56 位中选取 48 位,并按照如下方式重新排列:

| 14 | 17 | 11 | 24 | 1 | 5 | 3 | 28 | 15 | 6 | 21 | 10 |
|----|----|----|----|---|---|---|----|----|---|----|----|
| 23 | 19 | 12 | 4 | 26 | 8 | 16 | 7 | 27 | 20 | 13 | 2 |
| 41 | 52 | 31 | 37 | 47 | 55 | 30 | 40 | 51 | 45 | 33 | 48 |
| 44 | 49 | 39 | 56 | 34 | 53 | 46 | 42 | 50 | 36 | 29 | 32 |

同时,不同阶段左移动的位数也不一样,具体如下:

阶段数:　　　1　2　3　4　5　6　7　8　9　10　11　12　13　14　15　16

左移位数:　　1　1　2　2　2　2　2　2　1　2　2　2　2　2　2　1

这个是分组加密法的另外一个特征,密钥的操作非常精巧,这是经典加密法所不具备的。在经典加密法中,密钥就是密钥,但在分组加密法中,密钥随着明文的每次置换而不同。这就允许加密法的每个阶段使用不同的密钥来执行替换或置换操作。

3) DES 中的三种盒

DES 的每个阶段使用的是不同的子密钥和上一阶段的输出,但执行的操作相同。这些操作定义在三种"盒"中,分别称为扩充盒(E 盒)、替换盒(S 盒)以及置换盒(P 盒)。在 DES 的每个阶段中,这三种盒的运用如图 A-5 所示。

由于每个阶段都很复杂,下面介绍一个 64 位的分组通过 DES 中某个阶段的过程。由于输入分组是已知的,因此结合图 A-5 来看看该分组经过 DES 的一个阶段的变化情况。64 位的分组,左边 32 位保留以用于该阶段的最后一个操作中,右边的 32 位作为 E 盒的输入。

通过复制一些输入位,E 盒将 32 位的输入扩充为 48 位。下一步操作是将 E 盒的输入与 48 位的子密钥进行 XOR 逻辑运算。该操作将输出一个新的 48 位分组,该分组作为 S 盒的输入。S 盒是 DES 强大功能的源泉。这些盒定义了 DES 的替换模式。有 8 个不同的盒,每个 S 盒接收一个 6 位的输入,输出一个 4 位的输出。一个 S 盒有 16 列和 4 行,它的每一个原属是一个 4 位的分组,通常用十进制表示。例如,如果 S 盒中的第 1 行第 5 列为十进制数字 7,

图 A-5　DES 三种盒的运用

其实际的二进制表示为 0111。注意,S 盒的列号为 0~15,而行号为 0~3。每个 6 位的输入分成一个行索引和列索引。行索引由位 1 和 6 给定,位 2~5 提供列索引。

DES 中使用的特殊 S 盒不仅仅是在其他分组加密法中使用的替换。为 DES 选用这些特殊 S 盒的原因目前仍然是保密的,但是查看 DES 的 S 盒结构就可以发现一些加密法的特征。例如,改变一个输入位,至少会改变两个输出位,其影响是,输入发生了小的改变,在输出中将产生更大的改变,这可以认为是加密法的一个有用的特征。

E 盒的输出分成多段,每段有 6 位,而且每段作为 8 个 S 盒的一个输入。每个 S 盒的输出由指定的行和列给定,最后得到 32 位的输出。

最后操作是将初始右半边的 32 位作为左半边,而初始左半边的 32 位与 P 盒的 32 位进行 XOR 逻辑运算,并将运算结果作为右半边的 32 位,这样得到一轮以后的一个输出,再将这个输出作为下一轮的输入。经过 16 个这样的加密阶段,最终得到密文。

DES 解密和加密步骤一致,不同之处仅在于按照反向次序使用密钥。

4) DES 的特点

DES 是一种单钥密码算法,它是一种典型的按分组方式工作的密码。DES 的巧妙之处在于,除了密钥输入顺序之外,其加密和解密的步骤完全相同,这就使得在制作 DES 芯片时易于做到标准化和通用化,这一点尤其适合现代通信的需要。

DES 经由分析验证被认为是一种性能良好的数据加密算法,不仅随机性好,线性复杂度高,而且易于实现。DES 用软件进行解码需要很长时间,而用硬件解码速度很快。

DES 密钥是 56 位,也就是有 $2^{56}$(约为 $7.2 \times 10^{16}$)种可能性,所以穷举攻击明显是不太实际的。然而,1998 年 7 月,当电子前哨基金会(Electronic Frontier Foundation,EFF)用一台造价不到 25 万美元的"DES 破译机"破译了 DES 时,DES 终于被清楚地证明是不安全的,而随着运算速度的提高、硬件造价的下降,最终会导致 DES 毫无价值。

### 2. 高级加密标准(AES)

随着新的密码分析技术的开发,DES 变得不安全了,其中最严重的一个问题是,DES 加密算法的密钥长度只有 56 位,容易受到穷举密钥搜索攻击。于是美国国家标准与技术局(NIST)在 1999 年发出了一个通告,要求开发新的加密标准。其要求如下:

(1) 应该是对称分组加密算法,具有可变长度的密钥,一个 128 位的分组。

(2) 应该比三重 DES 更加安全。

(3) 应该可以用于公共领域并免费提供。

(4) 应至少在 30 年内是安全的。

最终 Joan Daemen 和 Vincent Rijment 提交的 Rijndael 加密算法通过了层层选拔,成为最终的胜利者。

Rijndael 是一种灵活的算法,其分组大小可变(128 位、192 位或者 256 位),密钥大小可变(128 位、192 位或者 256 位),迭代次数也可变(10 次、12 次或者 14 次),而且迭代次数与密钥大小有关。正因为其灵活,Rijndael 实际上有 3 个版本,即 AES-128、AES-192 和 AES-256。常见的 Rijndael 结构如图 A-6 所示。Rijndael 不像 DES 那样在每个阶段中使用替换和置换,而是进行多重循环的替换、列混合密钥加操作。注意,这里把 AES 和 Rijndael 视为等价的,可以交替使用。

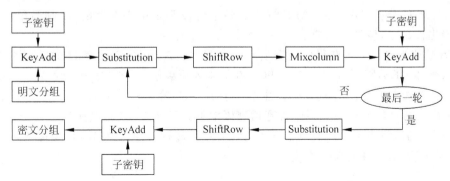

图 A-6 Rijndael 结构

Rijndael 首先将明文按字节分成列组。前 4 个字节组成第一列，接下来 4 个字节组成第二列，以此类推。如果分组为 128 位，那么就可组成一个 4×4 的矩阵。对于更大的分组，矩阵的列相应地增加。用相同的方法也将密钥分成矩阵。Rijndael 替换操作使用的是一个 S 盒。Rijndael 的 S 盒是一个 16×16 的矩阵，列的每个元素作为输入用来指定 S 盒的地址：前 4 位指定 S 盒的行，后 4 列指定 S 盒的列。由行和列所确定的 S 盒位置的元素取代了明文矩阵中相应位置的元素。

Rijndael 的 S 盒实际上是执行从输入到输出的代数转换。其矩阵的表示形式如下：

$$
\begin{vmatrix} b_0 \\ b_1 \\ b_2 \\ b_3 \\ b_4 \\ b_5 \\ b_6 \\ b_7 \end{vmatrix} =
\begin{vmatrix} 1 & 0 & 0 & 0 & 1 & 1 & 1 & 1 \\ 1 & 1 & 0 & 0 & 0 & 1 & 1 & 1 \\ 1 & 1 & 1 & 0 & 0 & 0 & 1 & 1 \\ 1 & 1 & 1 & 1 & 0 & 0 & 0 & 1 \\ 1 & 1 & 1 & 1 & 1 & 0 & 0 & 0 \\ 0 & 1 & 1 & 1 & 1 & 1 & 0 & 0 \\ 0 & 0 & 1 & 1 & 1 & 1 & 1 & 0 \\ 0 & 0 & 0 & 1 & 1 & 1 & 1 & 1 \end{vmatrix}
\begin{vmatrix} a_0 \\ a_1 \\ a_2 \\ a_3 \\ a_4 \\ a_5 \\ a_6 \\ a_7 \end{vmatrix} +
\begin{vmatrix} 1 \\ 1 \\ 0 \\ 0 \\ 0 \\ 1 \\ 1 \\ 0 \end{vmatrix}
$$

字节 a 与给定的矩阵相乘，其结果再加上固定的向量值 63（用二进制表示）。

接着对 S 盒的输出进行移位操作。其中，列的 4 个行螺旋地左移，即第一行左移 0 位，第二行左移 1 位，第三行左移 2 位，第四行左移 3 位。这样，通过这个操作，使得列完全进行了重排，即在移动后的每列中，都包含未移位前的每个列的一个字节。接下来就可以进行列内混合了。

列混合是通过矩阵相乘来实现的。经移位后的矩阵与固定的矩阵（以十六进制表示）相乘，如下所示：

$$
\begin{vmatrix} c_0 \\ c_1 \\ c_2 \\ c_3 \end{vmatrix} =
\begin{vmatrix} 02 & 03 & 01 & 01 \\ 01 & 02 & 03 & 01 \\ 01 & 01 & 01 & 03 \\ 03 & 01 & 01 & 02 \end{vmatrix}
\begin{vmatrix} b_0 \\ b_1 \\ b_2 \\ b_3 \end{vmatrix}
$$

通过列混合操作保证了明文位经过几个迭代轮后已经高度打乱，同时还保证了输入和输出之间的关联极大地减小。这就是该算法安全性的两个重要特征。解密操作所使用的是不同的矩阵。

最后一个阶段是将以上的结果和子密钥进行 XOR 逻辑运算，这样，AES 的一次迭代就完成了。

通过上面的分析可以看到，AES 算法的各个阶段都是精心选择的，步骤简单的同时又能打乱输出。总之，该算法完成了一项令人惊奇的工作。

AES 被认为是目前可获得的最安全的加密算法。AES 与 DES 算法的差别在于，如果一秒可以破解 DES，则仍需要花费 1 490 000 亿年才可破解 AES；对于线性攻击，AES 加解密算法的 4 轮变换后的线性轨迹相关性不大于 $2^{-75}$，8 轮变换后不大于 $2^{-150}$；对于差分攻击，AES 算法的 4 轮变换后的差分轨迹预测概率不大于 $2^{-150}$，8 轮变换后不大于 $2^{-300}$。目前针对 AES 的破解思考主要有以下几种方法：暴力破解、时间选择攻击、旁道攻击、能量攻击法、基于 AES 对称性的攻击方法等。

## A.2.5 分组加密工作模式

在上面的章节中详细介绍了 DES 的加密过程,实际上,对于分组加密法,各种不同的加密方法有不同的加密模式,但是主要有下面 3 种标准模式:电子编码簿模式、加密分组链模式和输出(密文)反馈模式。任何分组加密法(这样的加密法很多)都可以采用这 3 种标准模式之一。实际应用中不止这 3 种模式,但这 3 种模式是最为普遍的模式。事实上,一些新的模式正在吸引人们更多的注意,例如后文将要介绍到的 CTR 模式。

### 1. 电子编码簿模式(ECB)

这是最简单的模式。它先将一个明文进行分组然后通过加密算法加密成一个个密文分组;其中一个明文分组对应加密成一个密文分组。其典型应用是单个数据的安全传输(如一个加密密钥)。整个过程如图 A-7 所示。

图 A-7 ECB 工作模式示意图

### 2. 加密分组链模式(CBC)

这种模式的实现更加复杂,主要是为了增强安全性。由于更加安全,因此它是世界上使用最为普遍的分组加密模式。在这种模式中,来自上一分组的密文与当前明文分组做 XOR 逻辑运算,其结果就是加密的位分组。其典型应用是面向分组的通用传输、认证。图 A-8 所

图 A-8 CBC 工作模式示意图

示为这种模式的操作。在该图中,第一个明文分组与 0 向量做 XOR 逻辑运算,这是 CBC 加密方法的最早的方法,但是不安全。CBC 更安全的使用方法是使用初始向量(IV)。

如果为每个消息传输选取不同的 IV,那么两个相同的消息即使使用相同的密钥也将有不同的密文,这样大大提高了安全性。但问题是:接收端如何知道所使用的 IV 呢?一种方法是在一个不安全的通道上来产生该 IV,在这种情况下,IV 只使用一次,且永不重复。另外一种更加安全的方法是基于唯一数的概念。唯一数是一个唯一的数字,永不重复使用相同的密钥。它不一定非得保密,它可以是消息的数目等。用分组加密法将唯一数加密后生成 IV。如果唯一数附加到了密文的前面,接收端就可以还原 IV。

### 3. 密文反馈模式(CFB)

这种模式可将分组密码当做序列密码使用,序列密码不需要将明文填充到长度是分组长度的整数倍,且可以实时操作。其典型应用是面向数据流的通用传输、认证。CFB 的具体过程如图 A-9(加密)和图 A-10(解密)所示。

图 A-9    CFB 工作模式(加密)示意图

图 A-10    CFB 工作模式(解密)示意图

尽管 CFB 可以被视为序列密码,但是它和序列密码的典型构造并不一致,典型的序列密码输入某个初始值和密钥,输出位流,这个位流再和明文位进行异或运算,而 CFB 模式里,与明文异或的位流是与明文相关的。**输出反馈模式(OFM)**使用分组加密法来为流加密法生成一个随机位流。密钥和分组加密法的初始输入启动这个加密过程,其典型应用是噪声信道上的数据流的传输(如卫星通信)。OFM 的具体过程如图 A-11(加密)和图 A-12(解密)所示,通过将分组加密法的输出反馈给移位寄存器,为流加密法提供了附加的密钥位。

图 A-11 OFM 工作模式(加密)示意图

图 A-12 OFM 工作模式(解密)示意图

### 4. 计数器模式(CTR)

以上 3 种分组加密模式是 3 种经典的操作模式。最近人们又开发了多种其他分组加密模式来代替这 3 种经典的操作模式。

一种比较新的模式是**计数器模式**(CTR),它已经被采纳为 NIST 标准之一了,因此正受到越来越多的关注。这是另一种序列加密实现的模式,很像 OFM。其典型应用是面向分组的通用传输,用于高速需求。计算器模式如图 A-13 所示。注意在该模式中,没有使用分组加密法去加密明文,而是用来加密计算器的值,然后再与消息分组进行 XOR 逻辑运算,这样,它就具有了序列加密法的所有特征。计算器被更新和加密后,再与第二个消息分组做 XOR 逻辑运算,以此类推。这种方法的一个很好的特征是,如果同时知道了 $m$ 个计算器的值,那么就可以并行地将所有消息分组加密或者解密。

与 CBC 模式一样,CTR 模式也要求有一个初始向量(IV),用它作为第一个计算器的值,其他计算器的值可以由此 IV 值计算而来。该 IV 值应该是一个唯一数。关于 IV 选择的方法有很多种。一些加密法的 IV 值是将计算器的值与唯一值链接而成的,其他加密法的 IV 值则是从消息分组数或者循环计算器中获取而来的。

图 A-13　CTR 工作模式示意图

### 5. 用于面向分组的存储设备的 XTS-AES 模式

扇区或者数据单元的明文组织为 128 位的分组,分组标记为 $P_0$、$P_1$、…、$P_m$。最后的分组也许是空的,也许含有 $1 \sim 127$ 个位。换句话说,XTS-AES 算法的输入是 $m$ 个 128 位分组,最后一个分组可能是部分分组。对于加密和解密,每一个分组都独立处理,过程如图 A-14 所示。

图 A-14　XTS-AES 工作模式示意图

因为没有链接,多个分组可以加密或解密,该模式包括一个时变值(参数 $i$)以及一个计数器(参数 $j$)。

# A.3 公钥密码算法

在已经介绍过的所有加密算法中,一个主要的问题是密钥。它们在加密和解密过程中都采用同一个密钥,这看上去既实用又方便,但问题是,每个有权访问明文的人都必须具有该密钥,则密钥的发布就成为这些加密算法的一个弱点,因为如果一个粗心的用户泄露了密钥,那么就等于泄露了所有密文。这个问题引出了一个新的密码体制,即非对称密码体制。非对称密码体制提供的安全性取决于难以解决的数学问题,例如将大整数因式分解成质数。公钥系统使用这样两个密钥,一个是公钥,用来加密文本,另一个是安全持有的私钥,只能用此私钥来解密。也可以使用私钥加密某些信息,然后用公钥来解密,而公钥是大家都可以知道的,这样拿此公钥能够解密的人就知道此消息是来自持有私钥的人,从而达到了认证作用。

非对称密码是 1976 年由 Whitfield Diffie 和 Martin Hellman(后来去了斯坦福大学)在其 New Directions in Cryptography 一文中提出的。但是,正如来自英国密码技术权威报告所显示的(J. H. Ellis, The Possibility of Secure Non-Secret Digital Encryption, CESG Report, 1970 年 1 月),早先可能已经提出并检验了一种很相似的机制,但是却被英国当局保密着。无论事实源自什么(这种开发总是构建在以前开展的工作上),非对称密码体制概念的引入以及后来在各种特定系统中的改进都是密码学非常重要的发展。

## A.3.1 公钥密码算法简介

用抽象的观点来看,公钥密码就是一种陷门单向函数。对于一个单向函数 $f$,即若对它的定义域中的任意 $x$ 都易于计算 $y = f(x)$,而当 $f$ 的值域中的 $y$ 为已知时要计算出 $x$ 是非常困难的;若当给定某些辅助信息(陷门信息)时则易于计算出 $x$,就称单向函数 $f$ 是一个陷门单向函数。公钥密码体制就是基于这一原理而设计的,将辅助信息(陷门信息)作为秘密密钥。这类密码的安全强度取决于它所依据的问题的计算复杂度。

每个人都有自己的一把私钥,不能交给别人,而每个人还有一把公钥,这把公钥是可以发给所有你想发信息的人。当信息被某一公钥加密后,只有对应的私钥才能打开,这就保证了信息传递的安全性。

公钥密码体制有以下 6 个组成部分。

(1) 明文:算法的输入。可读信息或数据。

(2) 加密算法:用来对明文进行变换。

(3)、(4) 公钥和私钥:算法的输入。一个用来加密,另一个用来解密。加密算法执行的变换取决于公钥或私钥。

(5) 密文:算法的输出。它依赖于明文和密钥,对给定的消息,不同密钥产生的密文亦不同。

(6) 解密算法:该算法接收密文和相应的密钥,并产生原始的明文。

实现公钥有很多种方法和算法。大多数都是基于求解难题的。也就是说,是很难解决的问题。人们往往把大数字的因子分解或者找出一个数的对数之类的问题作为公钥系统的基础。但要谨记的是,有时候并不能证明这些问题就是真的不能解决。这些问题只是看上去不可解决,因为经历了许多年之后仍然未找到一个简单的解决办法。一旦找到了一个解决办法,那么基于这个问题的加密算法也就不再安全或者有用了。

## A.3.2　RSA

最常见的公钥加密算法之一是 RSA。它是基于指数加密概念的。指数加密就是使用乘法来生成密钥。其过程是,首先将明文字符转换成数字,即将明文字符的 ASCII 二进制表示转换成相等的整数,计算除明文整数值的 $e$ 次幂,再对 $n$ 取模,即可计算出密文。RSA 实验室对 RSA 密码体制的原理做了如下说明:

用两个很大的质数 $p$ 和 $q$,计算它们的乘积 $n=pq$;$n$ 是模数。选择一个比 $n$ 小的数 $e$,它与 $(p-1)(q-1)$ 互为质数,即,除了 1 以外,$e$ 和 $(p-1)(q-1)$ 没有其他公因数。找到另一个数 $d$,使 $(ed-1)$ 能被 $(p-1)(q-1)$ 整除。值 $e$ 和 $d$ 分别称为公共指数和私有指数。公钥是这一对数 $(n,e)$;私钥是这一对数 $(n,d)$。

RSA 算法采用乘方运算,对明文分组 M 和密文分组 C,密钥产生过程如图 A-15 所示,加密、解密过程分别如图 A-16、图 A-17 所示。

**密钥产生**

| | |
|---|---|
| 选择 $p,q$ | $p$ 和 $q$ 都是素数,$p\neq q$ |
| 计算 $n=p\times q$ | |
| 计算 $\phi(n)=(p-1)(q-1)$ | |
| 选择整数 e | $\gcd(\phi(n),e)=1;1<e<\phi(n)$ |
| 计算 d | $d=e^{-1}(\bmod\ \phi(n))$ |
| 公钥 | $Pu=\{e,n\}$ |
| 私钥 | $PR=\{d,n\}$ |

图 A-15　RSA 算法密钥产生过程

**加密**

| | |
|---|---|
| 明文: | M<N |
| 密文: | $C=M^e\ \bmod\ n$ |

图 A-16　RSA 算法加密过程

**解密**

| | |
|---|---|
| 明文: | C |
| 密文: | $C=C^d\ \bmod\ n$ |

图 A-17　RSA 算法解密过程

知道公钥可以得到获取私钥的途径,但是这取决于将模数因式分解成组成它的质数。这很困难,通过选择足够长的密钥,可以使其基本上不可能实现。需要考虑的是模数的长度。RSA 实验室目前建议:对于普通公司使用的密钥大小为 1024 位;对于极其重要的资料,使用双倍大小,即 2048 位。对于日常使用,768 位的密钥长度已足够,因为使用当前技术不能容易地破解它。保护资料的成本总是需要和资料的价值以及攻破保护的成本是否过高结合起来考虑。RSA 实验室最近提到了对 RSA 密钥长度安全性的研究,这种安全性是基于在 1995 年可用的因式分解技术。这个研究表明用 8 个月的努力花费少于一百万美元可能对 512 位的密钥进行因式分解。事实上,在 1999 年,作为常规 RSA 安全性挑战的一部分,研究人员用了 7 个月时间完成了对特定 RSA 512 位数(称为 RSA-155)的因式分解。

请注意,密钥长度增加时会影响加密/解密的速度,所以这里有一个权衡。将模数加倍将使得使用公钥的操作时间大致增加为原来的 4 倍,而用私钥加密/解密所需的时间增加为原来的 8 倍。进一步说,当模数加倍时,生成密钥的时间将平均增加为原来的 16 倍。如果计算能力持续快速地提高,并且事实上非对称密码技术通常用于简短文本,那么在实践运用中这将不是问题。

当两个用户开始相互发送消息时,他们唯一关心的问题是密码分析人员是否能够读取消息内容。为了防止别人能够读取他们之间的交流信息,他们使用长达 56 位～256 位长度的密钥,并且,即使使用十六进制表示(4 个位使用一个符号),这些密钥也很长,并且没有助记意义。因此就产生了这个结果:两个密码通信人员倾向于在某个东西上写下密钥,并把它保存在他们的计算机附近。很明显,管理密钥已经成为一个问题。

在二次大战时期,德国人为了避免密码被破解,他们避免重复使用同一个密钥。理论上讲,这是一个好策略;但是在现实中,这又造就了盟军能够利用的另一个弱点。他们的观念是正确的,不重复使用密钥,但是他们在为每次传输建立唯一共同密钥时采用了错误的过程。这在现在依然是密码学上的一个问题,如何在人们之间安全地共享新的密钥。

现在已经有几种密钥交换算法可以使用,其中绝大多数是基于公钥系统的。最先开发的算法称为 Diffie-Hellman 密钥交换系统。

## A.3.3　Diffie-Hellman

Diffie-Hellman 协议作了充分描述。它允许两个用户通过某个不安全的交换机制来共享密钥,而无须首先就某些秘密值达成协议。它有两个系统参数,每个参数都是公开的,其中一个质数 $p$,另一个通常称为生成元,是比 $p$ 小的整数;这一生成元经过一定次数幂运算之后再对 $p$ 取模,可以生成从 1 到 $p-1$ 之间任何一个数。

Diffie-Hellman 算法的主要流程如图 A-18 所示。

| 全局公开量 | |
|---|---|
| $q$ | 素数 |
| $\alpha$ | $\alpha < q$ 且 $\alpha$ 是 $q$ 的本原根 |

| 用户 A 的密钥产生 | |
|---|---|
| 选择秘密的 $X_A$ | $X_A < q$ |
| 计算公开的 $Y_A$ | $Y_A = \alpha K_A \bmod q$ |

| 用户 B 的密钥产生 | |
|---|---|
| 选择秘密的 $X_B$ | $X_B < q$ |
| 计算公开的 $Y_B$ | $Y_B = \alpha K_B \bmod q$ |

| 用户 A 计算产生密钥 |
|---|
| $K = (Y_B)^{X_A} \bmod q$ |

| 用户 B 计算产生密钥 |
|---|
| $K = (Y_A)^{X_B} \bmod q$ |

图 A-18　Diffie-Hellman 密钥交换算法

在实际情况下,可能涉及以下过程。首先,每个人生成一个随机的私有值,即 $a$ 和 $b$。然后,每个人使用公共参数 $p$ 和 $g$ 以及他们特定私有值 $a$ 或 $b$ 通过一般公式 $g^n \bmod p$(其中 $n$ 是相应的 $a$ 或 $b$)来派生公共值。然后,他们交换这些公共值。最后,一个人计算 $k_{ab} = (g^b)^a \bmod p$,另一个人计算 $k_{ba} = (g^a)^b \bmod p$。当 $k_{ab} = k_{ba} = k$ 时,即是共享的秘钥。

这一密钥交换协议容易受到伪装攻击,即所谓中间人(middle-person)攻击。如果 A 和 B 正在寻求交换密钥,则第三个人 C 可能介入每次交换。A 认为初始的公共值正在发送到 B,但事实上却被 C 拦截,然后向 B 传送了一个别人的公共值,然后 B 给 A 的消息也遭受同样的攻击,而 B 以为他给 A 的消息直接送到了 A。这导致 A 与 C 就一个共享密钥达成协议而 B 与 C 就另一个共享密钥达成协议。然后,C 可以在中间拦截从 A 到 B 的消息,然后使用 A/C 密钥解密并修改它们,再使用 B/C 密钥转发到 B,B 到 A 的过程与此相反,而 A 和 B 都没有意识到发生了什么。

为了防止这种情况,1992 年 Diffie 和其他人一起开发了经认证的 Diffie-Hellman 密钥协议。在这个协议中,必须使用现有的私钥/公钥对以及与公钥元素相关的数字证书,由数字证书验证交换的初始公共值。

## A.4 密码学数据完整性算法

### A.4.1 密码学 Hash 函数

#### 1. Hash 函数

Hash 函数在密码学中扮演着越来越重要的角色,它们在很多密码学应用中是一个非常重要的密码学原语,许多密码学原语和协议依赖于密码学 Hash 函数的安全。其本质是被用于压缩消息,这个压缩不需要保留消息的原始内容。消息的 Hash 值被看作数字指纹。也就是说,给定一个消息和一个 Hash 值,可以判断此消息是否和 Hash 值相匹配。此外,类似于在嫌疑犯数据库里比较一系列犯罪现场出现的指纹一样,人们可以从有限的消息集合中检验某些 Hash 值与哪些原始的消息相匹配。但是,对于给定的 Hash 值不能恢复出原始消息。

按照实现过程中是否有使用密钥,Hash 函数可分为不带密钥的 Hash 函数和带密钥的 Hash 函数两大类。基于实际应用的需要这里将详细考虑这两种类型的 Hash 函数。

不带密钥的 Hash 函数只有一个输入参数(一个消息)。在不带密钥的 Hash 函数中最重要的一类称为修改检验码(MDC),其目的主要是用于数据的完整性检验。目前受到广泛攻击的正是这一类 Hash 函数。按照所具有的性质不同,MDC 又可进一步划分为两类:单向 Hash 函数(OWHF)和抗碰撞的 Hash 函数(CRHF)。

带密钥的 Hash 函数有两个功能不同的输入参数,分别是消息和秘密密钥。这类 Hash 函数主要用于认证系统中提供信息认证(数据源认证和数据完整性认证),在带密钥的 Hash 函数中最重要的一类称为消息认证码(MAC)。

表 A-1 列出了密码学 Hash 函数的安全性需求,若一个 Hash 函数满足表中的前 5 个要求,就称其为弱 Hash 函数,若也满足第 6 个要求,则称其为强 Hash 函数,强 Hash 函数可以保证免受通信双方一方生成消息而另一方对消息进行签名的攻击。

表 A-1　密码学 Hash 函数的安全性需求

| 需　　求 | 描　　述 |
| --- | --- |
| 输入长度可变 | H 可应用于任意大小的数据块 |
| 输出长度固定 | H 产生定长的输出 |
| 效率 | 对任意给定的 $x$，计算 $H(x)$ 比较容易，用硬件和软件均可实现 |
| 抗原像攻击（单向性） | 对任意给定的 Hash 码 $h$，找到满足 $H(y)=h$ 在计算上是不可行的 |
| 抗第二原像攻击（抗弱碰撞性） | 对任意给定的分块 $x$，找到满足 $y \neq x$ 且 $H(x)=H(y)$ 的 $y$ 在计算上是不可行的 |
| 抗碰撞攻击（抗强碰撞性） | 找到任何满足 $H(x)=H(y)$ 的偶对 $(x,y)$ 在计算上是不可行的 |
| 伪随机性 | H 的输出满足伪随机性测试标准 |

Hash 函数在密码学中比较广泛的应用是消息认证和数字签名，另外还被用于产生单项密码文件、入侵检测和病毒检测以及构建随机函数或用作伪随机数发生器等。

### 2. MD5

MD4 是较早出现的 Hash 函数算法，它使用了基本的加法、移位、布尔运算和布尔函数，其运算效率高，设计原则采用了 MD(Merkle Damgard)迭代结构的思想。在 MD4 算法公布后，许多 Hash 算法相继提出来，他们的设计都来源于 MD4，因此将这些 Hash 函数统称为 MD4-系列。MD4-系列包括 3 个子系列：MD-系列，SHA-系列和 RIPEMD-系列。

MD-系列主要包括 MD4、MD5 和 HAVAL 等。Message Digest Algorithm MD5(消息摘要算法第五版)为计算机安全领域广泛使用的一种 Hash 函数，用以提供消息的完整性保护，是由 Rivest 在继提出 MD4 一年后提出来的，继承了 MD4 的很多设计理念，在效率和安全性之间更侧重于安全性。

MD5 接收任意长度的消息作为输入，并生成 128 位消息摘要作为输出。对于给定长度为 L 的消息，简历算法需要 3 个步骤。

第一步是通过在消息末尾添加一些额外位来填充消息。填充是绝大多数 Hash 函数的通用特性，正确的填充能够增加算法的安全性。对于 MD5 来说，对消息进行填充，使其位长度等于 448 mod 512(这是小于 512 位一个整数倍的 64 位)。即使原始消息达到了所要求的长度，也要添加填充。填充由一个 1 后跟足够个数的 0 组成，以便达到所要求的长度。例如，如果消息由 704 位组成，那么在其末尾要添加 256 位(1 后面跟 255 个 0)，以便将消息扩展到 960 位(960 mod 512 = 448)。

第二步，将消息的原始长度缩减位 mod 64，然后以一个 64 位的数字添加到扩展后消息的尾部。其结果是一个具有 1024 位的消息。

第三步，MD5 的初始输出放在 4 个 32 位寄存器 A、B、C、D 中，这些寄存器随后将用于保存 Hash 函数的中间结果和最终结果。

一旦完成了这些步骤，MD5 将以四轮方式处理每一个 512 位分组。这个四轮过程如图 A-19所示。每一轮都由 16 个阶段组成，每一轮都实现针对该轮的功能(F、G、H、I)，对于消息分组部分做 32 位加法，对数组 T 中的内置值做 32 位加法，移位计算，最后做一次加法和交换运算。它真正打乱了所有位。

图 A-19　MD5 四轮处理分组过程示意图

特定轮功能接收 32 位字作为输入,并使用按位逻辑运算产生 32 位输出。

512 位输入分组被划分为 16 个 32 位字。在四轮的每一轮内部,16 个字的每一个字精确地只使用一次,但是它们的使用次序是不同的。对于第一轮来说,输入分组的 16 个字依次使用,也就是说,$block_i(j)$ 加到寄存器 A 上,这里 $j$ 为当前的阶段。在第二轮,$block_i(k)$ 加到寄存器 A 上,这里 $k = (1 + 5j) \bmod 16$,其中 $j$ 为当前的阶段。在第三轮,$block_i(k)$ 加到寄存器 A 上,这里 $k = (5 + 3j) \bmod 16$,其中 $j$ 为当前的阶段。在第四轮,$block_i(k)$ 加到寄存器 A 上,这里 $k = 7j \bmod 16$,其中 $j$ 位当前的阶段。

之后寄存器 A 中的新值模 $2^{32}$ 与数组 T 中的常量元素相加。之后,A 的结果值左循环移位,与 MD5 中的其他操作一样,循环移动的移位量在轮与轮之间和阶段与阶段之间都是变化的。最后将寄存器 B 加到寄存器 A 上,并进行寄存器置换。

在完成所有四轮之后,ABCD 的初始值加到 ABCD 的新值上,生成第 $i$ 个消息分组的输出。这个输出用作开始处理第 $i+1$ 个消息分组的输入。最后一个消息分组处理完之后,ABCD 中保存的 128 位内容就是所处理消息的散列值。

### 3. SHA 和 SHA-1

SHA 是一种数据加密算法,该算法经过加密专家多年来的发展和改进已日益完善,现在已成为公认的最安全的散列算法之一,并被广泛使用。该算法的思想是接收一段明文,然后以一种不可逆的方式将其转换成一段(通常更小)密文,也可以简单地理解为取一串输入码(称为预映射或信息),并把它们转化为长度较短、位数固定的输出序列即散列值(也称为信息摘要或信息认证代码)的过程。

安全散列算法 SHA(Secure Hash Algorithm,SHA)是美国国家标准和技术局发布的国家标准 FIPS PUB 180,最新的标准已经于 2008 年更新到 FIPS PUB 180-3。其中规定了 SHA-1、SHA-224、SHA-256、SHA-384 和 SHA-512 这几种单向散列算法。SHA-1、SHA-224 和 SHA-256 适用于长度不超过 $2^{64}$ 二进制位的消息,SHA-384 和 SHA-512 适用于长度不超过 $2^{128}$ 二进制位的消息。

SHA-1 是一种数据加密算法,该算法的思想与 SHA 的相同。

单向 Hash 函数的安全性在于其产生散列值的操作过程具有较强的单向性。如果在输入序列中嵌入密码,那么任何人在不知道密码的情况下都不能产生正确的散列值,从而保证了其安全性。SHA 将输入流按照每分组 512 位(64 个字节)进行分组,并产生 20 个字节的被称为信息认证代码或信息摘要的输出。

该算法输入报文的长度不限,产生的输出是一个 160 位的报文摘要。输入是按 512 位的分组进行处理的。SHA-1 是不可逆的,防冲突,并具有良好的雪崩效应。通过散列算法可实现数字签名实现,数字签名的原理是将要传送的明文通过一种函数运算(Hash)转换成报文摘要(不同的明文对应不同的报文摘要),报文摘要加密后与明文一起传送给接收方,接收方将接收的明文产生新的报文摘要与发送方发来的报文摘要解密比较,比较结果一致表示明文未被改动,如果不一致表示明文已被篡改。MAC(信息认证代码)就是一个散列结果,其中部分输入信息是密码,只有知道这个密码的参与者才能再次计算和验证 MAC 码的合法性。

### 4．SHA-1 与 MD5 的比较

因为二者均由 MD4 导出,SHA-1 和 MD5 彼此很相似。相应地,它们的强度和其他特性也相似,但仍有以下几点不同:

(1)对强行攻击的安全性:最显著和最重要的区别是 SHA-1 摘要比 MD5 摘要长 32位。使用强行技术,产生任何一个报文使其摘要等于给定报文摘要的难度对 MD5 是 $2^{128}$ 数量级的操作,而对 SHA-1 则是 $2^{160}$ 数量级的操作。因此,SHA-1 对强行攻击有更大的强度。

(2)对密码分析的安全性:MD5 的设计易受密码分析的攻击,而 SHA-1 显得不易受这样的攻击。

(3)速度:在相同的硬件上,SHA-1 的运行速度比 MD5 的慢。

## A.4.2　消息认证码

消息认证是指通过对消息或者消息有关的信息进行加密或签名变换进行的认证,目的是为了防止传输和存储的消息被有意或无意地篡改。消息认证包括消息内容认证(即消息完整性认证)、消息的源和宿认证(即身份认证、消息的序号和操作时间认证等)。它在票据防伪中具有重要应用(如税务的金税系统和银行的支付密码器)。

消息认证所用的摘要算法与一般的对称或非对称加密算法不同,它并不用于防止信息被窃取,而是用于证明原文的完整性和准确性,也就是说,消息认证主要用于防止信息被篡改。

### 1．消息内容认证的常用方法

消息发送者在消息中加入一个鉴别码(MAC、MDC 等)并经加密后发送给接收者(有时只需加密鉴别码即可)。接收者利用约定的算法对解密后的消息进行鉴别运算,将得到的鉴别码与收到的鉴别码进行比较,若二者相等,则接收,否则拒绝接收。

### 2．消息的源和宿认证的常用方法

在消息认证中,消息源和宿的常用认证方法有两种。

一种是通信双方事先约定发送消息的数据加密密钥,接收者只需要证实发送来的消息是否能用该密钥还原成明文就能鉴别发送者。如果双方使用同一个数据加密密钥,那么只需在消息中嵌入发送者识别符即可。

另一种是通信双方实现约定各自发送消息所使用的通行字,发送消息中含有此通行字并进行加密,接收者只需判别消息中解密的通行字是否等于约定的通行字就能鉴别发送者。为了安全起见,通行字应该是可变的。

### 3. 消息的序号和操作时间认证

散列涉及将任意的数据字符串转换成定长结果。原始的长度可能变化很大,但结果将总是相同长度,在密码使用中通常为 128 位或 160 位。散列广泛用于填充用来快速精确匹配搜索的索引;在技术上有各种 Hash 函数,但概念上从密码编码角度是完全相同的。当使用散列来构造索引项时,需要在工作系统中预计索引项的密度和可能的冲突(即,不同的项返回同一散列值)之间寻求平衡。除非索引很大且填充得很疏松,否则将一定会有冲突,但在创建索引中这些问题很容易解决,比方说,与空值链接,然后在返回结果前检查那些具有相同散列值的原始项。但是,当在密码体制中使用散列时,这种做法是不现实的,相应的算法需要尽可能地消除冲突。但是,因为可能的消息数目是无限的,所以冲突一定是可能的(并且实际上,数量是无限的)。另外,在任何构造良好的密码散列算法中,两个不同消息产生同一散列值的可能性是极其微小的,对于所有实际用途,可以假设不会发生冲突。

Hash 函数只能单向工作,对于检索明文的目的,它毫无作用。然而,它提供了一种数字标识,这种数字标识仅特定于一个消息,如果纯消息文本有任何更改(甚至包括添加或除去一个空格)该标识也将更改,Hash 函数在这方面确实做得很好。前面段落中给出的告诫对它也适用,这意味着可以使用一个适当的 Hash 函数来确认给定的消息未被更改。这个散列值称为消息摘要。消息摘要对于给定消息来说是很小的并且实际上是唯一的,它通常用作数字签名和数字时间戳记中的元素,将在后面的系列文章中讨论每一种用法。

如果生成冲突,则可能伪造摘要,然后发送欺诈的消息。这样做的一种方法是使用称为“生日攻击”的一类蛮力攻击,“生日攻击”这个名称的由来是根据这样一个事实:23 个人的一组中有两个或多个人的生日在同一天的概率大于 1/2。

想伪造消息的人首先创建一条欺诈消息并获取一条被攻击对象要签名的消息。然后,他使用任意密钥及适当散列算法来生成被攻击消息的 $2n/2$ 个变体以及相同数量的欺诈消息的变体,n 是消息摘要的位数。即使最微小的更改也会产生不同的消息摘要,至少在理论上可能创建仅在较小细节上不同的消息。根据生日理论,被攻击消息的一个变体与欺诈消息的一个变体的散列值相匹配的概率大于 1/2。伪造者让没有产生怀疑的目标对象对所选的被攻击消息签名,然后适时地将其换成欺诈消息,该欺诈消息的摘要与被攻击消息的签名者创建的新摘要完全相同。使用这种方法,在生成消息摘要时不必知道目标对象所使用的密钥。

# A.5  小结

本附录详细介绍了在无线网络安全中可能要用到的各种加密方法和加密方式。在对称加密方法中又重点介绍了序列加密和分组加密两大加密方式,这两种加密方式也是现在无线网络安全中的主要加密方法,使用十分普遍。对于之后介绍的包括 MD5、SHA 等信息摘要方法,在无线网络安全中也有广泛的运用,希望大家通过对本章的学习,能够对无线网中可能会使用到的加密方式、方法有较好的理解和掌握,为后面的学习打好基础。